风景名胜区是具有观赏、文化或科学价值,自然景观、人文景观比较集中,环境优美,可供人们游览或者进行科学、文化活动的区域。根据《风景名胜区条例》,风景名胜区分为两级,即国家级风景名胜区和省级风景名胜区。我国目前共有国家级风景名胜区244处。

四川黄龙寺——九寨沟风景名胜区

北京八达岭——十三陵风景名胜区

桂林漓江风景名胜区

安徽黄山风景名胜区

山东泰山风景名胜区

山西五台山风景名胜区

贵州黄果树风景名胜区

新疆天山天池风景名胜区

风景名胜区规划是为保护培育、合理利用和经营管理好风景区,发挥其综合功能作用、促进风景区科学发展所进行的统筹部署和具体安排。

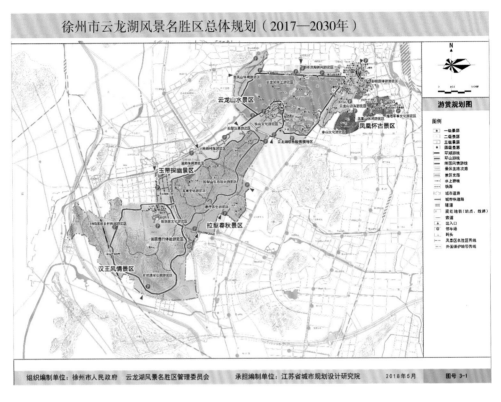

徐州市云龙湖风景名胜区总体规划（2017—2030年）

游赏规划图

组织编制单位：徐州市人民政府　云龙湖风景名胜区管理委员会　　承担编制单位：江苏省城市规划设计研究院　　2018年5月　　图号 3-1

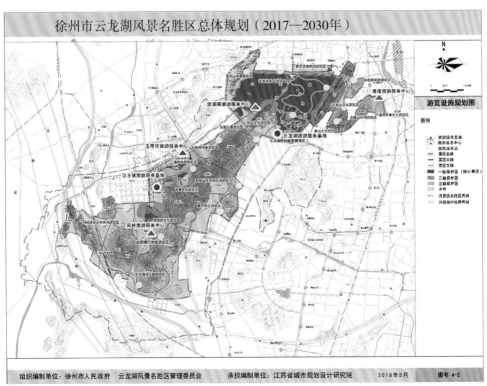

徐州市云龙湖风景名胜区总体规划（2017—2030年）

游览设施规划图

组织编制单位：徐州市人民政府　云龙湖风景名胜区管理委员会　　承担编制单位：江苏省城市规划设计研究院　　2018年5月　　图号 4-2

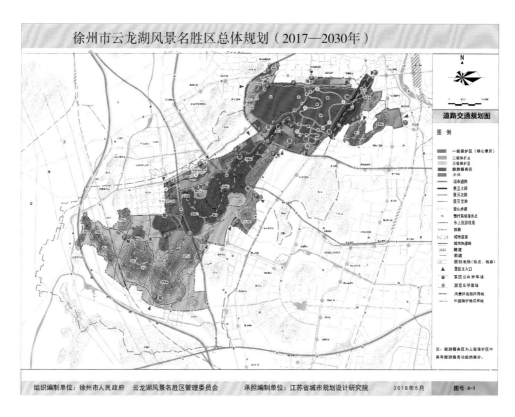

徐州市云龙湖风景名胜区总体规划（2017—2030年）

道路交通规划图

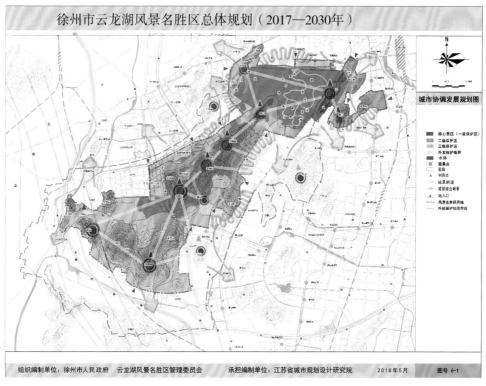

徐州市云龙湖风景名胜区总体规划（2017—2030年）

城市协调发展规划图

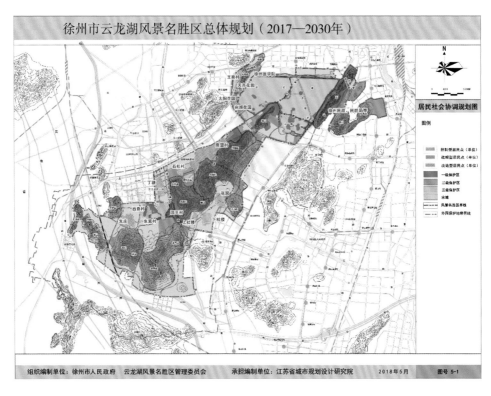

徐州市云龙湖风景名胜区总体规划（2017—2030年）

居民社会协调规划图

组织编制单位：徐州市人民政府　云龙湖风景名胜区管理委员会　　承担编制单位：江苏省城市规划设计研究院　　2018年5月　　图号 5-1

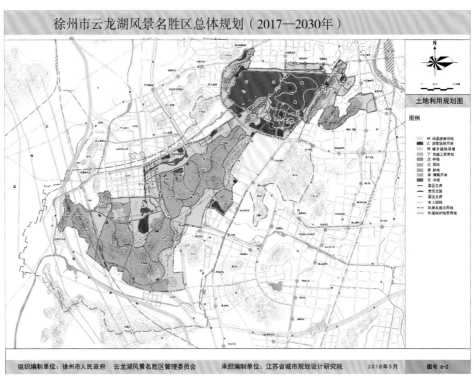

徐州市云龙湖风景名胜区总体规划（2017—2030年）

土地利用规划图

组织编制单位：徐州市人民政府　云龙湖风景名胜区管理委员会　　承担编制单位：江苏省城市规划设计研究院　　2018年5月　　图号 6-2

风景园林

高等院校风景园林类专业系列教材·应用类

风景名胜区规划

主编　杨瑞卿　陈宇　邱玲

副主编　陈涵子　张刚　李晓黎

FENGJING MINGSHENGQU GUIHUA

重庆大学出版社　国家一级出版社
全国百佳图书出版单位

内容提要

本书是高等院校风景园林专业系列教材之一。从我国风景园林等专业相关课程的教学需要出发,以 2019 年 3 月 1 日起正式实施的《风景名胜区总体规划标准》(GB/T 50298—2018)和《风景名胜区详细规划标准》(GB/T 51294—2018)等标准为主要依据,吸收风景名胜区规划建设的最新研究成果,系统介绍了风景名胜区规划的理论和方法。全书共 13 章,分别介绍了风景名胜区概述、风景名胜区规划概述、风景资源调查与评价、风景名胜区专项规划(保护培育规划、风景游赏规划、典型景观规划、旅游服务设施规划、道路交通规划、基础工程规划、居民社会调控和经济发展引导规划、土地利用协调规划等)、风景名胜区详细规划及现代技术在风景名胜区规划中的应用等内容。

本书配有教学课件,含 25 个授课视频,可扫书中二维码学习。

本书内容新颖,资料详实,实践性强,可作为风景园林、园林、园林技术、环境艺术等专业的教学用书,也可供风景名胜区规划、国土空间规划、旅游规划等研究院相关人员参考。

图书在版编目(CIP)数据

风景名胜区规划 / 杨瑞卿,陈宇,邱玲主编. -- 重
庆:重庆大学出版社,2022.10(2024.1 重印)
高等院校风景园林类专业系列教材. 应用类
ISBN 978-7-5689-3282-0

Ⅰ. ①风… Ⅱ. ①杨… ②陈… ③邱… Ⅲ. ①风景区
规划—高等学校—教材 Ⅳ. ①TU984.181

中国版本图书馆 CIP 数据核字(2022)第 082067 号

风景名胜区规划

主 编 杨瑞卿 陈 宇 邱 玲
副主编 陈涵子 张 刚 李晓黎
策划编辑 何 明

责任编辑:何 明 版式设计:莫 西 黄俊鹏 何 明
责任校对:刘志刚 责任印制:赵 晟

*

重庆大学出版社出版发行
出版人:陈晓阳
社址:重庆市沙坪坝区大学城西路 21 号
邮编:401331
电话:(023) 88617190 88617185(中小学)
传真:(023) 88617186 88617166
网址:http://www.cqup.com.cn
邮箱:fxk@ cqup.com.cn(营销中心)
全国新华书店经销
重庆长虹印务有限公司印刷

*

开本:787mm×1092mm 1/16 印张:14 字数:373 千
2022 年 10 月第 1 版 2024 年 1 月第 2 次印刷
印数:2 001—4 000
ISBN 978-7-5689-3282-0 定价:46.00 元

·编委会·

·编写人员·

主　编　杨瑞卿　徐州工程学院

　　　　陈　宇　南京农业大学

　　　　邱　玲　西北农林科技大学

副主编　陈涵子　常州大学

　　　　张　刚　西北农林科技大学

　　　　李晓黎　南京农业大学

参　编　杨　欢　西北农林科技大学

　　　　王旭辉　西北农林科技大学

PREFACE / 前言

　　风景名胜区作为我国自然保护地体系的重要组成部分,在保护和传承自然和文化遗产、建设生态文明和美丽中国中发挥着重要作用。

　　本书从我国风景园林等专业相关课程的教学需要出发,力求吸收风景名胜区规划研究方面的最新成果,较全面地阐述风景名胜区规划的理论和方法。考虑到本书主要是作为教材,编写过程中注意了以下几点:

　　(1)注重基础性。以基本概念和基本理论为重点,强调基础知识的掌握;

　　(2)强调规范性。以2019年3月1日起正式实施的《风景名胜区总体规划标准》(GB/T 50298—2018)和《风景名胜区详细规划标准》(GB/T 51294—2018)等标准为主要依据,内容规范,科学性强;

　　(3)突出实践性。将规划理论与案例相结合,主要章节后还安排了实训作业,便于学生实践能力的培养;

　　(4)体现"新形态"。配有丰富的微课资源和多媒体课件,读者扫描书中的二维码即可学习,可满足线上教学和学生自主学习的需求。

　　本书内容新颖,资料详实,实用性强,可作为风景园林、园林、园林技术、城乡规划等专业的教学用书,也可供风景区规划、国土空间规划、旅游规划等规划设计研究院相关人员参考。

　　本书由杨瑞卿、陈宇、邱玲担任主编,负责全书的统稿、编写体例等工作。具体编写任务如下:第1、3章,邱玲;第2、4、5章,杨瑞卿;第6、10章,李晓黎、杨瑞卿;第7、8章,张刚;第9、11、12章,陈宇;第13章,陈涵子。杨欢、王旭辉参与录制了部分章节的微课。在本书编写过程中,参考了相关单位和个人的研究成果,在此表示衷心感谢。

　　由于编写人员水平有限,书中难免有不妥之处,敬请读者批评指正,以便今后修改完善。

编　者

2022 年 8 月

CONTENTS 目录

1 风景名胜区概述

[本章导读]本章主要介绍风景名胜区的相关概念,明确风景名胜区的性质、功能、组成和分类,分析风景名胜区的发展历史及动因。通过学习,使学生掌握风景名胜区的相关概念,理解风景名胜区的组成、分类、功能及与类似园区的区别与联系,了解风景名胜区的发展历史。

1.1 风景名胜资源

1.1.1 风景

1.1 微课

1)风景的概念

"风"与"景"最初分别代表一种自然现象,"风"为空气流动,"景"为日光。随着文字含义的演变,"风"与"景"二字越来越多融入了人的因素。

《辞海》中对于"风景"有两个解释:一是风光、景色,二是风望。而现在一般意义上的"风景",均是第一种含义。"风景"有两个永恒的要素,即自然和人,这两个要素缺一不可。人们对"风景"的认知深度、价值宽度和实践特征(包括主体、规模和途径等)随时代发展产生了变化:在古代,对风景的认知是感性的、表象的;在现代,科学为风景的理性认识创造了条件,人们对于风景认知也达到了前所未有的深度。风景的概念是一个综合概念。风景作为一种自然、人类、社会三者共同作用的事物,与地理环境、人为作用、生产方式、社会意识及文化背景等因素有关。关于风景的定义,不同学科有不同的说法,从风景园林学来说,风景是指在一定条件下,以山水景物以及某些自然和人文现象所构成的足以引起人们审美与欣赏的景象。

风景是由景物、景点和景群等单元组成的。

(1)景物 指具有独立欣赏价值的风景素材的个体,是风景区构景的基本单元。

(2)景点 由若干相互关联的景物构成,具有相对独立性和完整性,并具有一定审美特征的基本境域单位。

(3)景群 由若干相关景点所构成的景点群落或群体。

2)风景的构成

构成风景的基本要素有 3 类:景物、景感和条件。

(1)景物 景物是构成风景的基本要素,是客观存在的、具有一定游赏价值的风景素材的个体。不同类型的景物及其相互结合,构成了丰富多彩的风景。景物的种类很多,根据其形态和特征的不同,往往分为 8 类:山、水、植物、动物、空气、光、建筑、其他。

①山:包括地表面的地形地貌、地质构造等,如峰峦古坡、岗岭崖壁、丘壑沟涧、洞石岩隙等。山,是构成风景的骨架,其形体、轮廓、线条、质感等对一个风景区的形成起着重要的影响作用。

②水:包括江河川溪、池沼湖塘、瀑布跌水、冷温沸泉、云雾冰雪等。水的光、影、形、声、色、味常常是最生动的风景素材。

③植物:包括乔木、灌木、草本、藤本植物等。植物是构成四季景象和地方特色景观的主要素材,是维持生态平衡和保护环境的重要条件。植物的特性和形、色、香、音等也是营造意境、产生比拟联想的重要因素。

④动物:包括野生和驯养的兽类、禽类、鱼类、昆虫类等动物。动物的活动可为风景区提供野趣和活力,有些动物本身还成为风景区主要的观赏对象。

⑤空气:空气的流动、温度、湿度也是风景素材,如春风、清风是直接描述风的,柳浪、松涛、椰风是间接描述风的,春风杨柳、万壑松风、罗峰青云等从不同角度反映了清新高朗的大气给旅游者的享受。

⑥光:日月星光、磅礴日出、中秋明月、万家灯火等是重要的风景名胜素材,佛光神灯、海市蜃楼等自然界特殊的光效应等更被誉为景中绝品。

⑦建筑:泛指古迹构筑物和现代构筑物,凡具有历史价值、文化价值和观赏价值等的都可成为风景资源,如佛塔寺庙、房屋、墙台驳岸、道桥广场、装饰陈设、功能设施等,既能满足游憩赏玩的功能要求,又是风景组成的素材之一,也是装饰加工和组织控制风景的重要手段。

⑧其他:凡不属于上述分类的景物都可归为此类,如园景、雕塑碑刻、胜迹遗址、自然纪念物等。

(2)景感　景感指人对景物的观察、鉴别、感受能力。山水景物、自然、人文现象之所以能成为风景,就在于通过人们的感官感知、综合分析等,产生了美学和欣赏价值。人类对景物的这种感知是在社会发展过程中培养起来的,受到人们生理、心理、科学文化素质等因素的影响。景感可分为以下几类:

①视觉:视觉是最重要的景感,人们的景感往往首先由视觉产生,绝大多数风景都是视觉感知和鉴赏的结果,如奇峰怪石、香山红叶、花港观鱼、旭日东升等主要是视觉观赏效果。

②听觉:以听觉为主的风景是以自然界的风景美为主,常常来自风声、雨声、水声、鸟语、蛙鸣等,如柳浪闻莺、蕉雨松风、泉水叮咚等均是以听觉为主的风景。

③嗅觉:景物的嗅觉多来自花草树木,如金桂飘香、晚菊冷香、雪梅暗香等。

④味觉:有些风景名胜是通过味觉感受而闻名于世的,如崂山的矿泉水、虎跑泉水龙井茶等。

⑤触觉:景象环境的温度、湿度和景物的质感特征等需要触觉才能感知体验到,如岩洞的冬暖夏凉、海滨浴场的泳浴意趣等,都是身体接触到的自然美的享受。

⑥联想:当人们看到某种景物时,往往会根据自己的生活经验和思想产生联想,风景的意境和诗情画意就是由联想产生的。

⑦心理:由生活经验和科学技术手段而产生的理性反应,是客观事物在脑中的反应。

⑧其他:除上述7种类型的其他感知因素,如错觉、幻觉等,也会对人的景感产生一定的影响作用。

(3)条件　条件是构成风景的制约因素,往往是赏景主体和风景客体联系的纽带。景物和景感本身的存在与产生就包含有条件这个因素,条件不仅存在于风景构成的全过程,也存在于风景鉴赏与发展的全过程。条件即可促进与强化风景,也可限制风景,条件的变化会对风景的构成、效果和发展起到重要的影响作用。风景构成的主要条件有：

①个人：风景的概念和意识因人而异，不同个体的性别、年龄、教育背景、职业、经历、健康状况等都会影响其直观感觉和想象推理的能力及对风景的鉴赏能力。

②时间：风景的形成与时间密切相关，有些风景是在特定的时间形成的，如泰山日出、峨眉佛光等；同一区域，时间不同，风景各异，如春季繁花似锦，夏季荷花映日，秋季红叶似火，冬季银装素裹。

③地点：地理位置、环境特点同景物的种类、风景的构成、内容、特色等关系十分密切。视点、视距、视角的变化足以改变风景的特性。角度和方位的变化艺术，正是最直接地反映风景创作特点的所在。

④文化：不同的历史文化、艺术观念、民族传统、宗教信仰、风土人情对大自然的认识和理解明显不同，对风景意识及其发展的影响也是至关重要的。

⑤科技：风景的鉴赏和评价、风景的创作与管理维护等，都要依赖科学技术的发展。

⑥经济：财力、物力、劳力、动力等经济条件直接影响着风景的构成、发展和维护。

⑦社会：社会制度、生活方式及群体意识、文化心理结构、意识形态等都会对风景的形成产生影响。

⑧其他：除上述 7 种以外的其他条件。

1.1.2 风景名胜资源

1)风景名胜资源的概念

根据《风景名胜区总体规划标准》(GB/T 50298—2018)，风景名胜资源是指能引起审美与欣赏活动，可作为风景游览对象和风景开发利用的事物与因素的总称。风景名胜资源是构成风景环境的基本要素，是风景区产生环境效益、社会效益、经济效益的载体。

风景名胜资源是由多种类型的资源组合构成的有机整体。它与森林资源、矿产资源和水资源等其他资源有所不同，任何单一资源不能代表，也不可能涵盖整体的风景名胜资源系统。风景名胜资源有以下 4 个特点：

①除其本身实物价值之外，还有生态价值、服务价值、存在价值等。

②不能以经济学方法对其综合价值进行量化评估。

③利用方式在于利用其生态价值、服务价值和存在价值。

④我国风景名胜资源大多融自然资源与人文资源于一体，文化品位高。

2)风景名胜资源的分类

我国面积辽阔，自然条件多样，风景名胜资源类型众多，主要分为以下以类：

(1)自然景观资源　包括天景、地景、水景、生景等。

①天景：包括日月星光、虹霞蜃景、风雨阴晴、气候景象、自然声像、云雾景观、冰雪霜露等，如黄山、庐山的云海、泰山日出、平湖秋月、峨眉佛光、海市蜃楼等。

②地景：包括大尺度山地、山景、奇峰、峡谷、洞府、石林石景、沙景沙漠、火山熔岩、土林雅丹、洲岛屿礁、海岸景观、海底地形、地质珍迹等，如著名的五岳、黄山、庐山等名山、长江三峡、五大连池等。

③水景：包括泉井、溪流、江河、湖泊、潭池、瀑布跌水、沼泽滩涂、海湾海域、冰雪冰川等，如黄果树瀑布、三亚海滨、无锡太湖、杭州西湖、千岛湖等。

④生景：包括植物景观和动物景观。其中植物景观包括森林、草原、古树名木、珍稀植物、植物生态群落、物候季相景观等，如西双版纳的热带雨林、呼伦贝尔草原、林海雪原、珍稀植物等；动物景观包括珍稀动物、动物群栖息地等，如大熊猫、金丝猴、丹顶鹤、麋鹿及其栖息地。

（2）人文景观资源　包括园景、建筑、胜迹、风物等。

①园景：包括历史名园、现代公园、植物园、动物园、庭宅花园、专类游园、陵坛墓园、游娱文体园区等。

②建筑：包括风景建筑、民居宗祠、宗教建筑、宫殿衙署、纪念建筑、文娱建筑、商业建筑、工交建筑、工程构筑物、特色村寨、特色街区等。

③胜迹：包括遗址遗迹、摩崖题刻、石窟雕塑、纪念地、科技工程、古墓葬等。

④风物：包括节假庆典、民族民俗、宗教礼仪、神话传说、民间文艺、地方人物、地方物产、民间技艺等。

1.2　风景名胜区概述

1.2.1　风景名胜区的概念

根据《风景名胜区总体规划标准》（GB/T 50298—2018），风景名胜区是具有观赏、文化或科学价值，自然景观、人文景观比较集中，环境优美，可供人们游览或者进行科学、文化活动的区域；是由中央和地方政府设立和管理的自然和文化遗产保护区域。

关于风景名胜区的称谓，我国曾一度比较混乱，如风景区、自然风景名胜区、旅游风景名胜区、风景游览区、风景旅游区、风景保护区等，大都是在"风景"前后加一词来表达某种更具体、更特定的含义。从严格意义上讲，风景名胜区和风景区的区别主要可以从以下3个方面解释：

①风景名胜区是风景名胜资源集中的地区，而不仅仅是一般风景资源集中的地区，风景区内的风景资源并不等于就是名胜资源；

②风景名胜区是按照法定程序，依据相关法律法规划定的地域，具有法定的范围界限，风景区则没有这样的严格要求；

③风景名胜区是具有一定的游览条件和规模的地域，风景区虽然可供人们进行科学文化活动，但不一定可供大众游览、观赏和休憩。不过，在一般情况下，风景名胜区也可用其简称，即风景区。

1.2.2　风景名胜区的性质

我国的风景名胜区凝结了万里神州奇观，积淀了上下五千年华夏文明，在国家遗产保护地体系中居重要地位，同时具有历史传承悠久、自然文化融合、资源类型丰富、社会经济复杂、效益影响广泛等鲜明的中国特色。风景名胜区具有社会公益性质，同时也具有保护生态、生物多样性与环境，以及科研、文化、科普、铸造民族精神等重要功能。风景名胜区之所以具有这些功能，是因为风景名胜区是人类珍贵的自然和文化遗产，对于这样一种特殊的、不可再生的资源，保护是首要的，开发要服从保护，这就决定了风景名胜区的社会公益性质。

1.2.3　风景名胜区的组成

中国的风景名胜区有着独特的历史文化特征，从风景名胜区的悠久历史及其丰富的发展动力因素可以看出，它的组成内容必然与广阔的社会需求与经济生活密切相关。依据风景名胜区发展的历史特征和社会需求规律,可以把风景名胜区的组成归纳为 3 个基本要素及其 24 个组成因子(图 1.1)。

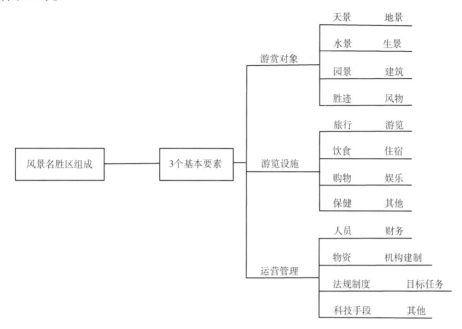

图 1.1　风景名胜区的组成

1）游赏对象

　　游赏对象是风景名胜区的社会功能与价值水平的决定性因素。风景名胜区要有一定的游览欣赏对象与内容,有能激发游人景感反应的景物及其风景环境。广义的游赏对象包括天景、地景、水景、生景、园景、建筑、胜迹、风物 8 类景源。

2）游览设施

　　风景名胜区要有能满足游人在游赏风景过程中所必要的设施条件和配套的旅行游览接待服务,主要包括旅行、游览、饮食、住宿、购物、娱乐、保健、其他 8 类设施。游览设施既是风景名胜区的必备配套因素,又是决定风景名胜区水平与职能作用的关键因素。游览设施的等级、规模与布局,要与游赏对象、游人结构和社会状况相适应,要以便捷为主。

3）运营管理

　　风景名胜区要有不可缺少的运营管理机构与机制,运营管理包括人员、财务、物资、机构建制、法规制度、目标任务、科技手段及其他未尽事项 8 类因子,它既能调动风景名胜区的一切积极因素,保障风景名胜区的健康发展和游览活动顺利进行,又要防范和消除风景名胜区的消极因素,使风景名胜区保持时代活力。

　　风景名胜区是天人合一的人化自然环境,因而,自然因素决定着它的基本地域特征,社会因素决定着它的发展趋势和人文精神特征,经济因素影响着它的物质和空间特征,并可以转化成构景要素。自然、社会、经济等要素的任何变化,都将引发风景名胜区功能与内容的新演绎和新发展。

1.2.4 风景名胜区的功能

风景名胜区的保护和管理是国家社会公益事业,是要保护自然景观资源和人文景观资源,使其不再受到自然损害和人为破坏,包括开发所带来的负面影响;同时科学地建设管理,合理开发利用。所以,风景名胜区必须具备多种功能,而且这些功能要有益于社会经济和文化的发展,可直接或间接地被社会所利用。风景名胜区的功能可概括归纳为以下5个方面。

1)生态功能

风景名胜区有保护自然资源、改善生态与环境、防灾减灾、造福社会的生态防护功能。我国风景名胜区的保护功能主要体现在保护景观、景观所在的区域环境以及景区的文化,具体而言,就是要保护其典型性、完整性并保持其科学文化价值和游憩价值。

近年来,随着保护风景名胜区的意识不断增强,各地日益重视寻求、挖掘自身资源特色,协调发展旅游业与保护资源环境的关系,注重风景名胜区保护独特景观资源功能的发挥,如南京的中山陵园风景名胜区,就注重保护其悠久历史文化和自然生态植被。我国建立的风景名胜区为中国乃至世界保存了具有典型代表性的自然本底,因此,保护生态、生物多样性与环境是风景名胜区最基本的功能。

2)游憩功能

风景名胜区有培育山水景胜、提供游憩胜地、陶冶身心、促进人与自然协调发展的游憩健身功能。中华民族历史上就有崇尚山水、热爱自然、登高涉险的传统,现代社会的紧张生活使人们更乐于游览山河,开阔胸襟,陶冶情操,锻炼体魄,访胜猎奇,增长知识。风景名胜区作为一个以科学美学价值的自然景观为基础,自然与人文融为一体的地域空间综合体,已经成为开展游憩活动的主要自然承载地,成为现代都市生活放松身心的游憩场所。

3)景观功能

风景名胜区有树立国家和地区形象、美化大地景观、创造健康优美的生存空间的景观形象功能。每一个风景名胜区,不论其整体或局部、实物或空间,绝大多数具有特色鲜明的美的形象、美的环境和美的意境。它们是由自然界中各种物体的形、色、质、光、声、态等因素相互影响、相互交织、相互配合而成,使人感受到险、秀、雄、幽、旷、奥、坦的千变万化的自然之美和各种瑰丽多彩的人文之美。

4)科教功能

风景名胜区有展现历代科技文化、纪念先人先事先物、增强德智育人的寓教于游的功能。在地质、地貌、水文、生态、历史和工程上具有重要的科学考察和科学研究意义,同时也是研究地球变化、生物演替等自然科学的天然实验室和博物馆,是开展科普教育的生动课堂;风景名胜区内优秀的文化资源,是历史上留下来的宝贵遗产,更是历史的见证;我国的风景名胜区在其历史发展的过程中深受古代哲学、宗教、文学、艺术的深厚影响,自古以来就吸引了不少文人学士、画家、诗人等创作了丰富的文学艺术作品,对于人类文明、社会的进步具有重要的作用。

5)经济功能

风景名胜区有增收、调节城乡结构、带动地区全面发展的经济催化功能,如促进旅游业、餐饮业、加工业、种植业、零售业等的发展。风景名胜区在严格保护的前提下,通过合理开发,能产生更大的经济效益和社会效益,带动地方经济的发展、信息的交流、文化知识的传播以及人们素质的提高,为群众脱贫开辟途径。

1.2.5 风景名胜区的特征

1)类型众多

中国地大物博,自然条件复杂多样,在漫长的自然和社会发展过程中,形成类型众多、各具特色的风景名胜区,其中既有以自然景观为主的景区,也有以人文景观为主的景区,还有自然与人文景观融合为一体的综合型景区。自然景区又可分为山岳型风景区、森林型风景区、峡谷型风景区、岩洞型风景区、江河型风景区、湖泊型风景区、海滨型风景区等各具特色的景区。在各类风景区中,以山岳型风景区比例最高。中国是个多山的国家,山体面积广大,山地类型丰富,名山大川众多,在全国的重点风景名胜区中,以名山为主体命名的占了一半以上。

2)景观奇特

风景名胜区是风景资源集中、环境优美的区域,因此大多风景区都有着奇特、足以唤醒游人美感的景观。在我国的许多风景名胜区中,自然景观绚丽多姿,极有特色,令人赞叹不已。如武陵源风景名胜区罕见的砂岩峰林峡谷地貌,形态各异,亭亭玉立;九寨沟风景名胜区有成百个阶梯彩色湖泊,无数飞瀑流泉奔腾倾泻,串连其间,景色极其秀丽;黄龙风景名胜区内彩池密布,遍地奇花异卉,森林茂盛。

3)自然景观与人文景观融为一体

中华民族悠久的发展历史和灿烂的历史文化赋予自然景观丰富的文化内涵,使得文化与自然兼容并蓄成为中国风景名胜区的重要特征。漫步于我国的自然山川,可见有众多文物古迹、诗词歌赋、名人遗迹等,自然资源和人文资源相依相存,完美地融于一体,散发着无穷魅力。如泰山、黄山两个风景名胜区,以"世界自然与文化遗产"列入了《世界遗产名录》。除此之外,衡山、嵩山、华山、五台山、庐山等许多风景名胜区,在丰富多彩的自然景色中,都融合着大量的人文景观。

1.2.6 风景名胜区的分类

1)按等级特征分类

我国风景名胜区在设立初期就确定了分级管理的体制。根据国务院《风景名胜区管理暂行条例》的有关规定,风景名胜区按其自然禀赋、文化科学价值、景区范围及其规模、游览条件等划分为三级,即国家重点风景名胜区、省级风景名胜区、市(县)级风景名胜区。按《风景名胜区管理暂行条例》规定的程序,风景名胜区由县级以上人民政府分别审定。随着我国风景名胜区事业的发展,国务院在《风景名胜区条例》(2016 年修订)中对风景名胜区的设立做出新规定,将原有的三级风景名胜区,即市(县)级风景区,省级风景区,国家重点风景名胜区按照风景名胜区的观赏、文化、科学价值及其环境质量、规模大小、游览条件等内容改为两级风景名胜区,即国家级风景名胜区和省级风景名胜区。

(1)国家级风景名胜区 由省、自治区、直辖市人民政府提出申请,提交申报书、风景资源调查评价报告等,报国务院审定公布。关于国家级风景名胜区的审批和管理,有如下规定:

①国家级风景名胜区应具有全国最突出、最优美的自然风景或人文景观,那里的生态系统基本上没受到破坏,其自然环境、动植物种类、地质地貌具有很高的观赏、教育和科学价值。

②国家最高行政机关——国务院制定颁布国家级风景名胜区保护和管理的法规,地方政府应采取相应措施,严格禁止任何单位、个人对国家级风景名胜区的侵占,有效保护其生态、地貌和美学特色。

③为了精神享受、娱乐、文化和教育目的,允许游人进入国家级风景名胜区,但应采取措施,防止某些区域游人超量。

国家级风景名胜区徽志为圆形图案,中间部分系万里长城和自然山水缩影,象征伟大祖国悠久、灿烂的名胜古迹和江山如画的自然风光;两侧由银杏树叶和茶树叶组成的环形镶嵌,象征风景名胜区和谐、优美的自然生态环境。图案上半部英文"NATIONAL PARK OF CHINA",直译为"中国国家公园",即国务院公布的"国家级风景名胜区";下半部为汉语"中国国家级风景名胜区"全称(图1.2)。

图1.2 中国国家级风景名胜区徽志

(2)省级风景名胜区 由省、自治区、直辖市人民政府审定公布,并报建设部备案。

2)按用地规模分类

主要是按风景名胜区的规划范围和用地规模的大小划分为4类:

(1)小型风景名胜区 其用地范围在20 km² 以下。

(2)中型风景名胜区 其用地范围在21 ~ 100 km²。

(3)大型风景名胜区 其用地范围在101 ~ 500 km²。

(4)特大型风景名胜区 其用地范围在500 km² 以上。

3)按景观特征分类

按风景名胜区的典型景观的属性特征划分为10类:

(1)山岳型风景名胜区 以高、中、低山和各种山景为主体景观特点的风景名胜区。

(2)峡谷型风景名胜区 以各种峡谷风光为主体景观特点的风景名胜区。

(3)岩洞型风景名胜区 以各种岩溶洞穴或溶岩洞景为主体景观特点的风景名胜区。

(4)江河型风景名胜区 以各种江河溪瀑等动态水体水景为主体景观特点的风景名胜区。

(5)湖泊型风景名胜区 以各种湖泊水库等水体水景为主体景观特点的风景名胜区。

(6)海滨型风景名胜区 以各种海滨海岛等海景为主体景观特点的风景名胜区。

(7)森林型风景名胜区 以各种森林及其生物景观为主体景观特点的风景名胜区。

(8)草原型风景名胜区 以各种草原草地、沙漠风光及其生物景观为主体景观特点的风景名胜区。

(9)史迹型风景名胜区 以历代园景、建筑和史迹景观为主体景观特点的风景名胜区。

(10)综合型景观风景名胜区 以各种自然和人文景源融合成综合性景观为其特点的风景

名胜区。

4）按结构特征分类

依据风景名胜区的内容配置所形成的职能结构特征划分为 3 类：

（1）单一型风景名胜区　内容与功能比较简单，主要是由风景游览欣赏对象组成一个单一的风景游赏系统，很多小型风景名胜区均属单一型风景名胜区。

（2）复合型风景名胜区　内容与功能均较丰富，不仅有风景游赏对象，还有相应的旅行游览接待服务设施组成的旅游设施系统，因而其结构特征是由风景游赏和旅游设施两个职能系统复合组成。

（3）综合型风景名胜区　内容与功能均较复杂，它不仅有游赏对象、旅游设施，还有相当规模的居民生产与社会管理内容组成的居民社会系统，因而其结构特征是由风景游赏、旅游设施、居民社会 3 个职能系统综合组成的。

5）按功能设施特征分类

（1）观光型风景名胜区　有限度地配备必要的旅行、游览、饮食、购物等为观览欣赏服务的设施。

（2）游憩型风景名胜区　配备有较多的娱乐、康体、浴场等游憩娱乐设施，可以有一定的住宿床位。

（3）休假型风景名胜区　配备有较多的休息疗养、避暑寒、度假、保健等设施，有相应规模的住宿床位。

（4）民俗型风景名胜区　保存有相当的乡土民居、遗迹遗风、劳作、节庆庙会、宗教礼仪等社会民风民俗特点与设施。

（5）生态型风景名胜区　配备有必要的保护监测、观察试验等科教设施，严格限制行、游、食宿、购、娱、健等设施。

（6）综合型风景名胜区　各项功能设施较多，可以定性、定量、定地段地综合配置。大多数风景名胜区均有此类特征。

除上述分类方法之外，2008 年 8 月 11 日，住房和城乡建设部批准《风景名胜区分类标准》（CJJ/T 121—2008）为行业标准。《风景名胜区分类标准》根据我国风景名胜区的地理分布特征，并结合自然与人文资源的特点，将风景名胜区分为 14 个类别，包括历史圣地类、山岳类、江河类、湖泊类、岩洞类、海滨海岛类、特殊地貌类、城市风景类、壁画石窟类、纪念地类、陵寝类、风俗民情类、生物景观类、其他类。

1.3　风景名胜区的发展

1.3.1　风景名胜区的发展历程

1）五帝以前——风景名胜区的萌芽阶段

我国风景名胜区萌芽于农耕与聚落形成的时代，即公元前 21 世纪以前的氏族社会和奴隶制社会的早期。自然崇拜和图腾崇拜是审美意识和艺术创造的萌芽，河姆渡文化印记着早期审美活动；轩辕开启的野生动物驯养师在大自然中建立"囿"的开端；城堡式的聚落出现，开始了人与大自然的矛盾演化；祭祀封禅、名山大川是早期风景名胜区的直接萌芽形式。

2）夏商周——风景名胜区的发展阶段

我国风景名胜区肇始于农业与都邑形成的时代,大禹治水的实质是我国首次国土和大地山川景物规划及其综合治理;从甲骨文出现"囿"字和《诗经》记述的灵台沼囿可知,囿是在山水生物丰美地段;公元前17世纪出现了爱护野生动物、保护自然资源、有节制狩猎思想,进而出现把保护自然生态与仁德治国等同的理念应是中国风景名胜区发展的传承动因;春秋战国之际的城市建设推动了邑郊风景名胜区的发展,离宫别馆与台榭苑囿建设促进了古云梦泽和太湖风景区的形成与发展;战国中叶为开发巴蜀而开凿栈道形成举世闻名的千里栈道风景名胜走廊;李冰率众兴修水利形成了都江堰风景区,《周礼》规定的"大司马"掌管和保护全国自然资源,"囿人"掌囿游之禁兽等制度,对风景名胜区保护管理和发展起着保障作用;先秦的科技发展引导人们更加深入地观察自然、省悟人生,成为风景名胜区发展的科技基础;诸子百家的争鸣创新,不仅奠定了儒道互补而又协调的古代审美基础,也蕴含着后世风景区发展的动因、思想和哲学基础。

3）秦汉——风景名胜区的形成阶段

我国风景名胜区形成于土地私有、农工商外贸并举和城市形成的时代,频繁的封禅祭祀及其设施建设,促使五岳五镇以及以五岳为首的中国名山景胜体系形成与发展;佛教和道教开始进入名山,加之盛传的神仙思想和神仙境界的影响,使人们更多地关注山海洲岛景象,并在自然山川和苑景中寻求幻想中的仙境;宏大的秦汉宫苑建设,形成了地跨一市四县、纵横300里的具有大型风景区特征的上林苑;汉代华信修筑钱塘,使杭州西湖与钱塘江分开,进入了新的发展阶段;秦汉的山水文化和隐逸岩栖现象,不仅使一批山水胜地闻名,也反映着山水审美观的发展并走向成熟。

4）魏晋南北朝——风景区快速发展阶段

大量史料表明,我国风景名胜区快速发展于庄园经济相对发展和意识形态争鸣转折的时代。魏晋南北朝时期,佛教道教盛行,广建寺观。其中,汉地佛寺数以万计,大多建在城镇及其近郊,并逐步向远郊及山林地带发展;道教也逐步创立并完善了教团组织、教义理论和文字经典,确立了一系列理想和现实的仙山胜境与道教圣地。

5）隋唐宋——风景名胜区的全面发展阶段

我国风景名胜区全面发展于隋、唐、宋时期。隋的统一、唐的强盛、宋的成熟,使其成为我国古代最为辉煌的篇章,是城市体系形成时期,也是风景名胜区的全面发展和全盛时期。此外,唐宋文人名流的游览游历活动成为其生活的要事,"行万里路、读万卷书"成为社会地位的标志;群众性的文化旅游经久不衰并流传为社会习俗;官员的"宦游"及其开发经营风景名胜则成为传统风尚;退隐者在山水胜地结庐营居或开发经营景胜也成时尚。

6）元明清——风景名胜区进一步发展阶段

我国风景名胜区进一步发展于元、明、清时期,是中国封建社会后期的3个王朝,蒙、汉、满三族轮番掌管大一统封建帝国的大权,促进了民族融合,形成了多元化的民族文化和地方特征,并不止一次地出现过经济繁荣、政治安定的封建盛世,我国的城市体系逐渐成熟,名城辈出,风景名胜区也进一步发展和成熟,全国性风景已超过100个,并且大多进入兴盛期。

7）中华民国——风景名胜区的停滞阶段

1912—1949年中华民国期间,属于风景名胜区发展的停滞阶段,主要颁布了针对文物保护的相关条例,首次针对风景名胜区的保护提出相应的条例办法。

8）中华人民共和国成立——现代风景名胜区的无序阶段

1949—1978 年的三十年间，除一些城市风景区、名山和重要古迹由城市建设、园林、文物部门和当地政府设立专门管理机构进行管理外，全国大多数自然风景名胜古迹都没有纳入国家及地方各级政府的保护和管理体系。

9）改革开放初期——现代风景名胜区的复兴阶段

20 世纪 80 年代以来，改革开放使中国社会经济快速复兴发展，中外学术思想新一轮交流，促使着风景区急速发展，风景区已经是兼备游憩健身、景观形象、生态防护、科教启智以及带动社会发展等功能的重要场所。

10）现代风景名胜区建设初期

1985 年 6 月国务院颁布了《风景名胜区管理暂行条例》，明确了风景名胜区的基本概念，涵盖了风景名胜区的定义、风景名胜资源的属性范围、风景名胜区的管理体系、风景名胜区的规划内容，以及风景名胜资源保护与发展利用的方法及建设路径。

1987 年，城乡建设生态环境部公布了《风景名胜区管理暂行条例实施办法》，在暂行条例的基础上，细化了各条款内容，更便于基层操作。同年，我国向联合国教科文组织申报的第一批 6 处世界遗产申报成功，预示着中国风景名胜区制度与世界遗产保护制度的接轨。

1993 年 12 月 20 日，建设部发布了《关于印发〈风景名胜区建设管理规定〉的通知》，通知明确了风景名胜区中严禁和不得建设的项目及严管项目；要求严管项目必须进行专家论证，并报主管单位批准；规范了风景名胜区的建设程序及报批管理手续。由此，风景名胜区加速进入了建设发展阶段。

11）20 世纪末以来现代风景名胜区规范发展阶段

1999 年颁布了国家强制性技术标准《风景名胜区规划规范》，促使风景区的规划建设管理纳入科学化、规范化、社会化轨道。2006 年，国务院颁布实施了《风景名胜区条例》，为加强风景区管理、有效保护和合理利用风景名胜资源提供了更详尽的规定。

2018 年颁布了《风景名胜区总体规划标准》《风景名胜区详细规划标准》，进一步完善了风景名胜区规划的技术体系。

1999 年至今的二十几年间，是我国风景名胜区发展突飞猛进的时期，受国民经济快速发展和公众旅游文化消费水平不断提高的直接影响，风景名胜区从规模到质量都上了一个很大的台阶。

1.3.2　风景名胜区的发展动因

我国风景名胜区是经过漫长的历史形成和发展起来的，其发展动因可以归纳为以下 7 个方面：

1）自然崇拜，封神祭祀

在远古时代，人们对大自然有强烈的依赖关系，据文字记载，早在先秦时代，已形成"皇皇上天。照临下土。集地之灵。降甘风雨。各得其所。庶物群生。各得其所。靡今靡古。维予一人某敬拜皇天之祐"。的祭祀礼仪，祈求风调雨顺、国泰民安。

2）游览与审美

我国文人墨客对山水有着别样的理解，从中诞生了无数经典诗句，例如"不识庐山真面目，

只缘身在此山中""行到水穷处,坐看云起时""巫山夹青天,巴水流若兹。巴水忽可尽,青天无
到时",这些诗句反映了文人在农业文明时代与自然山水的精神关系,这种山水比德观念,对后
世山水审美有深刻影响。

3)宗教文化与活动

随着宗教文化对名山的建设和发展产生了深远而持久的影响,宗教活动逐渐成为名山的重
要功能之一。佛教、道教的空前盛行,宗教与朝拜活动及其配套设施的开发建设,促使山水胜景
和宗教圣地的快速发展。

4)山水文化创作体验

山水文化创作体验是中国风景名胜区特有的高级功能。魏晋南北朝时期,名山大川不仅成
为审美对象,还开创了山水文化创作的体验功能。山水诗的创作在唐宋进入了高峰。诗画同
源,山水画宗师宗炳强调山水画创作是画家借助自然形象,以抒写意境的过程,强调艺术的作用
在于给人以精神上的解脱。此后,山水画家深入名山大川,师法自然,名士辈出。

5)问奇于山水、探求考察和探索山水科学

古人云"读万卷书,行万里路",中国名山具有观赏游览和科学研究功能因而成为主要游览
对象。李白历经半生游历祖国名山大川,写下了无数著名诗篇;汉代史学家司马迁饱览祖国壮
美,为撰写史书而深入民间,探求知识的科学考察意义;旅行家郦道元热爱自然,游历秦岭、淮河
以北和长城以南广大地区,考察河道沟渠,撰《水经注》四十卷;明代旅行家徐霞客一生志在四
方,不畏艰险,足迹跑遍了从华北到云贵高原以南的半个中国,经 30 年考察撰成了 60 万字《徐
霞客游记》。

6)隐逸岩栖,寄情山水,学术交流

中国自古以来,就有许多高人隐居于名山胜水,进而出现山居文化、山水文学。这些隐士大
多是风景区早期开发的先行者和早期审美者。除此之外名山也是学术交流的场所。宋代儒家
的书院制度使学术和教育活动同山水景胜结缘,在名山风景区建立了不少书院,这也是农业文明
时代中国名山特有的现象。

7)假日经济,远途度假,近郊休闲

随着人民生活水平的提高,经济能力的提升,现代旅游业得到前所未有的发展,风景区也因
此成为游客近郊休闲和远途度假的首选之地,这也是推动现代风景区发展的动因之一。

1.3.3 风景名胜区的发展特点

风景名胜区是一个文化与自然的地域综合体,风景名胜区的可持续发展是建立在科学研
究、科学规划与科学管理的基础上的,风景名胜区规划的科学观念是风景名胜区可持续发展和
永续利用的前提。

1)强调科学发展

强调体现综合性科学观念,对风景资源进行多学科综合性的全面考察与评价。

2)引入生态概念

生态科学的观念逐渐引入风景区规划,如自然生态规划、生态环境指标体系、生态环境效益
与价值的量值等生态科学规划内容逐步应用于风景区规划实践之中。

3）重视专业研究

加强风景区的单项科学考察和专项科学研究、专题规划与论证,针对风景区的某一类专题组织专项科学研究。

4）注重科技利用

现代绘图技术,以及3S技术即地理信息系统(GIS)、遥感(RS)和全球定位系统(GPS)为风景区的规划与研究提供了有力的工具。

1.4　风景名胜区与类似园区的比较

在国内,与风景名胜区相类似的有国家公园、自然保护区、世界遗产、森林公园、旅游区等,它们都以一定的风景资源为依托,也都可以开展一定的旅游活动,但是在概念、管理等方面都有一定的区别与相似之处。

1.4.1　概念的比较

1）国家公园

国家公园是指由国家批准设立并主导管理,边界清晰,以保护具有国家代表性的大面积自然生态系统为主要目的,实现自然资源科学保护和合理利用的特定陆地或海洋区域。是我国自然生态系统中最重要、自然景观最独特、自然遗产最精华、生物多样性最富集的部分。保护范围大,生态过程完整,具有全球价值、国家象征,国民认同度高。

国家公园具有以下特征:一是自然状况的天然性和原始性,即国家公园通常都以天然形成的环境为基础,以自然景观为主要内容,人为的建筑、设施只是为了方便而添置的必要辅助;二是景观资源的珍稀性和独特性,即国家公园天然或原始的景观资源往往为一国所罕见,并在国内,甚至在世界上都有着不可替代的重要而特别的影响。

美国在1872年建立起世界上第一个国家公园　黄石国家公园,开创了世界国家公园的历史。目前,世界上已有120多个国家先后建立了国家公园近万个,其中比较著名的有美国的黄石国家公园、大峡谷国家公园、夏威夷火山国家公园、冰川国家公园等。

我国建立国家公园体制是党的十八届三中全会正式提出的。在党的十八届三中全会通过的《中共中央关于全面深化改革若干重大问题的决定》明确提出,要"加快生态文明制度建设","建立国家公园体制"。建立国家公园体制是我国生态文明制度建设的重要内容,对于推进自然资源科学保护和合理利用,促进人与自然和谐共生,推进美丽中国建设,具有极其重要的意义。

2019年6月,中共中央办公厅、国务院办公厅印发了《关于建立以国家公园为主体的自然保护地体系的指导意见》,意见明确指出:要确立国家公园主体地位。做好顶层设计,科学合理确定国家公园建设数量和规模,在总结国家公园体制试点经验基础上,制定设立标准和程序,划建国家公园。确立国家公园在维护国家生态安全关键区域中的首要地位,确保国家公园在保护最珍贵、最重要生物多样性集中分布区中的主导地位,确定国家公园保护价值和生态功能在全国自然保护地体系中的主体地位。国家公园建立后,在相同区域一律不再保留或设立其他自然保护地类型。

2020年4月,国家林业和草原局发布了《国家公园总体规划技术规范》《国家公园资源调查与评价规范》《国家公园勘界立标规范》等国家公园行业标准,为规范国家公园的规划、建设和

管理工作提供了科学依据。

2021 年 10 月 12 日,中国第一批国家公园名单正式公布,包括:三江源国家公园、大熊猫国家公园、东北虎豹国家公园、海南热带雨林国家公园、武夷山国家公园,五大国家公园的保护面积达 23 万平方公里,涵盖近 30% 的陆域国家重点保护野生动植物种类。

2)自然保护区

自然保护区是指对有代表性的自然生态系统、珍稀濒危野生动植物物种的天然集中分布区、有特殊意义的自然遗迹等保护对象所在的陆地、陆地水体或者海域,依法划出一定面积予以特殊保护和管理的区域。

自然保护区的保护对象主要包括:珍稀濒危动植物的天然集中分布区、典型的自然生态系统、水源涵养区、有特殊意义的地质构造、地层剖面和化石产地、重要的自然风景区等。

自然保护区一般分为核心区、缓冲区和实验区。在实验区,以保护为前提,经过科学规划整治,可以适当开展游游活动。

我国第一个自然保护区是广东的鼎湖山自然保护区,到 2018 年底,我国共建立各种类型、不同级别的自然保护区 2 750 个,其中国家级自然保护区 474 个,保护区总面积约 147.17 万平方公里,占国土面积的 14.86%。

3)世界遗产

世界遗产指被联合国教科文组织确认的人类罕见且目前无法替代的财产。世界遗产可具体分为自然遗产、文化遗产、自然与文化遗产三种类型。

(1)自然遗产   是包括举世无双的自然、生物和地质构造、濒危动物种类的栖息地和植物生长地,以及具有科学价值、保存价值或艺术价值的地区。自然遗产的选定标准如下:

①代表地球演化的各主要发展阶段的典型范例,包括生命的记载、地形发展中重要的地质演变过程或具有主要的地貌或地文特征;

②代表陆地、淡水、沿海和海上生态系统植物和动物群的演变及发展中的重要过程的典型范例;

③具有绝妙的自然现象或稀有的自然景色和艺术价值的地区;

④最具有价值的自然和物种多样性的栖息地,包括有珍贵价值的濒危物种。

(2)文化遗产   是包括历史古迹、古建筑群以及在历史、建筑艺术、考古、科学、民族学和人类学方面具有重大价值的遗址。文化遗产的选定标准如下:

①体现人类杰出的创造才能;

②表现一个时期或世界的某一文化地域内在建筑学、建筑技术、历史古迹艺术、城镇规划或景观设计发展方面的人类价值的重要交流;

③能为一种文化传统、一种尚存的或已消失的文明提供一种独特的或至少是特殊的见证;

④是建筑、技术工艺或景观方面的杰出范例,代表人类历史发展的一个重要阶段或若干重要阶段;

⑤作为人类传统居住地或土地利用的杰出范例,代表一种或多种文化,特别是该文化在不可逆转的冲击下变得易受损害;

⑥与某些具有特殊意义的事件、现存传统、某些思想和信仰以及文学艺术作品有直接的或实质性的联系。

(3)自然与文化遗产   《世界遗产公约》最重要的特点是将自然和文化遗产的保护内容合

并在一起,因为自然和文化是互补的,文化遗产的个性与其发展的自然环境有很大关系,而评判遗产最根本的标准是遗产的真实性与完整性。在这一点上,风景名胜区与世界遗产之间的关系可谓是如出一辙,相得益彰。

中国于 1985 年 12 月 12 日加入《保护世界文化和自然遗产公约》成为缔约方,并于 1986 年开始向联合国教科文组织申报世界遗产项目。自 1987 年至 2021 年 7 月,中国先后被批准列入《世界遗产名录》的世界遗产已达 56 处,其中世界文化遗产 38 处、世界文化与自然双重遗产 4处、世界自然遗产 14 处,在世界遗产名录国家排名位居第一位。

4)森林公园

森林公园是指森林景观优美,自然景观和人文景物集中,具有一定规模,可供人们游览、休息或进行科学、文化、教育活动的场所。森林公园以森林植被为主体,空气清新,环境优美,动植物资源丰富,是开展游憩、郊游、探险、科学文化教育活动的重要场所,可满足人类向往绿色世界,享受大自然的渴望和需求。

我国第一个森林公园是建设于 1982 年的张家界国家森林公园,截至 2017 年底,全国各级森林公园总数已达 3 505 处,其中国家森林公园 881 处。

5)地质公园

地质公园是以具有特殊地质科学意义、稀有的自然属性、较高的美学观赏价值、具有一定规模和分布范围的地质遗迹景观为主体、并融合其他自然景观与人文景观而构成的一种独特的自然区域。我国地质公园分为 4 个级别,即县市级地质公园、省地质公园、国家地质公园、世界地质公园。

自 1999 年 11 月国土资源部在威海召开会议决定建立中国国家地质公园以来,我国的地质公园建设取得了令全球瞩目的好成绩,到 2019 年,全国有世界地质公园 39 个,国家地质公园214 个。

6)水利风景区

水利风景区是以水域(水体)或水利工程为依托,具有一定规模和质量的风景资源与环境条件,可以开展观光、娱乐、休闲、度假或科学、文化、教育活动的区域。

2004 年 5 月 8 日,水利部颁布了《水利风景区管理办法》,2004 年 8 月 1 日,《水利风景区评价标准》作为水利行业标准正式实施;截至 2018 年底,我国已有 832 个景区被审定批准为国家水利风景区,近千个景区基本达到省级水利风景区标准。

7)旅游区

旅游区是多个景点组合体,指含有若干共性特征的旅游景点与旅游接待设施组成的地域综合体,它不仅包括旅游资源,也含有为旅游者实现旅游目的而不可缺少的各种设施,经行政管理部门批准成立,有统一管理机构,范围明确。

总体上来说,风景名胜区、国家公园、自然保护区、世界遗产、森林公园、地质公园、水利风景区、旅游区都具有一定的风景资源或者观赏价值,同时对于某些自然资源和生态环境具有重要的保护作用,还能为人们提供娱乐、教育等服务功能,由此也可以看出几者在概念上有重叠与交叉之处,同时也具有各自鲜明的生态特征或者主要保护对象(表 1.1)。在我国,从自然保护区开始陆续设立的风景区、森林公园、国家公园等从目的上都可以归为保护地的类型,而旅游区的设立目的则相对侧重于开发旅游资源,但是一些旅游区本身也是或者内部包含保护区。

表1.1　风景名胜区与国家公园、自然保护区、世界遗产、旅游区等的比较

类别	主要功能	主管部门
风景名胜区	自然景观、人文景观的保护与观赏	住房和城乡建设部
国家公园	自然和人文资源的保护与科学研究	国家林业和草原局（国家公园管理局）
自然保护区	自然资源的保护与科学研究	生态环境部
世界遗产	自然景观、人文景观的保护与观赏	国家文物局
森林公园	以森林景观为主体的景观资源的保护和利用	国家林业和草原局（国家公园管理局）
地质公园	以地质遗迹景观为主体的景观资源的保护与利用	国家林业和草原局（国家公园管理局）
水利风景区	以水域（水体）或水利工程为主体的景观资源的保护和利用	中华人民共和国水利部
旅游区	以旅游业为主体的旅游资源开发和利用	中华人民共和国文化和旅游部

1.4.2　主管部门及管理方式的比较

在大多数西方国家,自然保护与公众游乐事业多由国家公园或类似机构单独承担,并由中央政府特设的国家公园管理局统一管理。在我国,住建部主管风景名胜区,国家林业和草原局(国家公园管理局)主管国家公园、森林公园、地质公园,生态环境部主管自然保护区,文化和旅游部主管旅游区,还有一些区域同时具有风景名胜区、自然保护区等多重身份,自然就产生多头管理的现象,如九寨沟身兼世界自然遗产、国家级风景名胜区、国家级自然保护区、国家地质公园、国家森林公园、国家AAAAA级旅游景区等6块牌子,这样的现状使得保护、建设和管理缺乏科学完整的技术规范体系,保护对象、目标和要求没有科学的区分标准,已经适应不了我国生态文明建设的需求。通过建立国家公园体制,构建以国家公园为主体的自然保护地体系,将自然保护区、风景名胜区、自然遗产、地质公园等职能整合,由国家公园管理局作为全民所有自然资源资产所有权人的代表,将承担生态保护功能的自然生态空间和自然资源资产统一管理起来,可实现真正意义上的严格保护、系统保护和整体保护。

1.4.3　规划内容的比较

随着城市化的快速发展,人们与自然的距离愈渐拉远,在这样的社会背景下,风景名胜区、自然保护区、森林公园等成为满足居民回归自然、放松心情的游憩场所,它们都能在改善城市生态环境、促进经济发展、提高城市人居环境质量等方面起到举足轻重的作用。以风景名胜区和森林公园规划为例,《风景名胜区条例》以"科学规划、统一管理、严格保护、永续利用"为指导思想,来正确处理严格保护和合理利用的关系;森林公园规划的指导思想可概括为:科学保护、合理布局、适度开发。两者规划的原则都是以保护为前提,在不破坏原有资源的前提下,对资源进行科学合理的开发利用。在规划内容上,风景名胜区规划可以分为总体规划和详细规划两个阶段进行。大型而又复杂的风景区,可以增编分区规划和景点规划。一些重点建设地段,也可以增编控制性详细规划或修建性详细规划。森林公园规划主要参考《森林公园总体设计规范》,主要内容包括总则、布局、环境容量与游客规模、景点设计、植物景观工程、保护工程、一般规定、基础设施工程等部分。风景名胜区规划的主要目的是发挥风景区的整体大于局部之和的优势,实现风景优美、设施方便、社会文明,并突出其独特的景观形象、游憩魅力和生态环境,促使风景区适度、稳定、协调和可持续发展;森林公园规划的目的是以良好的森林生态环境为主体,充分利用森林旅游资源,在已有的基础上进行科学保护、合理布局、适度开发建设,为人们提供旅游度假、休憩、疗养、科学教育、文化娱乐的场所,以开展森林旅游为宗旨,逐步提高经济效益、生态效益和社会效益。

思考与练习

1. 简述风景名胜区的概念及组成。
2. 风景名胜区的功能有哪些?
3. 简述风景名胜区的分类。
4. 论述风景名胜区与类似园区的异同点。

2 风景名胜区规划概述

[本章导读]本章主要介绍风景名胜区规划的基本理论和方法,包括风景名胜区规划的概念、理论基础、原则、程序、成果和深度要求等。通过学习,使学生掌握风景名胜区规划的内容、规划程序和成果要求,理解风景名胜区规划的功能和原则,了解风景名胜区规划的基本理论和依据。

2.1 风景名胜区规划的概念及发展

2.1.1 风景名胜区规划的概念

2.1—2.3、2.5 微课

风景名胜区规划是为保护培育、合理利用和经营管理好风景区,发挥其综合功能作用、促进风景区科学发展所进行的统筹部署和具体安排。经相应的人民政府审查批准后的风景名胜区规划,是统一管理风景区的基本依据,具有法定效力,必须严格执行。风景名胜区规划的定义明确提出了风景名胜区规划的 3 个主要目标:风景名胜资源的保护与培育、风景名胜资源的合理利用、风景名胜区的科学经营和管理,并突出强化了风景名胜区规划的法律意义,为规划的有效实施奠定了理论基础。

风景名胜区规划的目的是实现风景区资源的保护和合理利用,并突出其独特的景观形象、游憩魅力和生态环境,促使风景区适度、稳定、协调和可持续发展。

2.1.2 中国风景名胜区规划的发展

中国风景名胜区的规划、建设和运营管理已经经历了 60 余年的发展过程,在 60 余年的发展历程中,规划工作者们认真学习和借鉴国外国家公园等类似区域的规划方法、理念和实践经验,积极探索符合中国国情的规划理论和方法,取得明显成绩,其过程大致可以分为 4 个阶段。

1)第一阶段(20 世纪 60 年代以前)

20 世纪 50 年代初期,风景区的主要功能是为普通劳动者提供游憩、疗养场所,其规划以满足游客游憩、疗养等功能为主要目标,配备相关服务设施。到 20 世纪 60 年代,以桂林漓江风景区规划为代表,对风景区进行了全面研究和比较系统的规划编制。

2)第二阶段(1978—1985 年)

1982 年,国务院审定公布了我国第一批国家级重点名胜区,标志着我国风景区事业开始建立。在国家政策指导和法规要求下,风景区规划工作全面开展,这一时期,太湖、黄山、骊山、庐山、峨眉山等风景区开始编制总体规划,这一阶段的风景区规划立足于风景名胜资源的保护,对风景游览、景区、景点组织和游览服务设施等进行了规划,规划内容各有侧重。

3)第三阶段(1985 年—20 世纪末)

1985 年,国务院颁布了《风景名胜区管理暂行条例》,从法规层面上对风景区的保护、规划、利用和管理提出要求,风景区规划从中国风景名胜区的实际情况出发,力求妥善处理好风景区保护与利用的关系,提出了构建风景区规划职能结构的三大系统规划理论:风景游览系统、旅游服务设施系统和居民社会系统。

4)第四阶段(进入 21 世纪以后)

2000 年 1 月 1 日《风景名胜区规划规范》(GB/T 50298—1999)的颁布实施,规范了风景区的规划内容、深度、成果要求等,为风景区规划提供了技术支持,促进了风景区规划的规范化,在一定程度上保障了规划质量,风景区规划逐渐走向成熟。2006 年国务院颁布《风景名胜区条例》,2016 年又根据风景名胜区保护和发展的需要对该条例进行修订,2018 年《风景名胜区总体规划标准》(GB/T 50298—2018)、《风景名胜区详细规划标准》(GB/T 51294—2018)相继出台,住建部也出台了许多相关的文件和规定,这些都进一步完善了风景区规划的技术支撑体系,促进了风景区规划规范性和科学性的提高。

2.2　风景名胜区规划的内容和特点

2.2.1　风景名胜区规划的内容

风景名胜区的规划,应符合上层次风景名胜体系规划的要求,同时考虑与风景名胜区所在区域的国土空间规划、旅游规划等相关内容的衔接,在对资源保护与利用现状进行充分的分析研究和科学预测的基础上,制定科学的方法和途径促进风景名胜区生态效益、社会效益、经济效益的协调发展,具体包括以下内容:

(1)风景资源调查;

(2)风景资源评价;

(3)确定规划依据、指导思想、规划原则、风景区范围、性质与发展目标;

(4)生态资源保护措施、重大建设项目布局、开发利用强度;

(5)风景名胜区的功能结构和空间布局;

(6)分析规划风景区的容量、人口规模及其分区控制;

(7)编制风景区专项规划,包括保护培育规划、风景游赏规划、典型景观规划、游览设施规划、基础工程规划、居民社会调控规划、经济发展引导规划、土地利用协调规划、分期发展规划等。

2.2.2　风景名胜区规划的特点

风景名胜区规划从宏观讲属于规划的范畴,因而具有规划的通性,即目的性和前瞻性,但因其针对主体具有保护培育、开发利用和经营管理,并发挥多种功能的要求,又具有自身的特点。

1)侧重生态保护

风景名胜区规划是保护培育、开发利用和经营管理风景区,并发挥其多种功能作用的统筹部署和综合安排,保护培育是其首要功能,因此规划就应坚持"保护第一",将保护自然资源、改善生态环境、避险减灾、促进区域可持续发展作为首要任务。

2）突出个性特征

"特色"是风景区实现可持续发展的重要因素,风景区特色越突出,个性越明显,对游客的吸引力越大。不同的风景区,景观特征、自然生境和社会经济因素千差万别,发展方向、目标定位和结构布局也不应相同,规划应突出风景区的地方和个性特色,力求形成独具特色的景观形象和游憩魅力。

3）调控动态发展

风景区的天景、地景、水景、生景等自然生境因素是风景区的本底要素,它们一直处在循环再生的演变之中,而相关的社会人文因素是风景区发展的动力要素,相关的经济技术因素可以转化为风景区的物质构成要素,这些社会经济因素,更是处在活跃的变化之中。所以,风景区规划就要把握已有的动态变化规律和特征及其发展趋势,还要对不可预计的发展因素、变数或突发事件留有余地,使规划成果能够随着信息反馈而做必要的相应调整。

4）实现整体优化

风景区规划涉及相关的自然、社会、经济三大系统及其子系统与诸要素,涉及生态学、景观生态学、旅游学、国土空间规划、城乡规划等理论,规划就要从系统观点出发,在相关理论指导下,运用现状调查、景源评价、系统协调、层次叠加、整体优化、相关发展规划整合等方法,综合分析、评价和论证,扬长补短,优化规划内容,使其有利于风景区的生态、景观、游憩三大基本功能的全面发挥,实现风景区功能的整体优化。

2.3 风景名胜区规划的依据和原则

2.3.1 风景名胜区规划的依据

风景名胜区规划的主要依据包括国家的有关法律法规,国家各项技术标准规范,风景区所在区域的基础资料等。

1）法律法规

    (1)《风景名胜区条例》

    (2)《中华人民共和国环境保护法》

    (3)《中华人民共和国森林法》

    (4)《中华人民共和国文物保护法》

    (5)《中华人民共和国野生动物保护法》

    (6)《中华人民共和国城乡规划法》

    (7)《中华人民共和国土地管理法》

    (8)《中华人民共和国水法》

    (9)《国家级风景名胜区规划编制审批办法》

2）技术标准规范

    (1)《风景名胜区总体规划标准》(GB/T 50298—2018)

    (2)《风景名胜区详细规划标准》(GB/T 51294—2018)

    (3)《风景名胜区游览解说系统标准》(CJJ/T 173—2012)

    (4)大气、水、土壤等环境标准

（5）道路、交通、水电等工程技术标准规范

3）相关基础资料

风景区及其所在区域的自然、历史文化、经济、社会、规划等方面的资料。

2.3.2 风景名胜区规划的原则

风景名胜区规划必须坚持生态文明和绿色发展理念，符合我国国情，符合风景名胜区的功能定位和发展实际，因地制宜地突出风景区特性，并应遵循下列原则：

1）科学指导，综合部署

应树立和践行绿水青山就是金山银山的理念，依据现状资源特征、环境条件、历史情况、文化特点以及国民经济和社会发展趋势，统筹兼顾，综合安排。

2）保护优先，完整传承

应优先保护风景名胜资源及其所依存的自然生态本底和历史文脉，保护原有景观特征和地方特色，维护自然生态系统良性循环，加强科学研究和科普教育，促进景观培育与提升，完整传承风景区资源和价值。

3）彰显价值，永续利用

应充分发挥风景资源的综合价值和潜力，提升风景游览主体职能，配置必要的旅游服务设施，改善风景区管理能力，促使风景区良性发展和永续利用。

4）多元统筹，协调发展

应合理权衡风景环境、社会、经济三方面的综合效益，统筹风景区自身健全发展与社会需求之间的关系，创造风景优美、社会文明、生态环境良好、景观形象和游赏魅力独特、设施方便、人与自然和谐的壮丽国土空间。

5）因地制宜，突出特色

应在深入调查研究基础上，从风景名胜资源的资源特征、历史文化、环境条件以及国民经济和社会发展趋势等现状出发，因地制宜，突出特色。

2.4 风景名胜区规划的理论基础

2.4.1 可持续发展理论

2.4 微课

1）可持续发展的定义

可持续发展是指既满足当代人的需要，又不对后代满足其需要的能力构成危害的发展，它包含四个方面的含义：发展、公平、限制、协调。发展是人类永恒的主题，也是可持续发展的核心，只有通过发展，才能提高当代人的福利水平，但发展不是无限的发展，而应是公平、有限度、协调的发展。公平包括代际公平、代内公平、地区间公平等方面。代际公平是指当代人的发展不能以损害后代人的发展能力为代价，其核心是合理开发和使用自然资源，使其拥有量保持在相对稳定的某一水平上，代内公平指同一代人享有平等的自然资源使用权和发展机会，地区间公平则是指一个国家或地区的发展不能以损害其他国家或地区的发展能力为代价。限制性是指人类经济和社会的发展不能超越资源和环境的承载能力，应根据生态环境的承载力和限制因

子调整开发强度,限制资源的使用量,协调性是指在人类发展过程中,应协调好经济建设与人口、资源、环境的关系,这是实施可持续发展战略的关键,即在经济增长的同时,有效控制人口增长,降低资源消耗,提高资源利用率,减轻环境污染。

2)可持续发展理论对风景名胜区规划的指导意义

可持续发展的发展、公平、限制、协调,要求在风景名胜区规划中,要以风景资源保护为前提,实行限制发展,公平发展,发展过程中要科学处理好保护与开发的关系,兼顾各阶层的利益,充分体现区域的协调性与社会的公平性,以实现风景名胜区生态、社会、经济的可持续发展。

①可持续发展理论佐证了编制风景区规划的必要性,只有通过科学合理的规划,才能做到宏观调控、综合协调,实现风景区及其所在区域环境保护、经济发展、社会发展的协调和持续。

②坚持发展与保护并举。可持续发展的核心是发展,发展是硬道理,只有发展才能解决人类面临的众多问题。对于风景名胜区而言,其规划的根本目的是实现风景资源的永续利用,实现这一目标,不能靠单纯的、绝对的保护,而应在发展中保护,通过发展,更好地协调风景区及所在区域的各方利益,同时为保护提供一定的资金保障。但发展一定是有限制的发展,在发展规模、开发强度等方面应根据保护要求严格控制,注重资源的合理有效保护,不因一时的利益损害子孙后代对风景资源所享有的权利。

③风景名胜区规划与可持续发展的理论核心均具有时空内在属性。因此,在时间层面上,应立足长远,兼顾后代,在对当前空间配置的同时系统性地预测未来发展阶段可能产生的空间需求,统筹近、远期发展建设,实现代际公平;在空间层面上,应协调各类人群的空间发展需求,将经济由一元需求为主转变为经济、社会、生态三元需求并重,并编制近期建设规划,合理布置用地结构,实现代内公平。

④健全有效的社会协调机制是当前实现风景名胜区可持续发展的重要因素。一是在规划的制定和实施过程中要鼓励公众参与。公众知道得越多,资源就越少被浪费,包容的范围越广,结果就越具有可持续性。公众参与规划建设过程有利于推动健康的"社会支柱"的构建,是保证规划公平配置资源的重要监督环节,也反映了社会的进步程度。在构建和谐社会的过程中,需要公众的正确理解和积极参与,而公众的参与程度,将决定可持续发展社会构建目标实现的进程。二是在规划的制定和实施过程中要做好风景名胜区规划与区域旅游、交通、环境等相关规划的协调,化解矛盾,形成合力。

2.4.2 系统理论

1)系统理论的基本概念

系统理论认为系统是由相互联系的各个部分和要素组成、具有一定结构和功能的有机整体,构成整体的各个局部称为子系统,子系统下面还有更低一级的子系统,最低级的为组成系统的各要素。系统理论的基本思想是把要研究和处理的对象都看成是一个系统,从整体上考虑问题的同时还应特别注意各个子系统之间的有机联系,把系统内部的各个环节、各个部分以及系统内部和外部环境等因素,都看成是相互联系、相互影响、相互制约的。系统具有整体性、综合性、层次性、动态性、结构性等特性。

2)系统理论对风景名胜区规划的指导意义

系统理论为风景名胜区规划提供了方法论基础,它在风景名胜区规划的各个阶段都具有指导意义。

(1)规划的内容 根据系统理论,风景名胜区就是一个由自然、经济、社会各要素组成的完整的系统。在这个系统内,存在着若干层次的子系统,它们之间相互作用、相互联系,共同构成风景区这个大系统。在风景区规划过程中,不仅应认真分析组成这个系统的诸要素,还应深入分析各要素之间的相互关系,协调好各要素之间、各子系统之间、主系统与其他系统之间的相互关系,以保证风景区这个大系统功能的最大发挥。

(2)规划的程序和方法 系统理论为风景名胜区规划提供了具体的工作方法。在风景名胜区规划中,往往先运用系统分析的方法,将系统进行不同层次的划分,由系统细分为一级子系统,一级子系统再细分为二级子系统,以此类推,最后到组成系统的各要素,逐层分析它们的各自特征和相互关系,奠定规划的基础。在此基础上,运用系统综合的方法,进行系统的整体规划,以实现系统功能的最优化。

2.4.3 地域分异规律

1)地域分异规律的基本理论

地域分异规律是指自然地理要素各组成成分及其构成的自然综合体在地表沿一定方向分异或分布的规律性现象,它是导致不同区域自然、经济和人文要素空间差异性的重要原因。地域分异规律主要表现为地带性和非地带性。

(1)地带性分布规律 地球表面的水热条件等环境要素,沿纬度、经度或垂直方向发生有规律更替的现象,称为地带性分布规律,地带性分布规律又分为纬度地带性、经度地带性和垂直地带性。

①纬度地带性:是指气候、水文、生物、土壤等以及整个自然综合体大致沿纬度方向延伸分布而按纬度方向递变的现象,它具体表现在地球表面上存在着不同的温度带,如热带、亚热带、暖温带、温带、寒温带、寒带等,每个气候带都有它自己的特征,从而造成地表组成、植物、动物等景观的差异性。

②经度地带性:是由于海陆相互作用,降水分布自沿海向内陆逐渐减少引起的气候、水文、土壤、生物等以及整个自然综合体从沿海向内陆变化的现象,它具体表现为地球上从海岸带到内陆呈现出不同的景观。一般,海岸潮湿,越往内陆越干燥,植被类型则依次为森林、草原和荒漠。

③垂直地带性:指在地球上同一个地点随着海拔高度的不同引起的植物、土壤、动物群落、水文、地貌的某些特征出现相应的变化,呈现出不同的景象,它是由温度和降水变化引起的,"人间四月芳菲尽,山寺桃花始盛开"则是这一分异规律的真实写照。

(2)非地带性分布规律 由局部地形、地面组成物质以及地下水位不同等因素引起的非地带性分异,主要表现如高原、平原、山地、盆地、丘陵、岛屿、湖泊以及海洋等,不同地形上的风景名胜资源有不同的特征。

地域分异规律体现在风景名胜资源方面,即为风景名胜资源具有明显的地域差异性。这种差异性不仅表现在自然环境方面,受其影响,历史文化、人文特征等同样也表现出地域上的差异性,从而导致风景名胜资源的分布和特征也具有地域差异性。例如,岩溶地貌主要分布在石灰岩地区,茫茫沙漠主要分布在干旱地区,皇家园林主要分布在古都,民俗风情则为少数民族地区的独特风景资源。

2)地域分异规律对风景名胜区规划的指导意义

(1)突出景区特色　根据地域分异理论,地域的差异,导致不同地域的风景名胜区特色各异,这种特色往往是风景区吸引游客的亮点,风景名胜资源的特色越突出,其吸引力越大,就越容易取得发展的机会,吸引更多的旅游者。在风景区规划时,就应充分挖掘那些特色鲜明、具有比较优势的景观,把那些在全国具有稀缺性、典型性的景观确定为优先发展的目标,突出特色,强化优势。

(2)合理进行景区划分　在进行景区划分时,一般将景观属性、特征、地理分布及其存在环境基本一致的景观划分为同一景区,每个景区主题鲜明,各具特色。

2.4.4　景观生态学理论

景观生态学作为一门交叉性综合学科,吸收了现代地理学和系统科学之所长,通过研究景观及其空间要素,了解景观系统的结构、功能、演变规律及与人类系统的相互作用,为景观优化利用和保护管理提供有效途径。

1)景观生态学的基本原理

(1)景观系统的整体性　景观是具有明确边界、可辨识的地理实体,由基质、斑块、廊道等景观要素相互联系、相互作用组成,在功能与结构上都具有整体性,具有独立的能量流、物质流和物种流。

(2)景观要素的异质性　异质性是景观要素类型、组合及属性的变异程度,是景观区别于其他生命组建层次的最显著特征。景观异质性分为空间异质性与时间异质性,空间异质性包括空间组成、空间构型和空间相关三个部分的内容。因为异质性同抗干扰能力、恢复能力、系统稳定性和生物多样性有密切关系,景观异质性程度高有利于物种共生,而不利于稀有内部种的生存。

(3)景观的稳定性　景观的稳定性指系统对干扰或扰动的反应能力。景观参数的长期变化呈水平状态并且在其水平线上下波动幅度和周期性具有统计特征,可以称景观是稳定的。每个景观单元都有它自己的稳定度,当遇到外界环境变化时,在一定范围内往往能通过自身的调节保持相对稳定。

2)景观生态学理论对风景名胜区规划的指导意义

(1)风景名胜区规划的整体性　根据景观生态学理论,景观是由斑块、廊道、基质等景观要素有机联系组成的复杂系统,在功能与结构上具有整体性,因此从系统的整体性出发研究景观的结构、功能与变化,利于系统的整体优化。风景名胜区也是由斑块、廊道、基质组成的系统,在这里,不同类型的景点以空间斑块的形式镶嵌于风景区域的基质上,景区内道路则是联系各斑块的廊道,廊道常常相互交叉形成网络,因此规划时也应从系统的整体性出发,研究彼此间的关系以及等级、规模、空间等各种结构布局,以实现景观系统功能的最优化。

（2）风景名胜区空间结构的优化　景观要素的异质性说明了风景名胜区组成要素的复杂性及其在空间分布上的不均匀性,规划时应设置必要的聚散通道,强化交通等基础设施布局,加强各组成要素间的联系,优化空间结构,保持景观的相对稳定性。

（3）风景名胜区功能的多样化　景观生态学理论将景观作为一个由不同土地单元镶嵌组成、具有明显视觉特征的地理实体,兼具经济、生态和美学价值。风景名胜区作为重要的景观实体,同样兼具生态、美学、经济等功能,规划时应注重发挥景区的多重功能,不能因经济利益损害其生态和美化功能的发挥。

2.5　风景名胜区规划的层次和成果要求

2.5.1　风景名胜区规划的层次

风景名胜区相关的规划类型如果按规划阶段划分,从宏观到微观可以分为 8 种（表2.1）。其中,风景区总体规划、风景区详细规划两类规划被列入《风景名胜区条例》要求审批管理,其他规划类型虽未列明文要求审批,但在社会实践中也常遇到。不同类型的规划,其深度规定也有所不同。

1）风景发展战略规划

对风景区或风景体系发展具有重大的、决定全局意义的规划,其核心是解决一定时期的基本发展目标及其途径,其焦点和难点在于战略构思与抉择。

2）风景旅游体系规划

这是一定行政单元或自然单元的风景体系构建及其发展规划。包括该体系的保护培育、开发利用、经营管理、发展战略及其与相关行业和相关体系协调发展的统筹部署,如全国、省域、市域、流域、气候带等风景体系规划。

3）风景区域规划

风景区域是可以用于风景保育、开发利用、经营管理的地区统一体或地域构成形态,是内部有着高度相关性与结构特点的区域整体,具有大范围、富景观、高容量、多功能、非连片的风景特点,并经常穿插有较多的社会、经济及其他因素,也是风景区的一种类型。

风景区域规划由于涉及资源、经济、社会等多种要素的交叉和融合,使其成为以风景保护和利用为核心,促进区域社会经济协调发展的战略部署与调控。

4）风景区规划纲要

风景区规划纲要的任务是研究总体规划的重大原则问题,结合当地的国土规划、区域规划、土地利用总体规划、城市规划及其他相关规划,根据风景区的自然、历史、现状情况,确定发展战略。

5）风景区总体规划

风景名胜区总体规划的任务是以风景名胜区规划纲要为指导,以引导风景名胜区健康、持续发展为目标,研究和确定风景名胜区的性质、范围、规模、容量和功能结构,优化风景名胜区土地利用布局,科学安排各项基础设施建设,合理调控风景区的居民社会系统,制定风景资源保护措施。

6)风景区分区规划

在总体规划的基础上,对风景区内的自然与行政单元控制、风景结构单元组织、功能分区及其他分区的土地利用界线、配套设施等内容做进一步的安排,为详细规划和规划管理提供依据。

7)风景区详细规划

风景名胜区详细规划的任务是以总体规划为依据,规定风景区用地的各项控制指标和规划管理要求,或直接对建设项目做出具体的安排和规划设计。详细规划可分为控制性详细规划和修建性详细规划。

8)景点规划

在风景区总体规划或详细规划的基础上,对景点的风景要素、游赏方式、相关配套设施等进行具体安排。

表2.1 风景名胜区规划层次与内容一览表

规划层次	规划内容
风景发展战略规划	①发展战略的依据,包括内部条件和外部环境; ②发展战略目标,包括方向定性、目标定位(定性兼定量)及其目标体系; ③发展战略重点,包括实现目标的决定性战略任务及其阶段性任务; ④发展战略方针,包括总策略和总原则(发展方式与能力来源); ⑤发展战略措施,包括发展步骤、途径及手段
风景旅游体系规划	①风景旅游资源的综合调查、分析、评价; ②社会需求和发展动因的综合调查、分析、论证; ③体系的构成、分区、结构、布局、保护培育; ④体系的发展方向、目标、特色定位与开发利用; ⑤体系的游人容量、旅游潜力、发展规模、生态原则; ⑥体系的典型景观、游览欣赏、旅游设施、基础工程、重点发展项目等系统规划; ⑦体系与产业的经营管理,及其与相关行业相关体系的协调发展; ⑧规划实施措施与分期发展规划
风景区域规划	①景源综合评价、规划依据与内外条件分析; ②确定范围、性质、发展目标; ③确定分区、结构、布局、游人容量与人口规模; ④确定严格保护区、建设控制区和保护利用规划; ⑤制定风景游览活动、公用服务设施、土地利用与相关系统的协调规划; ⑥提出经营管理和规划实施措施

规划层次	规划内容
风景区规划纲要	①景源综合评价与规划条件分析; ②规划焦点与难点论证; ③确定总体规划的方向与目标; ④确定总体规划的基本框架和主要内容; ⑤其他需要论证的重要或特殊问题
风景区总体规划 (审批管理)	①分析风景区的基本特征,提出景源评价报告; ②确定规划依据、指导思想、规划原则、风景区性质与发展目标,划定风景区范围及其外围保护地带; ③确定风景区的分区、结构、布局等基本构架,分析生态调控要点,提出游人容量、人口规模及其分区控制; ④制定风景区的保护、保存或培育规划; ⑤制定风景游览欣赏和典型景观规划; ⑥制定旅游服务设施和基础工程规划; ⑦制定居民社会管理和经济发展引导规划; ⑧制定土地利用协调规划; ⑨提出分期发展规划和实施规划的配套措施
风景区分区规划	①确定各功能区、景区、保护区等各种分区的性质、范围、具体界线及其相互关系; ②规定各用地范围的保育措施和开发强度控制标准; ③确定各景区、界群、景点等各级风景结构单元的数量、分布和用地; ④确定道路交通、邮电通信、给水排水、供电能源等基础工程的分布和用地; ⑤确定旅行游览、食宿接待服务等设施的分布和用地; ⑥确定居民人口、社会管理、经济发展等项管理设施的分布和用地; ⑦确定主要发展项目的规模、等级和用地; ⑧对近期建设项目提出用地布局、开发序列和控制要求
风景区控制性详细规划 (审批管理)	①确定规划用地的范围、性质、界线及周围关系; ②分析规划用地的现状特点和发展矛盾,确定规划原则和布局; ③确定规划用地的细化分区或地块划分、地块性质与面积及其发展要求; ④规定各地块的控制点坐标与标高、风景要素与环境要求、建筑高度与容积率、建筑功能与色彩及风格、绿地率、植被覆盖率、乔灌草比例、主要树种等控制指标; ⑤确定规划区的道路交通与设施布局、道路红线和断面、出入口与停车泊位; ⑥确定各项工程管线的走向、管径及其设施用地的控制指标; ⑦制定相应的土地使用与建筑管理规定
风景区修建性详细规划(审批管理)	①分析规划区的建设条件及技术经济论证,提出可持续发展的相应措施; ②确定山水与地形、植物与动物、景观与景点、建筑与各工程要素的具体项目配置及其总平面布置; ③以组织健康优美的风景环境为重点,制定竖向、道路、绿地、工程管线等相关专业的规划或初步设计; ④列出主要经济技术指标,并估算工程量、总造价及投资效益分析

续表

规划层次	规划内容
景点规划	①分析现状条件和规划要求,正确处理景点与景区、景点与功能区或风景区之间的关系; ②确定景点的构成要素、范围、性质、意境特征、出入口、结构与布局; ③确定山水骨架控制、地形与水体处理、景物与景观组织、游路与游线布局、游人容量及其时空分布、植物与人工设施配备等项目的具体安排和总体设计; ④确定配套的水、电、气、热等专业工程规划单项工程初步设计; ⑤提出必要的经济技术指标,估算工程量与造价及效益分析

资料来源:张国强等编《风景规划》,2002。

2.5.2 风景名胜区规划的成果与深度规定

风景区规划的成果应包括规划文本、规划图纸、规划说明书、基础资料汇编(可含专题报告)4个部分。

1)规划文本

风景区规划文本,是风景区规划成果的条文化表述,应简明扼要,以法律条文方式直接叙述规划主要内容的规定性要求,以便相应的人民政府审查批准后,作为法规权威,严肃实施和执行。规划文本一般应包括以下内容:

(一)总则

(二)风景名胜区范围与性质

(三)风景资源评价

(四)规划目标与发展规模

(五)功能分区与规划布局

(六)风景名胜区专项规划

1. 保护培育规划

2. 风景游赏规划

3. 典型景观规划

4. 游览设施规划

5. 基础工程规划

6. 居民社会调控规划

7. 经济发展引导规划

8. 土地利用协调规划

9. 分期发展规划

(七)实施规划的措施及建议

附则

2)规划图纸

规划图纸应清晰准确,图文相符,图例一致,并应在图纸的明显处标明图名、图例、风玫瑰图、规划期限、规划日期、规划单位及其资质、图签编号等内容。国家级风景区规划的图纸应标明国家级风景区徽志。总体规划的主要图纸应符合表2.2要求。

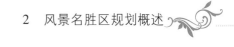

表2.2 风景区总体规划图纸规定

图纸资料名称	比例尺				制图选择			图纸特征
	风景区面积/ km²				综合型	复合型	单一型	
	20 以下	20 ~ 100	100 ~ 500	500 以上				
1. 区位关系图	—	—	—	—	▲	▲	▲	示意图
2. 现状图（包括综合现状图）	1∶5 000	1∶10 000	1∶25 000	1∶50 000	▲	▲	▲	标准地形图上制图
3. 景源评价与现状分析图	1∶5 000	1∶10 000	1∶25 000	1∶50 000	▲	△	△	标准地形图上制图
4. 规划总图	1∶5 000	1∶10 000	1∶25 000	1∶50 000	▲	▲	▲	标准地形图上制图
5. 风景区和核心景区界线坐标图	1∶25 000	1∶50 000	1∶100 000	1∶200 000	▲	▲	▲	可以简化制图
6. 分级保护规划图	1∶10 000	1∶25 000	1∶50 000	1∶100 000	▲	▲	▲	可以简化制图
7. 游赏规划图	1∶5 000	1∶10 000	1∶25 000	1∶50 000	▲	▲	▲	标准地形图上制图
8. 道路交通规划图	1∶10 000	1∶25 000	1∶50 000	1∶100 000	▲	▲	▲	可以简化制图
9. 旅游服务设施规划图	1∶5 000	1∶10 000	1∶25 000	1∶50 000	▲	▲	▲	标准地形图上制图
10. 居民点协调发展规划图	1∶5 000	1∶10 000	1∶25 000	1∶50 000	▲	▲	▲	标准地形图上制图
11. 城市发展协调规划图	1∶10 000	1∶25 000	1∶50 000	1∶100 000	△	△	△	可以简化制图
12. 土地利用规划图	1∶10 000	1∶25 000	1∶50 000	1∶100 000	▲	▲	▲	标准地形图上制图
13. 基础工程规划图	1∶1 000	1∶25 000	1∶50 000	1∶100 000	▲	△	△	可以简化制图
14. 近期发展规划图	1∶10 000	1∶25 000	1∶50 000	1∶100 000	▲	△	△	标准地形图上制图

注：1. ▲表示应单独出图，△表示可作图纸，—表示不适用。2. 图13可与图4或图9合并，图14可与图4合并。

资料来源：《风景名胜区总体规划标准》（GB/T 50298—2018）。

3）规划说明书

规划说明书应对现状进行分析,对规划意图和目标进行论证,对规划内容进行解释和说明。规划说明书的编写应注意以下问题:

①规划说明书是对规划文本的详细说明,是对规划内容的分析研究和对规划结论的论证阐述;

②规划说明书应在规划文本内容的基础上增加有关现状分析和说明;

③规划说明书可以对规划编制过程、规划中需要把握的重大问题等作前言或后记予以说明;编制的规划属于新一轮修编的,应当在说明书前言或后记中对上一轮规划实施情况进行总结,对存在的问题进行分析和阐述,对修编规划背景、重大调整内容等作出说明;

④规划说明书应阐述风景名胜区地理位置、自然与社会经济条件、发展概况与现状等基本情况,对风景名胜区的发展战略与规划对策进行分析和说明,对规划确定的原则、目标、规定、结论、措施等内容进行必要的说明。

4）基础资料汇编

基础资料汇编一般涉及区域状况、历史沿革、自然与环境资源条件、资源保护与利用状况、人文活动、经济条件、人工设施与基础工程条件、土地利用以及其他资料。基础资料汇编中的文字资料、数据、附图等要准确清晰、简明扼要。统计数据要反映近期情况,准确有效。

2.6 风景名胜区规划的分期规定和审批

2.6.1 分期规定

风景区总体规划年限一般为 20 年,规划分期宜符合下列规定:

第一期或近期规划:1—5 年。

第二期或远期规划:6—20 年。

分期发展规划应详列风景区建设项目一览表。分期发展目标与重点项目,应兼顾风景游赏、旅游服务、居民社会的协调发展,体现风景区自身发展规律与特点。

近期发展规划应提出发展目标、重点、主要内容,并应提出具体建设项目、规模、性质、布局、投资估算和实施措施。投资估算应包括风景游赏、旅游服务、居民社会三个职能系统的内容以及实施保育措施所需的投资。

远期规划目标应提出风景区总体规划所能达到的最终状态和目标,并应提出发展期内的发展重点、主要内容、发展水平、健全发展的步骤与措施。

2.6.2 规划审批

根据《风景名胜区条例》等相关规定,我国风景名胜区规划原则上实施分级审批。

国家级风景名胜区的总体规划,由省、自治区、直辖市人民政府审查后,报国务院审批。

国家级风景名胜区的详细规划,由省、自治区人民政府建设主管部门或者直辖市人民政府风景名胜区主管部门报国务院建设主管部门审批。

省级风景名胜区的总体规划,由省、自治区、直辖市人民政府审批,报国务院建设主管部门备案。

　　省级风景名胜区的详细规划,由省、自治区人民政府建设主管部门或者直辖市人民政府风景名胜区主管部门审批。

　　以国家级风景名胜区规划审批为例,根据《国家级风景名胜区规划编制审批办法》,国家级风景名胜区规划编制完成后,风景名胜区规划组织编制机关应当组织专家进行评审;国家级风景名胜区规划报送审批前,风景名胜区规划组织编制机关和风景名胜区管理机构应当依法将规划草案予以公示,公示时间不得少于 30 日;国家级风景名胜区总体规划审批前,国务院住房和城乡建设主管部门应当按照国务院要求,组织专家对规划进行审查,征求国务院有关部门意见后,提出审查意见报国务院;风景名胜区规划组织编制机关和风景名胜区管理机构应当将经批准的国家级风景名胜区规划及时向社会公布,并为公众查阅提供便利,法律、行政法规规定不得公开的内容除外;经批准的国家级风景名胜区规划不得擅自修改,确需对经批准的国家级风景名胜区总体规划中的风景名胜区范围、性质、保护目标、生态资源保护措施、重大建设项目布局、开发利用强度以及风景名胜区的功能结构、空间布局、游客容量进行修改的,应当报原审批机关批准;对其他内容进行修改的,应当报原审批机关备案;国家级风景名胜区详细规划确需修改的,应当报原审批机关批准。

思考与练习

　　1.风景名胜区规划主要包括哪些内容?

　　2.风景名胜区规划应遵循哪些原则?

　　3.风景名胜区规划包括哪些层次?

　　4.风景名胜区规划成果包括哪些内容?

　　5.结合风景名胜区发展的现状,谈谈你对风景名胜区规划重要性的认识。

3 风景资源调查与评价

[本章导读]本章主要介绍风景资源调查与评价的内容、程序和方法,详细说明风景名胜区的范围、性质确定及分区方法。通过学习,使学生掌握风景资源调查、评价和规划分区的内容和方法,理解风景资源调查、评价的目的和原则,了解风景资源分级等内容。

3.1 风景资源调查

3.1 微课

风景资源调查是风景名胜区规划的基础。通过全面系统的资源调查,可为风景名胜资源评价提供直观的详实资料,为正确认识风景区资源情况、确定风景区等级、制定风景区的可持续发展战略提供依据。

3.1.1 风景资源调查的目的

①全面系统地掌握风景资源的数量、分布、规模、组合状况、成因、类型、功能和特征等,为风景资源评价、编制风景区规划提供具体而详实的资料。

②建立风景资源上述各方面的数据库,并连接到区域信息库中,起到摸清家底的作用,使区域风景资源的管理、利用和保护工作更趋科学化和现代化。

③及时更改和修正数据库信息,使管理部门动态地掌握风景资源的开发利用状态,获得及时、准确的相关信息。

3.1.2 风景资源调查的内容

风景资源调查的内容,主要包括风景名胜资源调查、自然地理及社会、经济条件调查、环境质量和开发利用条件调查、居民社会经济状况调查,涉及测量资料、自然与资源条件、人文与经济条件、设施与基础工程条件及土地与其他资料5个方面的内容(表3.1)。

表3.1 风景名胜区基础资料调查类别

大类	中类	小类
一、测量资料	1.地形图	小型风景区图纸比例为1:2 000 ~ 1:10 000; 中型风景区图纸比例为1:10 000 ~ 1:25 000; 大型风景区图纸比例为1:25 000 ~ 1:50 000; 特大型风景区图纸比例为1:50 000 ~ 1:200 000
	2.专业图	航片、卫片、遥感影像图、地下岩洞与河流测图、地下工程与管网等专业测图

大类	中类	小类
二、自然与资源条件	1.气象资料	温度、湿度、降水、蒸发、风向、风速、日照、冰冻等
	2.水文资料	江河湖海的水位、流量、流速、流向、水量、水温、洪水淹没线;江河区的流域情况、河道整治、防洪设施;海滨区的潮汐、海流、浪涛;山区的山洪、泥石流、水土流失等
	3.地质资料	地质、地貌、土层、建设地段承载力;地震或重要地质灾害的评估;地下水存在形式、储量、水质、开采及补给条件
	4.自然资源	景源、生物资源、水资源、土地资源、农林牧副渔资源、能源、矿产资源、国有林、集体林、古树名木、植被类型等的分布、数量、开发利用价值等资料;自然保护对象及地段
三、人文与经济条件	1.历史与文化	历史沿革及变迁、文物、胜迹、风物、历史与文化保护对象及地段
	2.人口资料	历年常住人口的数量、年龄构成、劳动力构成、教育状况、自然增长和机械增长;服务人口和暂住人口及其结构变化;游人及结构变化;居民服务人口、游人分布状况
	3.行政区划	行政建制及区划、各类居民点及分布、城镇辖区、村界、乡界及其他相关地界
	4.经济社会	有关经济社会发展状况、计划及其发展战略;风景区范围的国民生产总值、财政、产业产值状况
	5.企事业单位	主要农林牧副渔和教科文卫军与工矿企事业单位的现状及发展资料、风景区管理现状
四、设施与基础工程条件	1.交通运输	风景区及其可依托的城镇的对外交通运输和内部交通运输的现状、规划及发展资料
	2.旅游服务设施	风景区及其可以依托的城镇的旅行、游览、餐饮、住宿、购物、娱乐、文化、休养等设施的现状及发展资料
	3.基础工程	水电气热、环保、环卫、防灾等基础工程的现状及发展资料
五、土地与其他资料	1.土地利用	规划区内各类用地分布状况,历史上土地利用重大变更资料,用地权属,土地流转情况,永久性基本农田资料,土地资源分析评价资料
	2.建筑工程	各类主要建(构)筑物、园景、场馆场地等项目的分布状况、用地面积、建筑面积、体量、质量、特点等资料
	3.环境资料	环境监测成果,三废排放的数量和危害情况;垃圾、灾变和其他影响环境的有害因素的分布及危害情况;地方病及其他有害公民健康的环境资料
	4.相关规划	风景区规划资料,与风景区相关的行业、专项规划等资料

1）风景名胜资源调查

（1）自然景源调查　自然景源调查在广泛了解风景名胜区的水文、地质、气候等自然本底条件的基础上，有重点地调查具有景观价值、美学价值及科学价值的特色景源，包括地理地貌景观、动植物景观、水文景观和天文景观。

①地理地貌景观：奇峰、怪石、悬崖、峭壁、幽洞的形态、质地、观赏效果，山岳、山地、峡谷、丘陵、沙滩、海滨、溶洞、火山口等景观的分布、形态、面积等。

②动植物景观：珍稀物种的种类、数量、分布范围、栖息地环境及保护情况，以及一些能为景观增色的鸟、兽、虫、鱼等动物和森林的类型、组成树种及景观特点，植物的种类、数量、分布及花期等，特别是古树名木的树种、数量、年龄、姿态、分布。

③水文景观：可供观赏或游乐的江河、涧溪、山泉、飞瀑、碧潭以及湖泊、水库、池塘等水域的位置、形状、面积、宽度、水质等，海岸岩礁及海岸的旅游适宜状况等。

④天文气象：云海、雾海、日出、日落、佛光、冰雪等气象景观出现的季节、时间、规模、形态等。

（2）人文景源调查　风景名胜区的形成和发展必然与当地的人文景观资源有着密切的联系，人文景观资源的调查一般包括当地历史遗迹、古建筑及工程、宗教文化及艺术、民俗风情、物产饮食。

①历史遗迹：古代文化遗址、古墓葬、石窟石刻、历代艺术珍品、工艺美术品，以及其他历史文物，并且要调查其数量、年代、规模、结构、形态、时代背景、历史考证、人物史迹、科学艺术价值、文物保藏与保护等。

②古建筑及工程：建造年代、时代背景、历史变迁、功能、面积、建筑布局、材料、形式及风格、历史价值及保护情况。

③宗教文化及艺术：当地居民的宗教信仰、节庆及有关的宗教建筑、宗教艺术情况。

④民俗风情：民族生活、异域风情、传统节会、风土人情、民居、服装、饮食、民间艺术、传统体育、地方戏曲、神话传说、历史掌故，以及与此相关联的民间轶闻等。主要调查民俗分布、数量类别、生产方式、生活习俗、人物特征、历史渊源、地理环境、宗教信仰、社会艺术价值等。

⑤物产饮食：名优物产、传统土特产、工艺制品、名菜佳肴、风味小吃等。主要调查其生产历史、产品的产量和质量特点、制作技艺、声誉销路、人文传说，以及相应的购物中心、超级市场、农贸集市、餐馆酒店、美食中心等设施状况。

2）自然地理及社会、经济条件调查

自然地理调查包括风景区的地理区位、地形地貌特征、山体水体特征、平均海拔及最高和最低海拔、植被、动物分布情况、地质构造、土壤类型、气候类型等。

社会、经济条件调查包括风景区的历史政区变迁、隶属关系、历史沿革、政区现状、区内城镇及农村人口分布、民族及人数、国民经济基本情况（如年财政收入、国民生产总值、粮食产量）、人均收入水平、传统土特产品及产量、矿藏、能源，以及农林牧副渔情况、土地分类面积统计（如山地、耕地、林区、水面等）和各自所占百分比等。

3）环境质量和开发利用条件调查

（1）环境质量调查　环境质量一般是指一定范围内环境的总体或环境的某些要素对人类生存、生活和发展的适宜程度，包括自然环境质量和社会环境质量。自然环境质量又可分为大气环境质量、水环境质量、土壤环境质量、生物环境质量等；社会环境质量主要包括经济、文化和社会等方面的环境质量。

环境质量状况的调查,主要是查明风景名胜区内及其所在地区的地质特征:地震、断层、火山、滑坡、泥石流、水土流失;气候类型特征:温度、湿度、降水量、风向、风速、寒暑季时段、有害气体浓度;水域类型特征:水位、水温、水量、潮汐、凌汛、泥沙含量、水质的污染程度和污染状况;自然灾害、人为灾害、危害性野兽、有毒昆虫、动植物种类、数量、生态特点、出没范围、危害程度、环境气候指数、旅游舒适程度、地方病、多发病、传染病、流行病的分布、萌发诱因、环境介质等情况,以及工矿企业、科研机构、医疗机构、仓库堆物、生活服务、交通运输等方面的污染,同时还应查明放射性、易燃易爆、电磁辐射等情况。

(2)开发利用条件调查　开发利用条件包括服务设施系统状况、旅游发展条件、管理体制机构设置及立法工作三个方面。

①服务设施系统状况:包括内外交通、水电供应、邮电通信等。主要调查景区内外交通联系的主要方式、工具,机场、车场、港口、码头的位置及分布、里程距离、路况、等级、运输现状和能力,给水、排水、能源、电力、邮电、通信等市政设施的规模、能力、分布、需求平衡状况等。

②旅游发展条件:包括旅游业基础、客源市场、旅游经济效益、用地建设条件、景区组织、经济合理性等。主要调查风景区发展的历史基础、开发利用程度、现状水平、游客接待量、旅游经济收入、客源市场区位、与相邻地区旅游业的关系、旅游建设用地的工程水文地质条件、景点分布状态及离散、集中程度,开发的总体经济可行性等。

③管理体制、机构设置及立法工作:包括风景名胜区的保护和开发力度限制、风景名胜区土地、森林等自然资源及房屋等财产的使用权和所有权的协调、风景名胜区总体规划编制内容等。

4)居民社会经济状况调查

风景名胜区的居民社会经济系统调查是针对风景名胜区的居民从事社会活动和经济活动时产生和需要的信息进行系统搜集的活动和过程。我国大部分的风景名胜区内都有常住人口存在,这些居民长年居住在风景名胜区内部和周边地区,他们的生活、工作与风景名胜资源的保护和利用有着千丝万缕的联系,当地居民及社会与风景名胜已经融合为难以分割的综合体。所以,风景名胜区的规划绝不是单纯的游览规划、资源规划或旅游规划,而是要提升到更大的社会系统规划的高度来理解。所以,对当地居民社会经济发展的调查是必需的。调查内容主要包括风景名胜区内部及周边城镇的居民生活习惯、历史文化、经济状况、接待条件、社会治安、民族团结、风土人情、宗教礼仪、文化素养、物产情况等。这些社会背景,都将直接影响到风景名胜区的资源保护与利用的前景、深度、力度及获取整体效益的情况。

3.1.3　风景资源调查程序

风景资源调查的程序可分为调查准备、实地调查和成果汇总3个阶段(图3.1)。

1)调查准备阶段

(1)成立调查组　由于风景资源调查涉及的管理部门很多,与之相关联的学科也很广,因此需要组成一个由当地政府工作人员、多学科专家参加的调查小组,或调查组成员具备多学科的知识基础,要求具有旅游管理、规划、生态学、地学、建筑学、风景园林学、历史文化、社会学等方面的知识。调查组成员必须身体健康,必要时须进行野外考察的基础培训,如野外方向辨别、样品的采集、野外素描、野外伤病急救等。

(2)基础资料准备　资料准备阶段的资料收集通常比较宽泛,更注重对现状调查工作提供

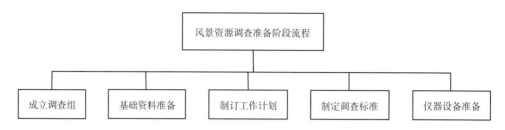

图3.1 风景资源调查准备阶段流程

宏观概念。基础资料准备主要包括文字资料、图纸资料和影像资料三部分：

①文字资料：有关调查区的地质、地貌、水文、气象、土壤、生物以及社会经济状况等调查统计资料；各种书籍、报刊、宣传材料上的有关调查区域内风景资源的资料；有关主管部门保留的前期调查文字资料；地方志书、乡土教材、有关诗词、游记等；当地现代和历史英雄、文化名人的传记等资料；旅游区与旅游点介绍；规划与专题报告等。

②图纸资料：根据不同规划范围，需准备不同比例尺的地形图，一般范围大的可以选取较小比例尺地图，范围小的可以选取较大比例尺地图，主要是1∶25 000，最好是1∶10 000或更大比例尺的地形图。此外，还应收集调查区的名胜古迹分布图、植被分布图、规划图、水文图、地方交通图、土地利用图、坡度图等。

③影像资料：通过网络、书刊和相册收集有关的黑白、彩色照片，有关调查区的摄像资料、光盘资料、声音资料、航空相片和卫星相片。

（3）制订工作计划　对已收集到的文字、图形和影像资料进行整理分析，确定调查范围、调查对象、调查工作的时间表、调查路线、投入人力与财力的预算、调查的精度要求、调查分组及人员分工、成果的表达方式等内容。

（4）制定调查标准　在对已有资料分析的基础上，制定各类调查单体的调查表格，表格应包括总序号、名称、基本类型、地理坐标、性质与特征、区位条件、保护和开发现状等。通过对调查人员的培训，统一表格填写标准及调查成果的表达方式。对于第二手资料中介绍详尽的旅游资源，可直接填写风景资源调查表，便于野外核实，补充缺漏。

（5）仪器设备准备　随着科学技术的进步，调查的仪器设备日益综合化和专业化。卫星定位技术的应用使GPS定位仪的功能无限强大，方位、高程、气压、气温、空间坐标、行动轨迹等数据都能够瞬间采集，并且还能够保持高度的准确性；数码影像技术也使视觉信息的采集更全面、更丰富。卫星定位设备、遥感设备、航测设备与数码影像设备以及信息数据处理设备共同组成了规划设备支持系统，充分实现了调查所必需的准确性、完整性和便捷性。

2）实地调查阶段

实地调查阶段的主要任务是在准备工作，特别是对第二手资料的分析基础上，采用各种调查方式获得详实的第一手资料。其调查方式依据调查的范围、阶段和目的的不同，可分为概查、普查和详查3种：

（1）概查

①范围：全国性或大区域性的风景资源调查，在对二手资料分析整理的基础上，进行一般性状况调查。

②比例尺：小比例尺，通常利用比例尺小于1∶500 000的地理底图。

③方法：填制调查表格或调查卡片，并适当进行现场核实。

④成果：景观资源分布图、调查报告等。

⑤目的:对已开发或未开发的已知点进行现场核查和校正,全面了解区域内的风景资源类型及其分布情况和目前开发程度,为宏观管理和综合开发提供依据。

⑥特点:周期短、收效快,但信息量丢失较大,容易对区域内风景资源的评价造成偏差。

(2)普查

①范围:对一个风景区或远景规划区的各种风景资源进行综合性调查。

②比例尺:大、中比例尺,一般利用1:50 000~1:200 000的地理底图或地形图。

③方法:以路线调查为主,对风景资源单体逐一进行现场勘察;利用素描、摄像、摄影等手段记录可供开发的景观特征;将所有风景资源单体统一编号、详实记录,并标在地形底图上。

④成果:景观资源图、调查报告、影像资料等。

⑤目的:为风景区提供详实的风景资源分布和景观特征的资料,为风景资源的开发评价和决策做准备。

⑥特点:周期长、耗资高、技术水平高,尚未在我国大范围、大规模进行。

(3)详查

①范围:带有研究目的或规划任务的调查,通常调查范围较小,普查所发现的风景资源,经过筛选,确定一定数量的高质量、高品质的景观作为开发对象。

②比例尺:大比例尺,一般利用1:5 000~1:50 000的地形图。

③方法:确定调查区内的调查小区和调查线路,选定调查路线,填写《风景资源单体调查表》。

④成果:景观的详查图或实际材料图、详查报告、相关图件和影像资料。详查图上除标明景观位置外,还应标明建议的最佳观景点、旅游线路和服务设施点。

⑤目的:全面系统地掌握调查区风景资源的数量、分布、规模、组合状况、成因、类型、功能和特征等,从而为风景资源评价和风景区总体规划提供具体而翔实的第一手资料。

⑥特点:目标明确,调查深入,但应以概查和普查的成果为基础,避免脱离区域的单一景点的静态描述。

3)成果汇总阶段

实地调查完成后,应及时汇总收集到的各种资料,检查野外填写的各种表格,整理各种图表、野外记录以及音像资料,并进行统计汇总,再进行全面检查总结。对于调查工作中的缺漏应及时进行补充调整,对图表、记录中不准确、不清晰的问题要补充修正,必要时也需进行补充调查。

3.1.4 风景资源调查方法

在实地调查阶段中通常需要调查人员进行实地考察与勘测,在这一阶段有五种调查方法较为重要。

1)野外实地勘察

野外实地勘察是最基本的调查方法,调查者通过观察、踏勘、测量、绘图、填表、摄影(像)和录音等手段,直接接触风景名胜资源,可以获得宝贵的第一手资料,增强感性认识,其调查的结果详实可靠。

2)现场资料收集

现场资料收集是对资料准备时收集资料的补充。通过走访各行政管理部门,收集大量的现

状统计数据,以及相关地域的相关规划。现场数据的收集比资料准备时的资料收集更加具体化,注重与规划方案形成的关联效果。

3)访问座谈

访问座谈是风景调查的一种辅助方法,可以完成规划者从旅游者向居住者身份的转换,而且当地居民对风景名胜区的了解是多少年甚至多少代人积累下来的,其中蕴涵着大量规划者在短期内很难掌握的信息,因此,深入的访谈可以使规划者更全面深刻地认识这个风景名胜区。此外,发动群众的感性认识,还可以弥补调查人员时间短、人手少、资金不足、对当地情况了解不明等缺陷,为实地勘察工作提供线索和重点,提高勘察的效率和质量。访问座谈是了解当地风俗民情、历史事件、故事传说以及山水风景的快捷有效的方法。访问座谈包括走访与开座谈会两种方式,对象应具有代表性,如行政人员、老年人、青年及学生、当地专家、学校文史教师以及从事历史、地理研究的人员等。访问座谈改变了传统的由规划者一方进行规划的模式,从而更加强调公众的参与、对当地居民利益的尊重、调查者与被调查者的平等以及充分正视当地传统知识和技术的价值。

4)问卷调查

问卷调查是通过游客、居民、行政等渠道分发问卷,请有关人员和部门填写。这种调查方法可以在短时间内收集大量信息,并可以对收集到的信息加以分析,而将分析结果运用到规划决策当中。但调查问卷中提问的方式、问题的设计、问卷填写人员的背景等方面都需要进行精心的筛选与推敲,以保证调查结果的可用性与有效性。

5)遥感调查

遥感调查是对于较大区域或地势险峻地区的风景名胜资源的调查方法,应用遥感技术可以提高效率,并保证了调查者的安全。遥感图像可以帮助规划人员掌握调查区的全局情况、风景资源的分布状况、各类资源的组合关系,发现野外调查中很难被发现的潜在风景名胜资源。在人迹罕至、山高林密、常人无法进入的地带,遥感调查更显示出其无与伦比的优势。不过,由于受拍摄时间等方面的限制,遥感调查法不可避免地存在一定的局限性。因此,遥感调查法只能作为一种辅助的调查方法,必须与野外实地勘察等其他调查方法结合使用。

3.1.5　风景资源调查成果

风景资源的调查成果主要由3个部分组成。

1)基础资料汇编

风景名胜区基础资料汇编是风景名胜区规划成果的附件之一,资料汇编的过程是对风景名胜区现状资料调查整理的过程。资料汇编强调"编"的形式,所以在资料的收集与整理过程中不要对原文作修改,并应对资料的来源、时间等内容加以标注,以保持资料信息的原真性与关联性。

2)现状调查报告

现状调查报告是调查工作的综合性成果,是认识风景名胜区域内风景名胜资源的总体特征和从中获取各种专门资料和数据的重要文件,是规划的重要依据。报告主要包括3个部分:一是真实反映风景名胜资源保护与利用现状,总结风景名胜资源的自然和历史人文特点,并对各种资源类型、特征、分布及其多重性加以分析;二是明确风景名胜区现状存在的问题,利用

SWOT 的分析方法,全面总结风景名胜区存在的优势与劣势、挑战与机遇;三是在深入分析现状问题及现状矛盾与制约因素的同时,提出相应的解决问题的对策及规划重点。报告语言要简洁、明确,论据充分,图文并茂。

3)现状图纸

经过现状资料与现场数据的收集与整理后,就需要将各种调查结果通过图纸表达出来。主要包括风景名胜资源分布、旅游服务设施现状、土地利用现状、道路系统现状、居民社会现状等,充分反映系统中各子系统及各要素之间的关系及存在特征。

3.2 风景资源评价

3.2.1 风景资源评价的概念及原则

3.2 微课

风景资源评价是通过对风景资源类型、规模、结构、组合、功能的评价,确定风景资源的质量水平,评估各种风景资源在风景名胜区所处的地位,为风景区规划、建设、景区修复和重建提供科学依据。

风景资源评价应包括:景源分类筛选、评价指标与分级标准、景源等级评价、综合价值评价、评价结论等内容。

风景资源评价应遵循以下原则:

①必须在真实资料的基础上,将现场踏勘与资料分析相结合,实事求是地进行。

②应采取景源等级评价和综合价值评价相结合的方法,综合确定风景区的价值与特征。

③景源等级评价应采用定性概括与定量分析相结合的方法。

3.2.2 风景资源评价的内容

风景资源评价是风景名胜区总体规划的基本依据,由景源筛选与分类、景源评分与分级,以及评价结论等 3 个工作程序组成。景源筛选与分类阶段,工作人员依据国家标准,按 2 个人类、8 个中类和 74 个小类(表 3.2),在考察区域选取景源,对其命名,在收集、整理相关信息的基础上,针对每一个命名景源,进行必要的定性评述。

表 3.2　风景名胜资源分类

大类	中类	小类
自然景源	天景	(1)日月星光(2)虹霞蜃景(3)风雨阴晴(4)气候景象(5)自然声像(6)云雾景观(7)冰雪霜露(8)其他天景
	地景	(1)大尺度山地(2)山景(3)奇峰(4)峡谷(5)洞府(6)石林石景(7)沙景沙漠(8)火山熔岩(9)蚀余景观(10)洲岛屿礁(11)海岸景观(12)海底地形(13)地质珍迹(14)其他地景
	水景	(1)泉井(2)溪流(3)江河(4)湖泊(5)潭池(6)瀑布跌水(7)沼泽滩涂(8)海湾海域(9)冰雪冰川(10)其他水景
	生景	(1)森林(2)草地草原(3)古树古木(4)珍稀生物(5)植物生态类群(6)动物群栖息(7)物候季相景观(8)其他生物景观

续表

大类	中类	小类
人文景源	园景	(1)历史名园(2)现代公园(3)植物园(4)动物园(5)庭宅花园(6)专类游园(7)陵园墓园(8)其他园景
	建筑	(1)风景建筑(2)民居宗祠(3)文娱建筑(4)商业服务建筑(5)宫殿衙署(6)宗教建筑(7)纪念建筑(8)工交建筑(9)工程构筑物(10)其他建筑
	胜迹	(1)遗址遗迹(2)摩崖题刻(3)石窟(4)雕塑(5)纪念地(6)科技工程(7)游娱文体场地(8)其他胜迹
	风物	(1)节假庆典(2)民族民俗(3)宗教礼仪(4)神话传说(5)民间文艺(6)地方人物(7)地方物产(8)其他风物

资料来源:《风景名胜区总体规划标准》(GB/T 50298—2018)。

专家组在定性评述的基础上,依据风景资源评价指标层次表,按4个综合评价层,17个项目评价层和39个因子评价层,逐一针对命名景源进行权重赋值(表3.3)。随后按照赋值分的高低顺序,将调查区内的风景名胜资源按特级、一级、二级、三级和四级5个层级进行分级量化。

(1)特级景源 应具有珍贵、独特、世界遗产价值和意义,有世界奇迹般的吸引力。

(2)一级景源 应具有名贵、罕见、国家重点保护价值和国家代表性作用,在国内外著名和有国际吸引力。

(3)二级景源 应具有重要、特殊、省级重点保护价值和地方代表性作用,在省内外闻名和有省际吸引力。

(4)三级景源 应具有一定价值和游线辅助作用,有市县级保护价值和相关地区的吸引力。

(5)四级景源 应具有一般价值和构景作用,有本风景名胜区或当地的吸引力。

风景资源评价结论包括景源等级统计表、评价分析、特征概括等三部分。评价分析要表明主要评价指标的特征或结果分析;特征概括需表明风景资源的级别数量、类型特征及其综合特征。

表3.3 风景名胜资源评价指标层次

综合评价层	赋值	项目评价层	权重	因子评价层
1.景源价值	70—80	(1)欣赏价值 (2)科学价值 (3)历史价值 (4)保健价值 (5)游憩价值		①景感度②奇特度③完整度 ①科技值②科普值③科教值 ①年代值②知名度③人文值 ①生理值②心理值③应用值 ①功利性②舒适度③承受力
2.环境水平	10—20	(1)生态特征 (2)环境质量 (3)设施状况 (4)监护管理		①种类值②结构值③功能值 ①要素值②等级值③灾变率 ①水电能源②工程管网③环保设施 ①监测机能②法规配套③机构设置

续表

综合评价层	赋值	项目评价层	权重	因子评价层
3.利用条件	5	(1)交通通信 (2)食宿接待 (3)客源市场 (4)运营管理		①便捷性②可靠性③效能 ①能力②标准③规模 ①分布②结构③消费 ①职能体系②经济结构③居民社会
4.规模范围	5	(1)面积 (2)体量 (3)空间 (4)容量		

资料来源:《风景名胜区总体规划标准》(GB/T 50298—2018)。

3.2.3 风景资源评价方法

1)美学价值评价方法

国内外的研究人员在与风景资源美学价值密切相关的视觉、心理学等方面做了深入研究,这些研究可以大致分为4个学派:专家学派(形式美学派和生态学派)、心理物理学派、认知学派和经验学派。

(1)专家学派 专家学派的指导思想是,认为凡是符合形式美的原则的风景都具有较高的风景质量,所以风景评价工作都由少数训练有素的专业人员完成。它把风景用四个基本元素来分析(即线条、形体、色彩和质地),强调诸如多样性、奇特性、统一性等形式美原则在决定风景质量分级时的主导作用。另外,专家学派还常常将生态学原则作为风景质量评价的标准。

(2)心理物理学派 心理物理学派的主要思想是把风景与风景审美的关系理解为刺激反应的关系,于是,把心理物理学的信号检测方法应用到风景评价中来,通过测量公众对风景的审美态度,得到一个反映风景质量的量表,然后将该量表与各风景成分之间建立起数学关系。因此,心理物理学的风景评价模型实际上分为两个部分:一是测量公众的平均审美态度,也即风景美度;二是对构成风景的各成分的测量,而这种测量是客观的。审美态度的测量方法有多种(俞孔坚,1986),目前公认为较好的有两种。一种是评分法,该方法让被试者按照自己的标准,给每一风景(常以幻灯片为媒介)进行评分(0—9),各风景之间不经过充分的比较。另一种审美态度测量法则以 Thurston(1959)的比较评判法为基础,由 Buhyoff 等人发展起来,被称作 LCJ 法(Law of Comparative Judgment),该方法主要通过让被试者比较一组风景(照片或幻灯)来得到一个美景度量表。

心理物理学方法应用得最为成熟的风景类型就是森林风景,它通过对森林风景的评价,建立美景度量表与林分各自然因素之间的回归方程,直接为森林的风景管理服务。

(3)认知学派 认知学派将风景作为人的生存空间、认识空间来评价,强调风景对人的认识及情感反应上的意义,试图用人的进化过程及功能需要去解释人对风景的审美过程。该学派的源头一直可以追溯到 18 世纪英国经验主义美学家 E. Burke(1729—1787),他认为"崇高"和"美"感是由人的两类不同情欲引起的,其中一类涉及人的"自身保存",另一类则涉及人的"社会生活"。前者在生命受到威胁时才表现出来,与痛苦、危险等紧密相关,是"崇高"感的来源;

后者则表现为人的一般社会关系和繁衍后代的本能,这是"美"感的来源。但是,直到20世纪70年代中期,这种美学思想才在风景美学领域里得到系统的发展,并形成了较为成熟的理论体系——风景美学的认知学派。

(4)经验学派 经验学派几乎把人的这种作用提到了绝对高度,把人对风景审美评判看作是人的个性及其文化、历史背景,志向与情趣的表现。因此,经验学派的研究方法一般是考证文学艺术家们的关于风景审美的文学、艺术作品,考察名人日记等来分析人与风景的相互作用及某种审美评判所产生的背景。

经验学派也通过心理测量、调查、访问等方式,记述现代人对具体风景的感受和评价。经验学派的心理调查方法中,被试者不是简单地给风景评出好劣,而要详细地描述他的个人经历、体会及关于某风景的感觉等。其目的也不是为了得到一个具有普遍意义的风景美景度量表,而是为了分析某种风景价值所产生的背景、环境。

2)定性评价

对于区域空间范围大、风景资源种类多、制约因素多的风景区或风景区域,一般采用定性评价的方法。

(1)单项评价

①山岳:坡度、绝对高度、相对高度(起伏程度)、植被、山体的轮廓、山体的脉络状况、山顶平地的大小、植被状况及与其他景观的组合等。

②岩石:造型、色彩、分布面积等。

③溶洞:长度、层次和结构、化学堆积物的类型和景观特征、是否有水、水景的类型、地质稳定性、通风条件等。

④水体:海洋的评价内容包括晴天的日数、海岸的轮廓线,沙滩的长度、宽度、坡度,海滩后腹地的大小、沙粒的粗细、海水的温度、透明度,浪高,风速等;瀑布的评价内容包括流量、高度(落差)、宽度、跌落的级数、周围的环境条件、与其他景观的组合状况等;河流的评价内容包括水质(受污染的程度、泥沙含量)、流量、流速、两岸的自然景观和人文景观资源条件等;泉的评价内容包括水质、矿物质含量、水温等。

⑤历史遗迹、文物古迹:时代的久远性和稀有性、艺术价值、科研和考古价值、保存的完好程度等。

⑥民俗风情:民俗特征的地域性、民俗内容的文化性和娱乐性、民俗参与的群众性等。

(2)综合评价

①风景资源的美学观赏价值评价:风景资源从美学角度讲,是以具有美感的典型自然景观为基础,渗透入人文景观美的地域空间综合体。风景美即是自然美和那些与自然环境融为一体的人工美,其表现形态多种多样,如山川湖泊、日月星辰、花草树木、江河湖海、雪山大漠等。

自然风景美的形式主要表现为:形象美、色彩美、动态美、朦胧美。

a.形象美:风景之美,总是以一定的形式和形象表现出来,形象也是风景美最显著的特征。自然风景只有以其形象显现出来,审美主体才能感受到它的美。风景形象美的特征主要表现为:雄、秀、奇、险、幽。

雄——壮观、壮美、崇高。它常常表现为宏大的形状,巨大的体积,宽阔的面积,沉重的深度,滚滚的气势。雄伟所引起的审美感受特征是:赞叹、震惊、崇敬、愉悦。例如庐山瀑布,耸峙于长江中下游平原,唐代诗人李白赞其:"飞流直下三千尺,疑是银河落九天。"又如大漠风光,壮丽苍凉、浩瀚如海。王维描写其为:"大漠孤烟直,长河落日圆。"还有黄河奔流、日月星辰、草原风光等。在璀璨的诗歌文化中也出现了许多吟诵壮丽河山的诗篇,如杜甫《望岳》:"造化钟神秀,阴阳割昏晓。"

秀——柔和、秀丽、优美。其所表现的形象线条为曲线状、流畅、温润,无强烈对比,比较安静。秀使我们想起沂蒙小调、吴侬细语;从自然风景中,秀使我想起潺潺泉水,想起江畔月光、江南烟雨、苏堤春晓、柳浪闻莺。苏轼《惠崇春江晚景》"竹外桃花三两枝,春江水暖鸭先知"。杜牧的"千里莺啼绿映红"这些诗句都是表现清新景色、秀美的佳句。秀美的形象给人一种柔和、安逸、清新的感受,使人感觉放松,得到安慰。

奇——奇特,罕见,变幻莫测,能所引起人们好奇、兴奋、惊奇、兴趣盎然的情绪。例如,云南东川红土地每年9至12月,一部分红土地翻耕待种,另一部分红土地已经种上绿绿的青稞或小麦和其他农作物,远远看去,就像上天涂抹的色块,色彩绚丽斑斓,衬以蓝天、白云和那变幻莫测的光束,构成了红土地壮观的景色。自然界存在许多这样的景观如极光、日晕、海市蜃楼等。

险——往往表现为绝壁,山崖等景色。险所带给人的感受是惊心动魄、心惊胆战,印象深刻,具有强烈吸引力。

幽——静,清淡,平静,带给人内心的平静以及幽深莫测的神秘感。

b.色彩美:自然风景的色彩主要由花草树木、江河湖海、阳光、月光等构成易引起人们欢乐、幸福、振奋、赏心悦目之感。

c.动态美:自然风景会有不停的变化使人们产生兴趣、神奇之感。山水美是动态的美,这体现自然美的变化。同样的花草树木,随着季节时令及天气的变化,会呈现出不同形态的美。正如苏轼描写的那样"一年好景君须记,正是橙黄橘绿时"。

d.朦胧美:通常带有禅意和诗意,给人模糊、不确定、朦胧之感。景妙在模糊、美在朦胧。

e.音响美:山水间有着各种美不胜收的声响,如鸟鸣、蝉噪、松涛、雨、泉水、溪流山涧等。音响也参与着山水美的营造,山水美因此而别具韵致。

②历史文化与科学价值评价:这是景观价值特征的一个重要方面,是非纯观赏性的另一种价值表现。它主要反映景观景物的历史考古价值、文化艺术继承价值和科学研究价值三个方面。

a.历史考古价值:主要了解和评定各种文化历史遗迹(包括革命历史文化)的历史年代、史迹内容、代表人物、意义地位、社会影响以及在当今考古、历史研究中的价值。历史遗迹、文物古迹越古老、越稀少,越有代表性,其历史和考古价值也就越高。

b.文化艺术继承价值:主要评价各种建筑、遗迹、纪念地和民族传统习俗、物华技艺,在文化艺术上的继承与发展以及由此反映达到的成就与水平。此外,作为自然风景美、人文美一种补充的优秀神话传说、民间故事、诗歌美术,使景物内容文化内涵更加丰厚充实,文化价值也就愈高。

c.科学研究价值:主要评价自然和人文景物在形成建造、分类区别、结构构造、工艺生产等方面广泛蕴含的科学内容及科技史上所具有的各种研究价值。例如自然景观中所存在的岩溶、火山、冰川、海蚀等地貌形态以及各种特殊的地质、水文、气候、生物景象,均包含广泛的自然科学知识和研究价值。人文景观中的各种文物古迹、工程建筑、园林艺术、民俗民情,也蕴含着丰富的物理学、化学、冶炼学、数学、工程学、环境学、社会学等科学知识。它们至今在科学技术上仍具有重要的借鉴价值。

在评价景观、景物自身的绝对价值外,还要评价它相对于其他同类型景观景物的特殊性,即绝对价值。需要进行横向类比,以评出价值大小和优劣。我国自然景观资源和人文景观资源都较丰富,自然、人文景观相互渗透,相得益彰,使我国的风景资源具有较高的艺术价值。在风景美的分析评价中,应充分把握住我国大多数风景区总体构景中这一显著特点。

③资源存在条件评价

a.资源种类要素:主要指组成区域资源要素种类的多少。一个地区风景资源的吸引力除取决于自身价值特征外,还取决于资源拥有的种类数量及丰富程度。

b.资源规模度与特殊度:这是评价风景资源价值的又一重要方面。资源规模度指景观景物本身所具有的规模、大小、体量或尺度。不论自然或人文景观,一般均可用长、宽、高这"三维"尺度及由此引申的度量指标进行衡量和评定。资源特殊度是指某一景观景物或某一资源类型,在全国、省区甚至于世界范围内的出现率和奇特程度。中国万里长城以其长度盖冠全球,秦皇陵兵马俑以其恢宏庞大之地下军阵而夺魁世界,珠穆朗玛峰以其海拔高度 8 848.86 m 而雄称世界之巅。这些都是资源规模度和特殊度的突出代表。评价中就是要寻找和揭示资源外在和内在规模标量与特殊程度,发掘它们的博大精深或稀奇古怪,即与众不同的特点与优势。

c.资源组合条件:指资源要素组合的质量。它包括单个景点的多要素组合形态(景点组合)以及更大范围风景区资源种类的配合状况(要素组合),由此形成了该景点、景区、风景名胜区或旅游区的群体价值特征。

对于一个风景名胜区来说,若自然、人文旅游资源兼备,紧密结合,则要比只有单一种类的风景区优越得多。若各要素有机配合,形成的空间形态美和谐,则其组景质量更佳。在我国的一些风景区中,存在着一些资源结构要素短缺或不足,如缺水、少树或历史文化内涵欠缺等情况,从而造成资源整体组合质量上的缺陷而使群体特征价值降低。在具体评价时最好分别评比各景区、景点的资源组合状况。因为它和整个风景区的组合要素和质量优劣是可能完全不相同的。只有将两者综合起来,全面比较,才能得出正确结论。

d.资源集聚度:资源集聚度是指风景区内,可供观赏游览和旅游活动的景点、景物空间分布的集中、离散程度。这是资源存在条件的重要因素之一,也是从宏观、微观经济效益上研究资源开发利用条件的重点依据之一。景点集中则风景区的整体游览欣赏质量水平及吸引力就高,风景区和旅游线路及游览时的组织也就良好合理,交通、管网设施建设布置也就经济节约。一些资源分布区内,虽然有单个景观良好的景点或景物,但由于区域分散,景点分布不集中,致使开发价值陡减,即便开发,也难以形成网络和风景区,社会经济效益也不会好。

e.地理环境条件评价:

●气候条件:主要指对生理气候的评价。其中包括气温、日照、降水、湿度、风等要素。气候的舒适性是上述因素综合影响下对人体的生理感应,是旅游点开发和利用价值的重要标志,也是环境氛围数值评价的重要内容,必须深入细致地进行评定。评价一个地方的气候条件,尚需考虑日照、降水、季节分配等多种因素。只有将这些直接影响舒适度的气候因素,综合加以考察评定,并进行地域间的对比,才能最终判定其优劣。评价在于突出对优势气候条件和因素的分析。

●植被条件:一个景点不论自然或人文景观,如周围植被覆盖,绿树成荫,则环境效果就好,能给游人以舒适的享受。因此植被是作为景观环境因素来考虑的。从生态环境角度着眼,评价植被条件主要是指植被立地条件和植被覆盖率两个方面。

●安全性:周围地质、地貌环境的稳定性主要指区内有无活火山、地震、滑坡、岩崩、雪崩、泥石流、冰川活动等现象及其出现的频率、危害程度和时空分布。

● 灾害性自然及天气情况:主要指给旅游活动带来灾害和不安全因素的自然及天气情况,如暴风雨、台风、海啸、狂涛、云雾、沙暴以及酷暑、骤寒等。它们出现的季节、天数、频率和影响程度,对所在区景点的开发利用有直接影响。

● 危害性动、植物情况:主要指对旅游者造成生命威胁,并妨碍旅游活动正常开展的那些有害动物和植物。如食肉野兽和有毒动植物等。它们的存在和活动状况,直接危及旅游环境的质量和安全性。

● 卫生健康标准:卫生健康标准的评价,应着重于从疾病地理、环境医学的角度,对影响旅游者健康、旅游地开发的生态要素,环境介质,水、土、气等进行全面分析与评定。

④区域社会经济条件评价

a. 区域总体发展水平:一个地区社会经济的发展程度和总体水平,决定居民的出游水平,又决定区内资源开发的影响力。地方性风景资源的开发更加依赖本地区自身的实力。区域社会经济发展程度及总体水平,包括地区总的和人均国民收入、国民经济及工农业总产值,第三产业发展水平。应当对资源开发的整体社会经济环境,开发需求与可能,开发投入和方式做出科学判断。

b. 开放开发意识与社会承受能力:一个地区的改革开放程度和公民的开发意识,是风景区开发的必要前提。它极大地影响着资源开发利用的需求、速度和总体规模,并以社会的承受力大小表现出来。社会承受力因各种因素而变化,它是一定时期内社会开放度与地方传统排他性和容纳吸收性的交接反映。开发必须考虑这种传统与变革的转换,审时度势,适时合理地确定开发时机和强度。旅游本质上是一种人与人之间社会文化的交流。大量游客引入也带来了异质文化思想和观念,从而引起与地方传统思想文化的交流和撞击。为此,在一些边远少数民族地区,或较为闭塞的经济后进地区,在风景资源开发中要特别注意这一点,并进行这方面的深入调查与分析,选择适当的开发时机,合理的旅游项目内容以及有关政策调适和社会配套工作。这方面如处理不当,会使主观愿望与客观效果得其反,达不到预定的开发目的。

c. 区域城镇依托及人口劳动力条件:区域内城镇居民点数量、规模和发展水平,对风景资源开发利用的关系极大。强大的中心城镇是旅游业发展的重要依托。各级城镇居民点是旅游基地、服务中心设施布置的凭借。区域人口、劳动力数量、质量及它们的产业构成和转化,是发展旅游的第三产业基础条件。所以必须深入调查了解并作出科学评价。具体包括:区域城镇发展水平,城镇分布与服务设施水平,人口、劳动力的分配与转化。

d. 基础设施条件:包括交通、水、电、能源、通信等。

⑤旅游物产和物资供应条件

a. 基本物资:旅游消费所需要的农副产品,如粮食、禽蛋、水产、水果、蔬菜以及建材等基本生产、生活资料的种类、产量、自给程度、外销率、供应潜力等。

b. 特色旅游商品、土特产品的生产、供应情况:一般来说,旅游者对地区的特色产品很感兴趣。当地有吸引力的农副土特产品或旅游工艺产品,对资源开发尤为有利。

⑥资金条件评价　资金条件是风景资源开发建设的直接要素。它既包含有区域社会经济实力等综合方面,又有它自身的特点和意义。在衡定开发利用可行性时,重要的是分析上述这些综合因素转化为现实财政因素的可能性与资金到位情况。开发建设资金的来源与渠道十分广泛,除了国家投入、地方财政拨款以外,引进外资、调动和发挥各个部门、企业、集体和民众的积极性也很重要。

3)定量评价

（1）打分法 在统计风景资源时对景点进行筛选，按照环境水平、资源价值、规模设计和旅游条件计算分值，然后每一项再分解，按照风景资源评价指标层次表进行相对应的层次分析评价。

（2）特尔菲法 特尔菲法最早出现在 20 世纪 40 年代末，1964 年由美国兰德公司赫尔默和戈登首次应用于科技预测中。它以问卷形式对一组选定专家进行征询，经过几轮征询，使专家意见趋于一致，从而得到预测结果。这种方法比较简单，节省费用，能把有理论知识和实践经验的各方面专家对同一问题的意见集中起来，适于研究资料少、未知因素多、主要靠主观判断和粗略估计来确定的问题，是较多地用于长期和动态预测一种重要的方法。

（3）数学分析法 层次分析法的特点是在对复杂的决策问题的本质、影响因素及其内在关系等进行深入分析的基础上，利用较少的定量信息使决策的思维过程数学化，从而为多目标、多准则或无结构特性的复杂决策问题提供简便的决策方法。它尤其适合于对决策结果难于直接准确计量的场合。

3.2.4 风景资源评价成果

风景资源评价完成后应撰写资源评价报告，具体内容应包括以下几点：

①风景区的地理区位、行政区划、自然地理、经济及社会概况简介；

②分析风景区内地貌、水文、气候、植被的基本特征；

③对可供观赏的自然景观和人文景观进行分类。介绍各景观的分布位置、规模、形态和特征(尽可能附速写、照片、图纸、录像资料)，这是报告的核心部分；

④介绍各类景观的组合特征；

⑤对景观的美学价值、历史文化价值和科学价值，资源存在条件、地理环境条件及经济条件进行评价，对总体风景资源进行综合评价，并提出初步的开发规划建议。

3.2.5 案例

江苏姜堰市溱湖风景名胜区风景资源评价

(资料来源:《江苏姜堰市溱湖风景区总体规划(2008—2020)》,江苏省城市规划设计研究院)

1)风景资源分类

依据分类标准,江苏姜堰市溱湖风景名胜区的风景资源涵盖 2 个大类、8 个中类、34 个小类。其数量结构和类型特征如表 3.4 所示。

表 3.4 溱湖风景名胜区资源类型及比例构成

大类	中类				小类		
	分类	全国/个	溱湖/个	中类比例/%	全国/个	溱湖/个	小类比例/%
自然景源	天景	1	1	100	8	1	12.50
	地景	1	1	100	14	2	14.29
	水景	1	1	100	10	5	50.00
	生景	1	1	100	8	5	62.50

续表

大类	中类				小类		
	分类	全国/个	溱湖/个	中类比例/%	全国/个	溱湖/个	小类比例/%
人文景源	园景	1	1	100	8	5	62.50
	建筑	1	1	100	10	7	70.00
	胜迹	1	1	100	8	2	25.00
	风物	1	1	100	8	7	87.50
合计		8	8	100	74	34	49.95

2)主要风景资源简介

溱湖风景名胜区湿地与生物资源丰富,人文景观荟萃。不仅有以河网密布、湖泊交织、岛屿错落为主的湖荡湿地生态自然风光,以鹿、丹顶鹤、全球茶花王等为主的珍稀动植物景观,还有溱潼古镇、古寿圣寺、会船文化、溱湖八鲜宴、民情民俗表演等人文景观。代表性的风景资源主要有:

(1)溱湖　又称喜鹊湖,相传当年唐明皇中秋登月,霓裳一曲,归来乘龙,行至溱湖,龙生疮而遍体蛆虫,引来八方喜鹊云集,啄虫疗疮,因此而得名。登高而望,可见9条河流从四面八方汇入湖区,好似"九龙朝阙"(图3.2)。溱湖水清纯甘洌,中心水质已达到饮用水标准。湖区盛产鱼虾、菱藕、水瓜等。"溱湖簖蟹"更以其肉质鲜嫩、膏体丰腴被评为蟹中上品。

图3.2　溱湖风光

图3.3　溱潼古镇

(2)溱潼古镇　溱潼古镇位于十里溱湖,独特的水乡泽国环境为其数千年的发展提供了交通之利和特产之源,是江淮重镇,文化底蕴深厚,名胜古迹众多(图3.3)。现存古民居6万多平方米,其中明清时期建筑物有2万多平方米,23条古镇巷纵横交错,镇内麻石铺街,老井当院。古镇由历史传承至今,群星灿烂人文荟萃。溱潼古镇历代进士达一百多名,明代吏部尚书储罐,清代进士苏州学府教授孙乔年,安徽儒学、邳州学政李凤章等名人佳士皆出于此。刘氏"一门五都督,三科两状元",为中国科举史所罕见。当代更有李德仁、李德毅"兄弟二人四院士",唐家兄妹八人都是高级知识分子的佳话。此外,仍保留有唐代的槐树、宋代的山茶、明代的黄杨、清代的木槿等一批古树名木。

(3)溱湖八景　溱湖旧有八景之说,据说清乾隆年间,苏州府教授溱潼孙家庄进士孙乔年,分别以八处自然景物为题材,题了七绝八首,景以诗传。其八景是:东观归鱼、南楼读书、西湖返照、北村莲社、花影清皋、禅房修竹、石桥明月、绿院垂槐。辛亥革命前后,溱湖八景又出现了另一种说法,即东观归鱼、西院庭槐、北村禅院、板桥秋月、堤柳春莺、花影清潭、荒窑灵树。这两种说法,有同有异,但仔细一排,有七景相同,只是称法不一。不同的是诗中有禅房修竹,而后者则为荒窑灵树,现在被大家普遍认可的是第一种说法。

3)溱湖风景名胜区资源的定量评价方法

(1)评价依据和方法 依据国家标准《风景名胜区规划规范(GB 50298—1999)》的评价体系,风景资源的评价指标包括"景源价值""环境水平""利用条件"和"规模范围"4个综合评价项目,总评价分为100分。根据上述因子对风景资源单体进行评价,得出其综合因子评价分值。依据分级标准,分为五级,即特级、一级、二级、三级、四级。

特级资源:得分值域85~100分;

一级资源:得分值域70~84分;

二级资源:得分值域60~69分;

三级资源:得分值域50~59分;

四级资源:得分值域50分以下。

(2)风景资源的定量评价 对溱湖风景名胜区主要风景资源定量评价,其结果如表3.5所示。

表3.5 溱湖风景名胜区主要风景资源综合评价

评价因子 评价目标	景源价值					环境条件				利用 条件	规模 范围	评价 总分	评价 等级
	欣赏 价值	科学 价值	历史 价值	保健 价值	游憩 价值	生态 特征	环境 质量	设施 状况	监护 管理				
溱潼会船节	19	7	20	7	10	5	5	3	2	5	5	88	特级
溱潼古镇	16	10	19	8	8	5	6	3	2	4	5	86	特级
溱湖湿地	19	8	15	8	9	8	6	2	2	4	3	84	一级
宋代山茶	18	10	18	7	8	6	5	2	2	5	3	84	一级
溱湖	15	7	18	7	8	8	6	2	2	4	5	82	一级
溱湖八鲜宴	14	8	17	8	6	6	6	3	2	4	2	76	一级
唐代国槐	15	6	16	5	8	7	6	3	2	4	2	74	一级
麋鹿故乡园	18	8	15	5	5	6	5	3	2	4	4	73	一级
湿地教育中心	16	8	13	5	7	6	5	3	2	4	3	72	一级
溱湖夕照	17	10	10	5	6	6	5	2	1	4	5	71	一级
......													

4)溱湖风景名胜区风景资源定性评价结果

①风景资源类型丰富,数量较多,组合优良,旅游价值高。溱湖风景名胜区拥有的自然与人文景资源,具有类型多样、数量丰富、组合优良的特点,既有溱湖湿地景观、麋鹿、丹顶鹤、扬子鳄、全球茶花王、唐代国槐等丰富的自然资源,又有溱潼古镇、溱潼会船节、庙会灯会等深厚的民族民俗文化底蕴,尤其是溱潼会船节的资源等级较高。自然与人文风光浑然一体,相得益彰,集自然湿地之神韵与历史文化之悠久为一体,具有较高的景观审美价值和休闲游憩价值。

②生态资源丰富,环境优良,原真性强,具有较高生态价值、科普价值和保护价值。溱湖风景名胜区生态环境质量较高,风光旖旎,拥有碧波盈盈的湖水,清新宜人的空气,旷阔的湿地及高大茂密的水上森林;此外,还拥有麋鹿、丹顶鹤等国家级的野生保护动物。风景区内动植物资源丰富,古树名木众多,湿地野趣浓厚,生态保护优良,环境质量很高,既是珍贵的生物科普园,又是环境监测和教育基地,具有较高的生态保护价值和科普教育价值。

③溱潼文化资源品位高,具有较高的文化价值和保护利用价值。"中国历史文化名镇"溱潼历史悠久,文化资源丰富,个性特色突出。溱潼古镇的名人古迹融合于独特的自然景观,文物遗产具有数量多、品位高的特点,但保护相对不足,对部分古景点的恢复势在必行,诸如东观归渔、板桥秋月、麻石老街、绿院垂槐、鹿鸣楼、溱潼镇西港、一步两庙、玄帝观等。另外,溱潼会船节为首的民间民俗文化,以及溱湖八鲜宴等特色餐饮的影响力甚大,能够作为其旅游形象的代表,而丰富、优质的文化资源使得溱潼具有较高的文化价值和保护利用价值,旅游后发优势明显。溱湖风景名胜区的风景资源比较丰富,但由于旅游开发资金投入不足,资源优势多未转化为旅游产品优势,资源产品化程度较低,拳头旅游产品较少。目前多以湿地和古镇观光产品为主,体系较为单一,具有独占性和强大市场吸引力与竞争力的产品较少,故溱湖风景名胜区在未来发展中应在保护整体环境的前提下,科学、适度开发已有资源,深入挖掘潜力,充分利用良好的水体、湿地生态环境等资源,为休闲度假旅游的开发提供坚实的基础,使风景资源的潜在优势转化为产品优势,为风景区旅游业持续发展创造条件。

3.3 风景名胜区的范围、性质

3.3.1 风景名胜区的范围

3.3—3.5 微课

1)划定范围的必要性和原则

风景区从根本上是以土地为载体而存在的,所以风景区的规划、建设、管理等各项工作都需要对风景区的空间范围加以限定。确定风景区范围是风景区规划的重要内容,也是今后建设管理的地域依据。

《风景名胜区条例》第17条规定:"风景名胜区规划应当按照经审定的风景名胜区范围、性质和保护目标,依照国家有关法律、法规和技术规范编制。"划定范围和保护地带要有科学依据,要经过反复调查和论证。主要范围和保护地带应形成一定规模,根据景观完整、自然和历史风貌、保护生态和旅游环境等要求进行确定,并需在规划中进行具体划定,待总体规划批准后生效。在确定风景名胜区范围时,应遵循以下原则:

①景源特征及其生态环境的完整性;

②历史文化与社会的连续性;

③地域单元的相对独立性;

④保护、利用、管理的必要性与可行性。

2)划定范围的依据

①必须有明确的地形标志物为依托,既能在地形图上标出,又能在现场立桩标界;

②地形图上的标界范围,应是风景区面积的计量依据;

③规划阶段的所有面积计量,均应以同精度的地形图的投影面积为准;

④风景区规划范围一般要有规划范围原则和四至说明。

3.3.2 风景区的性质

风景区的性质,需依据风景区的典型景观特征、游赏特点、资源类型、区位因素以及发展对策与功能选择来确定。风景区的性质必须明确表述风景特征、主要功能、风景区级别三方面内容,定性用词应突出重点,准确精练。下面是几个风景名胜区的性质:

(1)峨眉山风景区 素有"峨眉天下秀"之美誉,是以具有代表性的佛教胜迹与佛教文化、典型的生物多样性、独特的地质地貌景观为突出资源特征,以生态保护、游览欣赏、宗教朝拜、教育科研、康体健身为主要功能的山岳型国家级风景区,是我国的佛教圣地,是世界文化和自然双遗产。

(2)三亚热带海滨风景名胜区 以海岸带、山岭岛礁、文物古迹和民俗风情等景源为基本内容,以热带海滨风光为特色,度假、观光并重的国家级风景名胜区。

(3)泰山风景名胜区 为五岳之首,景观雄伟,历史悠久,文化丰富,形象崇高,是中华民族历史上精神文化的缩影,是国家级风景区,是具有重大科学、美学和历史文化价值的世界遗产。

(4)武夷山风景名胜区 是世界文化与自然遗产,是以典型的丹霞地貌为特色,绝妙的自然山水为主景,丰富的历史文化为内涵,可开展风景游赏、科研科普、休闲度假等活动的国家级风景名胜区。

(5)桂林漓江风景名胜区 以世界上最为典型的岩溶景观为基础,以奇山、秀水、田园、幽洞、美石为自然风景特色,以悠久的历史文明和丰富的山水文化为人文风景底蕴,以观光游览、文化休闲和科学研究等为主要功能的具有世界遗产价值的国家级风景名胜区。

3.4 风景区的发展目标

风景区的发展目标,应依据风景区的性质和社会需求,提出适合本风景区的自我健全目标和社会作用目标,并应遵循下列原则:

①应贯彻科学规划、统一管理、严格保护、永续利用的基本原则;

②应充分考虑历史、当代、未来三个阶段的关系,科学预测符合风景区自身特征的发展需求;

③应因地制宜地处理人与自然的和谐关系;

④应使资源保护和合理利用、功能安排和项目配置、人口规模和建设标准等各项主要目标,与国家及地区的经济社会发展目标和水平相适应。

3.5 风景名胜区的分区规划

风景名胜区的分区,是为了使众多的规划对象有适当的区划关系,以便针对规划对象属性和特征要求,采取不同的规划对策,控制适当的资源保护与利用水平,这既有利于展现和突出规划对象的典型特征,又有利于风景名胜区的整体发展。通常情况下,风景名胜区的分区根据不同的主导因子及划分目的,可以分为功能分区、景观分区及生态分区 3 种形式。当需调节控制功能特征时,应进行功能分区,当需组织景观和游赏特征时,应进行景观分区,当需确定保护培育特征时,应进行生态分区。

3.5.1 分区原则

风景区应依据规划对象的属性、特征及其存在环境进行合理分区,并应遵循下列原则:

①同一区内的规划对象的特性及其存在环境应基本一致;

②同一区内的规划原则、措施及其成效特点应基本一致;

③规划分区应保持原有的自然、人文等单元界限的完整性。

3.5.2 功能分区

风景区的功能区是在风景区总体规划中,根据主要功能的管理需求划分出一定的属性空间和用地范围,形成相对独立功能特征的分区。

功能分区规划应包括:明确具体对象与功能特征,划定功能区范围,确定管理原则和措施。功能分区应划分为特别保存区、风景游览区、风景恢复区、发展控制区、旅游服务区等,并应符合下列规定:

①风景区内景观和生态价值突出,需要重点保护、涵养、维护的对象与地区,应划出一定的范围与空间作为特别保存区。

②风景区的景物、景点、景群、景区等风景游赏对象集中的地区,应划出一定的范围与空间作为风景游览区。

③风景区内需要重点恢复、修复、培育、抚育的对象与地区,应划出一定的范围与空间作为风景恢复区。

④乡村和城镇建设集中分布的地区,宜划出一定的范围与空间作为发展控制区。

⑤旅游服务设施集中的地区,宜划出一定的范围与空间作为旅游服务区。

3.5.3 景观分区

景区是根据景源类型、景观特征或游赏需求而划分的一定用地范围,它包括较多的景物和景点或若干景群,景区的划分是根据风景名胜资源特征的相对一致性、游赏活动的连续性、开发建设的秩序性等原则来划分的,带有明显的空间地域性。划分景区有利于游赏线路的合理组织、游客容量的科学调控、游览系统的分期建设、典型景观的整体塑造。

3.5.4 生态分区

生态分区应主要依据生态价值、生态系统敏感性、生态状况等评估结论综合确定,并应符合下列规定:

①生态价值评估应包括生物多样性价值和生态系统价值等。

②生态系统敏感性评估可包括水土流失敏感性、沙漠化敏感性、石漠化敏感性等。

③生态状况评估应包括环境空气质量、地表水环境质量、土壤环境质量等。

④生态分区及其保护与利用措施应符合表3.6的规定。

表3.6 生态分区及其保护与利用措施

生态分区	评估因素			保护与利用措施
	生态价值	生态系统敏感性	生态状况	
Ⅰ类区	极高	极高	优/良	应完全限制发展,并不再发生人为压力,实施综合的自然保育措施
Ⅱ类区	高	高/中	优/良	应限制发展,对不利状态的环境要素要减轻其人为压力,实施针对性的自然保护措施
Ⅲ类区	中	+	+	应稳定对环境要素造成的人为压力,实施对其适用的自然保护措施
Ⅳ类区	低	+	+	应规定人为压力的限度,根据需要而确定自然保护措施

注：+ 表示均适用。

3.5.5 案例

桂林漓江风景名胜区功能分区规划

(资料来源:《桂林漓江风景名胜区总体规划(2013—2025)》,中国城市规划设计研究院)

我国风景名胜区是以具有美学、科学价值的自然景观为基础,自然与文化融为一体,主要满足人们精神文化活动需求的地域空间综合体。风景名胜区的主要功能概括起来有以下四个方面:一、保护生态、生物多样性与环境;二、陶冶情操,丰富文化生活;三、开展科研和文化教育,促进社会进步;四、发展旅游业,发挥经济效益,带动地方经济发展,所以说风景名胜区的功能是综合性的。但是具体到一个风景区内部而言,由于不同的空间地段所表现出来的资源价值、资源敏感性以及资源适宜性的不同,其所发挥的主要作用是不同的,或者说是有差异的。桂林漓江风景名胜区的特点是范围广大,人口众多,保护与发展矛盾错综复杂。针对风景区这样一种特点,根据国家有关风景名胜区的政策,为了能够对风景名胜区进行有效管理,规划首先根据风景资源保护的要求,以及提供旅游机会的能力和适宜性,同时根据协调社会经济发展的需求,将风景区分为五大功能区,具体如下:

1)核心景区

国家重点风景名胜区核心景区作为风景名胜资源最集中的区域,是衡量风景名胜区自然景观、历史文化、生态环境品质和价值高低的重要条件,是实现可持续利用的基础,是特别需要加强保护的区域,可以说核心景区集中体现了风景名胜区的主要功能。根据建设部相关文件精神,国家重点风景名胜区应做好核心景区划定工作。桂林漓江风景名胜区核心景区是指风景区内岩溶景观最为典型、历史文化最为丰富、景点分布最为集中、最能体现桂林漓江风景特征、最需要严格保护的地区。核心景区以风景保护、游览观光、科学研究和文化展示为主要功能。核心景区内的一切人类活动以保证自然景观和人文景观的真实性和完整性不被破坏为前提。核心景区内除必要的安全、服务、赏景、导游、环保设施外,不允许新建其他人工设施。限制机动车辆出入。对核心景区内的居民点、建筑物、构筑物在严格控制管理的基础上,应制定相应的整治、拆迁规划。风景区核心景区包括桂林名城景区、草坪景区、杨堤景区、兴坪景区、瀑布塘景区、阳朔景区、葡萄景区和灵渠景区等景区,面积 303.2 km²,占风景区总面积的 26.21%。

桂林漓江风景名胜区内风景资源十分丰富,除了上述核心景区以外,还有大量的风景资源比较集中分布的区域,保护和利用好这些资源,是风景区可持续发展的重要条件,特别是随着旅游业的不断发展,旅游功能将不断提升,大量的度假、游憩活动将给风景区提出新的要求。从保护桂林漓江遗产资源的价值和国家现行政策要求出发,这些活动是不适宜在风景区核心景区内建设和开展的,但是社会经济发展和人民群众又有这方面的需求。如何解决这一矛盾,只有在空间上进行协调,为此规划提出重点景区和一般景区概念。

2)重点景区

重点景区是指风景区内具有代表性的峰林平原和田园风光景观区域。重点景区以乡村旅游和文化休闲为主要功能,体现风景区旅游功能的发展。规划要求严格保护重点景区内山、水、田、林、路、石景观的自然和完整性,加强村庄规划管理,控制区内人口,禁止建设与风景保护和游览无关的设施。

风景区重点景区为遇龙河景区,面积 63.6 km²,占风景区总面积的 5.5%。

3)一般景区

一般景区是指风景区内自然生态环境较好,具有一定风景旅游价值,适宜于开展休闲度假郊野游憩的地区。划定一般景区对于完善风景区功能,特别是旅游功能,缓解核心景区压力具有重要作用。一般景区应加强生态环境保护,各项建设活动应符合风景区总体规划要求。

风景区一般景区包括奇峰——大圩景区、古东景区、大埠景区、杨梅岭景区、福利景区,面积114.4 km²,占风景区总面积的 9.9%。

4)旅游服务区

风景区旅游服务基地主要依托桂林、阳朔、兴安等城区,此外从完善风景区旅游功能和旅游组织出发,在磨盘山码头、矮山村新开辟 2 处集中的旅游服务区,面积分别为 15.2、3.2 km²,占风景区总面积的 1.6%。旅游服务区包括度假、购物、娱乐、疗养、康体、保健、运动等综合功能,强调环境质量与生态保护,强调文化内涵和旅游参与性。旅游服务区建设应在环境承载力的范围内,并且不对周边自然景观产生破坏。

5)控制协调区

控制协调区指风景区内除上述四类功能区外的地区,包括风景区内的田园村庄、小城镇和一般山体等背景环境,面积 659.8 km²,占风景区总面积的 56.9%。控制协调区应加强生态环境保护,各项建设活动应符合风景名胜区总体规划要求。

对控制协调区的基本要求是:严格保护基本农田,改善农业生产结构,提高经济效益,力求与风景名胜区整体要求相协调;保护村落自然环境,禁止对风景资源的直接破坏和间接干扰,禁止盲目开山采石,滥伐树木,提高林木覆盖率;对于必要的采石和薪炭林生产需经科学论证,报有关机构批准后方可实行;严格控制农村居民点建设用地规模、建筑密度和容积率,建筑物的体量、风格、色彩应具有地方民居特色;积极改善农村居民点基础设施条件,特别是环境卫生条件,

形成与风景名胜区相协调的田园风光。

思考与练习

1. 风景资源调查应包括哪些内容?
2. 风景资源调查的方法有哪些?
3. 风景资源评价应遵循哪些原则?
4. 风景名胜区分区应遵循哪些原则?
5. 收集不同风景名胜区的案例,研究其功能分区特点。

实训

1) 实训目标

1. 通过调研学习风景名胜区的规划设计实例,了解风景资源评价的基本程序、方法和内容,并能学会灵活应用。
2. 掌握风景资源评价的实践操作技能。

2) 实训任务

选择你感兴趣的某一风景区,对其风景资源进行评价。

3) 实训要求

1. 查阅相关资料,研读优秀案例。
2. 了解风景区的风景资源现状,并对风景资源进行分类。
3. 确定评价方法。
4. 对风景资源进行评价。
5. 撰写风景资源评价报告。

4 保护培育规划

[本章导读]本章主要介绍保护培育规划的内容、原则、程序,对分类保护、分级保护和专项保护的具体方法进行了详细说明。通过学习,使学生掌握保护培育规划的方法,理解保护培育规划的内容,了解保护培育规划的意义及具体保护对象的保育方法。

风景名胜资源的不可替代和不可再生性,要求风景名胜区规划和建设中,应该坚持将保护放在首位,在有效保护的前提下进行开发利用。

保护培育规划是风景名胜资源能否有效保护的关键。在我国,对风景名胜区保护的必要性和综合性的认识,是一个逐步发展的过程。保护培育规划从无到有,逐渐被人们所重视,在资源保护的过程中发挥着越来越重要的作用。然而,随着时代的发展,风景名胜区保护面临的各种社会因素愈加纷繁芜杂,风景资源遭到的破坏力愈加强大与多样化,保护培育规划作为普通的专项规划难以体现风景资源保护的重点和强制性。因此,应该加强保护培育规划的科学理论研究,明确保护对象,制定科学的保护措施,把保护培育规划作为总体规划中的强制性内容,成为总体规划的核心。

4.1 保护培育规划的内容

风景区的保护培育规划,是对需要保育的对象与因素实施系统控制和具体安排,使被保育的对象与因素能长期存在下去,或能在利用中得到保护,或在保护的前提下能被合理利用,或在保护培育中使其价值得到增强。

风景名胜区保护的内容包括:自然景观资源保护、人文景观资源保护、动植物资源保护、地质资源保护、水域景观保护、生态系统保护、民族文化保护等。

根据《风景名胜区总体规划标准》(GB/T 50298—2018)要求,风景名胜区保护培育规划应该包括以下内容:

4.1.1 查清保育资源,明确保育的具体对象

在保育资源中,各类景观资源是首要对象,其他一些重要而又需要保护的资源也可被列入,还有若干相关的环境因素、旅游开发、建设条件也有可能成为被保护的因素。

4.1.2 划定分级保育范围,确定保育原则和措施

对保育对象的特点和重要性进行分析评价,在此基础上,确定保护对象的级别,根据保护要求划定保护范围。例如生物的再生性就要求保护其对象本体及其生存条件,水体的流动性和循

环性就要求保护汇水区和流域因素。

4.1.3　明确分类保护要求

对风景名胜区的各类风景名胜资源,包括文物古建、遗址遗迹、宗教活动场所、古镇名村、野生动物、森林植被、自然水体、生态环境等,提出保护规定。

4.1.4　说明规划的环境影响

①应分析和评估规划实施对环境可能造成的影响,主要包括资源环境承载能力分析、不良环境影响的分析和预测以及与相关规划的环境协调性分析等。

②应提出预防或减轻因规划实施带来的不良环境影响的对策和措施。

③应明确风景区总体规划对环境影响的总体结论。

4.1.5　提出控制和降低环境污染程度的要求和措施

风景名胜区的环境质量应符合下列规定:

①大气环境质量应符合现行国家标准《环境空气质量标准》(GB 3095)规定的一级标准。

②地表水环境质量应按现行国家标准《地表水环境质量标准》(GB 3838)规定的Ⅰ类标准执行,游泳用水应执行现行国家标准《游泳场所卫生标准》(GB 9667)规定的标准,海水浴场水质不应低于现行国家标准《海水水质标准》(GB 3037)规定的第二类海水水质标准,生活饮用水应符合现行国家标准《生活饮用水卫生标准》(GB 5749)的规定。

③风景区室外允许噪声级应优于现行国家标准《声环境质量标准》(GB 3096)规定的0类声环境功能区标准。

④辐射防护应符合现行国家标准《电离辐射防护与辐射源安全基本标准》(GB 18871)的规定。

为使风景区的环境质量达到以上要求,在保护培育规划中,应提出环境保护及控制和降低环境污染程度的要求和措施。

4.2　保护培育的基本方法

风景名胜区的保护培育应依据风景名胜资源的特点和保护利用的要求,确定分类和分级保护区,分别制定相应的保护培育规定和措施要求,合理划定核心景区,将分类与分级保护规划中确定的重点保护区(如重要的景观保护区、生态保护区、史迹保护区)划定为核心景区,确定其规划范围界限,并对其保护措施和管理要求做出强制性规定,同时应根据实际需要对当地的历史文化、民族文化、传统文化等非物质文化遗产的保护作出规定。

4.2.1　分类保护

保护培育规划中,分类保护是常见的管理方法。它是依据保护对象的种类及其属性特征,并按土地利用的方式划分出相应类别的保护区。在同一个类型的保护区内,其保护原则和措施应该基本一致,便于识别和管理,便于与其他规划分区相衔接。风景保护的分类应包括生态保护区、自然景观保护区、史迹保护区、风景恢复区、风景游览区和发展控制区等。

4.2.2　分级保护

保护培育规划中,分级保护也是常用的管理方法,它是以保护对象的价值和级别特征为主要依据,结合土地利用方式而划分出相应级别的保护区。在同一级别保护区内,其保护原则和措施应基本一致。

风景区的分级保护同自然保护区系列或相关保护区划分方法容易衔接,一般应包括一级保护区、二级保护区、三级保护区。其中,一级保护区应包括特别保存区,可包括部分或全部风景游览区。

4.2.3　综合保护

在保护培育规划中,应针对风景区的具体情况、保护对象的级别、风景区所在地域的条件,择优选择分类或分级保护,或者以一种为主另一种为辅的两者并用的方法,形成分类之中有分级、分级之中有分类、分层级的点线保护与分类级的分区保护相互交织的综合分区,使保护培育、开发利用、经营管理三者各得其所,并有机结合起来。综合保护的基本措施是在点、线、面上分别控制人口规模与活动、配套设施与级配、开发方式及其强度。

4.2.4　核心景区保护

核心景区是指风景名胜区范围内自然景物、人文景物最集中,最具观赏价值,最需要严格保护的区域,包括规划中确定的生态保护区、自然景观保护区和史迹保护区。核心景区保护规划的内容包括科学划定核心区范围、确定保护重点和保护措施、落实保护责任等。

4.3　保护培育规划

4.3.1　查清保育资源,建立资源保护信息系统

资源调查方法包括实地调查、文献收集以及遥感调查等。我国的风景名胜区范围大,资源类型丰富,数量众多,调查是一项艰巨的基础性工作。GIS 技术的应用,为资源调查提供了方便,节省人力、物力,应积极采用。资料收集包括收集与各种资源相关的基本信息如形成年代、历史变迁过程、内在价值等,了解资源的珍稀度、独特性和脆弱性等特征。资源调查与资料收集应该具有指向性,其标准宜参照《风景名胜区总体规划标准》的景源分类标准。

资源保护信息系统是建立在风景名胜区基础数据、数据库技术、遥感技术、地理信息系统技术、全球定位技术基础之上的空间信息系统,其功能是对风景名胜区范围内及其周边的自然资源、人文资源按照空间位置、类型、重要性、敏感性等特征进行定量管理,包括资源的保护政策、保护类型、保护措施等。

4.3.2　从风景资源的保护要求出发,进行风景资源评价,确定保护的重要性

从风景资源的保护要求出发,重点从以下方面进行评价:

1)资源价值

主要是指景源的各种价值,包括科学价值、欣赏价值、历史价值、保健价值、游憩价值等的重

要程度,主要指标可参照《风景名胜区总体规划标准》中的评价指标体系。

2)资源敏感度

资源敏感度是指资源承受外界因素影响的能力。资源敏感度较高的区域或部位,即使是轻微的干扰,都将对景观造成较大的冲击。资源敏感度主要包括生态敏感度和视觉敏感度。

(1)生态敏感度 是指资源对外界干扰的抵抗能力和同化能力,以及其遭到破坏后的自我恢复能力。主要相关因素为资源自身的形态、结构、规模、内涵等属性是否容易受外界影响而导致破坏及破坏后是否能自我修复,主要取决于气候、土壤及生物诸因素,包括雨量、积温、生物群落结构的复杂性、自我更新能力、土壤肥力及自净能力等。

(2)视觉敏感度 是景观被观景者注意到的程度和被观看的几率,以及景观各构成部分的视觉特征及相互之间的对比度,植被及地貌对可能引入的人工景观的遮掩能力等。

除了资源价值和资源敏感度这两个最基本的评价项目以外,可以根据各风景名胜区的实际情况再选择适合的评价项目。

在评价的基础上,确定风景资源保护等级,作为保护规划的依据。

4.3.3 确定保护目标和原则

1)保护目标

风景名胜区存在着一个理想状态,而风景名胜区保护培育规划的目标就是使用各种手段使规划区域从现实状态走向理想状态。

(1)终极目标 风景名胜区保护培育规划的终极目标应体现在以下几个方面:风景名胜区自然资源、文化资源及其环境得到充分有效的保存、恢复、维持;风景名胜区自然资源、文化资源及其环境的基础数据得到监测和科学研究;风景名胜区自然资源、文化资源及其环境的保护或利用的决策都建立在充分的科学研究论证和环境影响评价的基础上;风景名胜资源不仅是人们参观游览的对象,最终将成为人们启迪智慧的源泉,人们能充分理解风景名胜区的价值,珍惜风景资源,主动配合与参与风景名胜资源的保护管理工作。

(2)长期目标 风景名胜区保护培育规划的长期目标是指在一个较长的时间段内,风景名胜区内各类资源及环境水平应该达到的理想状态。

①自然资源保护目标:无人为干扰破坏自然天景的形成、欣赏;绝大部分被人为干扰的地质地貌资源恢复到天然状态,珍稀的地质资源得到严格保护,地质资源得到长期的定时监测以保证不受到非天然因素的破坏,并成为科研教育的对象;天然水体无人为污染,水质清洁,保持自然形态;各种水体的水质均应达到相关国家标准;水体得到长期的定时监测以保持良好水质;生态系统完整,运转良好,人类干扰严格受到限制,达到动态平衡;珍稀濒危物种及本地特有物种得到有效保护;生物资源及生态系统得到长期的定时或不定时的监测,成为科研教育的对象。

②人文资源保护目标:以中华人民共和国文物保护法为准绳,各类物质文化资源得到妥善的保存维护和科学的修缮。

③资源监测与科学研究目标:风景区资源基础数据得到监测与持续完善,为风景区保护培育提供科学数据。

(3)近期目标 风景名胜区资源保护的近期目标是指依据风景名胜区资源保护现状提出近期重点保护培育对象,明确保育措施,使濒危的风景资源得到及时有效的保护和修复。

2）基本原则

风景区的保护培育规划应遵循以下基本原则：

（1）原生性与真实性原则　体现风景资源的本质属性，不得在风景资源上任意添加人工构筑物，避免人工修饰和人为破坏。

（2）完整性原则　风景区往往由一个或多个生态系统组成，生态系统内各组成要素及其生存环境相互依存，相互作用，形成一个完整的不断发展的系统，其中某一组成因素遭受破坏，将会引起其他因素的连锁反应，严重时会影响整个生态系统的功能甚至损毁整个系统。因此，应尽量不去干扰风景区特有的生态系统，保持其自身的完整性，保持其良性循环和平衡。

（3）多样性原则　生物多样性是生态系统健康持续发展的重要条件，生物多样性保护是风景区可持续发展的基础，因此，应保持和维护原有生物种群、结构功能及其生长环境，保护典型的自然综合体。

（4）依法保护原则　风景名胜区保护规划要遵循相关的法律、法规与政策，寻求各种保护措施的法律依据，使风景名胜区的发展既体现在政府的宏观调控中，又切实结合到日常的社会与生产活动中。

3）生态原则

风景名胜区保护培育规划应符合下列生态原则：

①应制止对自然生态环境的人为破坏行为，控制和降低人为负荷，应分析游览时间、空间范围、游人容量、项目内容、利用强度等因素，并提出限制性规定或控制性指标。

②应维护原生生物种群、结构及其功能特征，严控外来入侵物种，保护有典型性和代表性的自然生境；维护生态系统健康，维护生物与景观多样性。

③应提高自然环境的恢复能力，提高氧、水、生物量的再生能力与速度，提高其生态系统或自然环境对人为负荷的稳定性或承载力。

4.3.4　划分保护分区，制定保护措施

风景名胜区保护分区的划分是在空间上明确界定各类分区的用地范围，明确规定每一地块资源的保护措施和利用强度，统筹协调资源保护和资源利用的关系。

1）分类保护分区的划分

风景名胜区分类保护分区一般分为生态保护区、自然景观保护区、史迹保护区、风景恢复区、风景游览区和发展控制区等，具体见表4.1。

表4.1　风景名胜区分类保护分区一览表

保护分区	保护对象	保护措施
生态保护区	有科学价值或其他保存价值的生物种群及其环境	应禁止游人进入，不得搞任何建筑设施，严禁机动交通及其设施进入
自然景观保护区	需要严格限制开发行为的特殊天然景源和景观	宜控制游人进入，不得安排与其无关的人为设施，严禁机动交通及其设施进入

续表

保护分区	保护对象	保护措施
史迹保护区	各级文物和有价值的历代史迹遗址及其环境	宜控制游人进入,不得安排旅宿床位,严禁增设与其无关的人为设施,严禁机动交通及其设施进入,严禁任何不利于保护的因素进入
风景恢复区	需要重点恢复、培育、抚育、涵养、保持的对象与地区	应分别限制游人和居民活动,不得安排与其无关的项目与设施,严禁对其不利的活动
风景游览区	景物、景点、景群等各级风景结构单元和风景游赏对象集中地	适宜安排各种游览欣赏项目;应分级限制机动交通及旅游设施的配置
发展控制区	对上述五类保育区以外的用地与水面及其他各项用地	准许原有土地利用方式与形态,可以安排同风景区性质与容量相一致的各项旅游设施及基地,可以安排有序的生产、经营管理等设施,应分别控制各项设施的规模与内容

2)分级保护分区的划分

风景区实行分级保护,应科学划定一级保护区、二级保护区和三级保护区,保护风景区的景观、文化、生态和科学价值。

（1）一级保护区划定与保护要求

①一级保护区属于严格禁止建设范围,应按照真实性、完整性的要求将风景区内资源价值最高的区域划为一级保护区。该区应包括特别保存区,可包括全部或部分风景游览区。

②特别保存区除必需的科研、监测和防护设施外,严禁建设任何建筑设施。风景游览区严禁建设与风景游赏和保护无关的设施,不得安排旅宿床位,有序疏解居民点、居民人口及与风景区定位不相符的建设,禁止安排对外交通,严格限制机动交通工具进入本区。

（2）二级保护区划定与保护要求

①二级保护区属于严格限制建设范围,是有效维护一级保护区的缓冲地带。风景名胜资源较少、景观价值一般、自然生态价值较高的区域应划为二级保护区。该区应包括主要的风景恢复区,可包括部分风景游览区。

②二级保护区应恢复生态与景观环境,限制各类建设和人为活动,可安排直接为风景游赏服务的相关设施,严格限制居民点的加建和扩建,严格限制游览性交通以外的机动交通工具进入本区。

（3）三级保护区划定与保护要求

①三级保护区属于控制建设范围,风景名胜资源少、景观价值一般、生态价值一般的区域应划为三级保护区。该区应包含发展控制区和旅游服务区,可包括部分风景恢复区。

②三级保护区内可维持原有土地利用方式与形态。根据不同区域的主导功能合理安排旅游服务设施,相关建设区内建设应控制建设功能、建设规模、建设强度、建筑高度和形式等,与风景环境相协调。

（4）外围保护地带划定与保护要求　应符合下列规定：

①与风景区自然要素空间密切关联、具有自然和人文连续性，同时对保护风景名胜资源和防护各类发展建设干扰风景区具有重要作用的地区，应划为外围保护地带。

②外围保护地带严禁破坏山体、植被和动物栖息环境，禁止开展污染环境的各项建设，城乡建设景观应与风景环境协调，消除干扰或破坏风景区资源环境的因素。

3）综合分区

把分类保护和分级保护在点线面上结合起来并用，可采用先分类后分级、先分级后分类、分层级的点线保护和分类级分区保护相结合的方法。

4.3.5　编制专项保护规划

风景名胜区的专项保护应包括动植物资源保护、地质地貌景观保护、水域景观保护、文物建筑保护、古树名木保护等。

1）动物资源保护

①做好动物资源普查，对风景区野生动物的科、属、种登记造册，研究动物种群、食物链的构成等；

②了解动物的活动规律和活动区域，旅游开发利用时避免对动物形成干扰，制定保护措施，保护野生动物种源繁殖、生长、憩息的环境；

③严禁捕杀、贩卖野生动物，保护动物的生活环境；

④根据《濒危野生动植物种国际贸易公约》，对珍稀濒危物种制定严格的特殊的保护措施；

⑤加强科研投入和科普教育。

2）植物资源保护

①做好植物资源普查，对风景区植物的科、属、种登记造册，研究植物种群构成等；

②根据《濒危野生动植物种国际贸易公约》，对珍稀濒危物种制定严格的特殊的保护措施；

③禁止滥垦滥伐，严格保护植被，并根据地带性植物和植物群落要求，做好植被恢复工作，采用本地物种进行森林培育、林相改造和生物繁育；

④做好森林防火、病虫害防治工作；

⑤严格论证外来物种的引入，尤其要防止引进入侵性物种，防止生物多样性的丧失；

⑥做好封山育林、退耕还林、植树绿化工作，保护植物种源繁殖、生长的环境；

⑦加强科研投入和科普教育。

3）地质地貌景观保护

风景区内千姿百态的地质地貌景观都是内外地质作用相互作用的结果。形成一个优美的地质地貌景观，需要千百万年的地质作用过程，而且绝大部分是不可再生的，因此在利用这些资源时，首先要做好保护工作，具体的保护措施有：

①保护风景区内具有突出保护价值的地质结构，包括各类地质真迹、地质剖面和地质景观；

②保护代表地球演化历史主要阶段的突出模式的岩群，并促进其相关研究的开展；

③维护地质结构周边环境的完整，保护风景区内地质结构与风景区周边的地质结构；

④保护各类地质地貌景观的完整性，风景点的建设必须与自然环境相协调，防止破坏性建设，对一些地质地貌景观价值极高的景点，除少量必要的人工防护设施外，尽量保持其自然

原貌。

4）水域景观保护

水域指河流、溪涧、湖泊、水库、坑塘及水源地。风景区水域是风景区生态系统的重要组成部分，具体的保护措施有：

①提高风景区林木覆盖率，涵养水源，保持水土；

②严格擅自截留，生活污水应集中处理，严禁向山体、水体排放；

③服务设施和居民点实行集中供水，集中解决生产、生活污水，严禁向溪内排放污水，倾倒垃圾；

④加强风景区内耕地、园地、林地化肥、农药使用的管理，防止污染水域；

⑤水源地周围严禁一切人为建设活动，保护其良好的生态环境；

⑥风景区内修建水库、水坝等工程设施必须经过专家论证，避免对下游水系的影响。

5）文物建筑保护

文物建筑是先人为我们留下的珍贵文化瑰宝，具有历史、文化、科技、艺术等多方面价值。一座保存完好的古建筑，既是研究风景区历史文化的重要实物资料，又是社会、文化变迁的历史见证，具体的保护措施有：

①根据文物建筑的级别划定保护范围和外围保护地带，建立标志；

②文物建筑不得随意拆除、移动、复建、加建，对文物建筑的任何改动都要报相关部门审查同意；

③文物建筑的修复、修缮和日常维护必须保证文物的真实性，对于修复、修缮必须要有详细的规划设计，并在文物专家指导下进行；

④禁止与文物保护无关的一切利用，如作为宾馆、餐厅等；落实消防措施，杜绝安全隐患。

6）古树名木保护

古树名木不仅是风景区发展的见证，还是珍贵的风景资源，也是科学研究的良好素材，具体的保护措施有：

①建立完善的古树名木档案，明确位置、树龄、立地条件，并且配有照片，定期检查，及时更新档案资料，实现动态管理；

②所有古树名木都需挂牌保护，严禁游人攀爬、划刻、折采、砍伐；

③加强古树名木周边的小环境治理，加强防雷和养护管理工作，提供良好的生长条件；

④对于衰老的古树名木，应在专家指导下进行古树复壮；

⑤加强护林防火和病虫害防治工作。

4.4　案例

案例1　美国国家公园保护规划

美国国家公园管理局在管理政策中规定，国家公园应该按照资源保护程度和可开发利用强度划分为：自然区（natural zone）、文化区（culture zone）、公园发展区（park developmental zone）和特别使用区（special use zone）四大区域，并将每个区域再划分若干次区，每个区域皆有严格的管理政策，区内的资源利用、开发和管理都必须依照管理政策来实行，其管理政策包括多个方面，主要内容包括公园系统规划、土地保护、自然资源管理、文化资源管理、原野地保留和管理、解说和教育、公园利用、公园设施以及特别使用等各个方面的各项管理政策,政策制定十分详细,使得管理有法可依。

1)自然区

设立自然区的主要目标是保护自然资源和自然价值,以满足正当的观光游憩需要,同时要确保它们也能为子孙后代所享用。范围包括用以保存自然资源和生态资源的陆地、水域,区域内允许自然资源的欣赏和与自然资源关系密切的游憩活动存在,但不应影响风景性质、自然成长过程。自然区的设施限于分散的游憩设施和基本的管理设施,如小径、标牌、宽敞可以行走的道路及庇荫处、小船码头、还有溪流测量仪器,气象台等,自然区包括矿业次区、环境保护次区、特别自然景观次区、研究自然次区等。

自然区的基本管理思想为:管理自然资源时不仅要关心个别的物种和特征,也将致力于维护自然演变的公园生态系统中的所有因素和过程,包括自然的丰富性和多样性以及动植物的生态完善性等;保护自然区内自然系统的指导思想并不是设法使之冻结在某一个特定的时间点上,只有在如下情况出现时,才允许对公园自然区的自然过程进行干预:国会下达命令、出现非常情况、人们的生命与财产处于危机之中;旨在恢复古往今来被人类活动所破坏的当地的生态系统等。

2)文化区

设立文化区的主要目标是保存文化资源和培养人们对文化资源的鉴赏能力。这种分区包括受管理的土地、得到保护的文化资源及解说设施用地。对公园至关重要的文化资源、已列入或者有资格列入国家历史场所注册名单的财产、无资格注册但值得保护的文化资源也包括在此区域内。文化次区的主要类型有:保存次区、保护与适度使用次区、纪念次区。

文化区的基本管理思想为:加强研究,建立系统的、能满足需要的信息库,鉴定、评估文化资源,为国家历史场所注册提名;采用保存、修复、整修、重建对考古资源、文化景观、历史建筑等文化资源进行处理;任何可能影响文化资源的活动必须符合国家公园管理局的政策方针并有相关文化专家参与计划。

3)公园发展区

设立发展区的主要目标是吸引游客,满足公众的户外游憩需求。范围包括受管理的土地、提供游客游憩利用以及公园管理的设施用地,公园发展区主要包括公园内可以更改的自然环境和在文化上具有一定意义的资源,区内主要为车道、步行道、建筑及供游客和管理人员使用的设施,公园发展次区类型主要为管理发展次区、解说教育次区、游憩发展次区、景观管理次区。

公园发展区的基本管理思想为:限制公园发展区的规模,以最小的地区满足公园必要的发展与使用要求;只有在考察了可替换的土地(包括公园外场所)、有意义的自然,文化资源的可替代使用之后,才建立新的公园发展区等。

4)特殊使用区

是指经过预测不适合其他分区活动的陆地和地域,特殊使用区次区的类型有:商业用地、采矿用地、工业用地、畜牧用地、农业用地、林业用地等。

特殊使用区的基本管理思想为:允许有助于实现公园既定目标的活动的存在;将特殊使用区对公园的其余部分所造成的不利影响降低到最低程度。

案例2 徐州市云龙湖风景名胜区保护培育规划

（资料来源：徐州市云龙湖风景名胜区总体规划（2017—2030），江苏省城市规划设计研究院）

1）资源分级保护

规划实施分级控制保护，划分为一级、二级、三级保护区3个层次，并对一、二级保护区实施重点保护控制（图4.1）。

（1）一级保护区（严格禁止建设范围） 一级保护区为核心景区，是风景资源价

图4.1
彩图

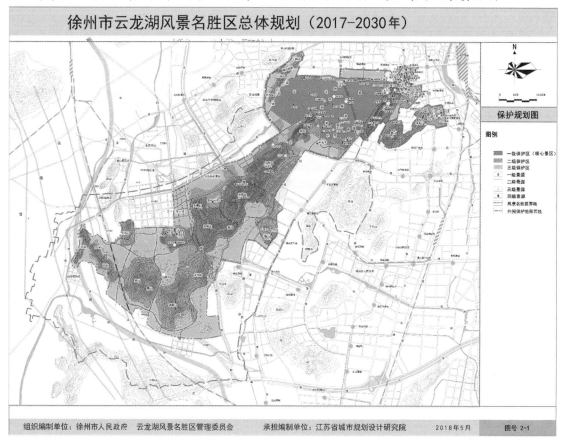

图4.1 徐州市云龙湖风景区保护规划图

值较高且集中分布的区域，以及对保护生物多样性和生态环境有重要价值的区域，包括云龙山、珠山、拉犁山、大横山、大黑山等山体，云龙湖、汉王水库、拔剑泉等水景及其周边游赏区域，以及拉犁山东汉墓等国家级文物保护单位。规划面积 16.27 km^2，占景区面积的 36.4%。

以保护资源、维护和提升景观品质为主要目标，重点保护山水整体景观格局，保护云龙山、拉犁山、珠山等山体林地，云龙湖、汉王水库、拔剑泉等水体景观，以及放鹤亭、汉画像石、兴化寺、拉犁山东汉墓等文化资源。

适度开展游览活动，控制游客规模；适当设置游览步道、水上游线，以及景观休憩、生态厕所、游船码头、游客安全等游赏设施。

严格禁止建设与防洪保安、资源保护、生态保育和风景游赏无关的建筑物；严格禁止游客进

入云龙湖生态岛及其南部水域;控制外来机动交通进入保护区。对于符合规划要求的建设项目,要严格按照规定程序进行报批;符合规划但未经批准的以及不符合规划的各类项目,不得建设;对现有不符合规划以及与资源保护无关的设施应逐步搬迁、拆除或改作风景游赏用途。

(2)二级保护区(严格限制建设范围)　二级保护区为一级保护区周边具有典型景观和较高游赏价值的区域,包括泰山、西凤山、驴眼山等山体,淮海战役烈士纪念塔、彭祖园等游赏区域,规划面积 14.44 km²。

以风景游赏和风景恢复为主,保护泰山、凤凰山、西凤山、大刀山、黑山、驴眼山等山体,严禁开山采石和砍伐林木,优化山体林相景观;鼓励游览区建设,提升玉带路、闻道路等沿线环境景观,改善西凤山、大刀山、石杠水库等区域游览环境,建设文化景点,拓展游赏空间;严格控制区内游览服务设施规模和建设风貌,严禁安排开发类工程建设项目。

(3)三级保护区(控制建设范围)　三级保护区为一、二级保护区以外的区域,是风景名胜区重要的设施建设区和环境背景区,规划面积 14.14 km²。

适度安排游览服务设施,各类设施建设应当以详细规划为依据,科学编制建设方案,严格履行审批手续。项目性质、功能、规模、体量应符合所在区域的规划控制要求,建筑风貌应与景观环境相协调。

2)资源分类保护

(1)山林景观资源保护　保护云龙山、珠山、拉犁山、凤凰山、泰山等山体林地,加强风景林地保育,对部分林相不佳的区域进行植被改良,维护自然山林的完整性和景观的延续性。

落实《中华人民共和国森林法》有关规定,加强林木抚育和森林防火工作,维护生物多样性,严格保护古树名木,重点地段实行封山育林手段。控制游客规模,防止游客活动对山林和景观造成较大影响。

(2)水体景观资源保护　落实《中华人民共和国水法》《中华人民共和国水污染防治法》《江苏省水库管理条例》相关规定,做好与《江苏省地表水环境功能区划》的协调,落实相关要求。

加强水资源保护,严格禁止污水排入,改善云龙湖、拔剑泉、汉王水库等水体水质。各类建设活动不得占用湖泊、河道等水体,禁止围湖造地和围垦养殖。

严格保护沿湖、沿河岸线景观,各类建设应开展环境评价和视线分析。涉水项目要符合水利部门有关管理规定,严格履行行政许可手续。

(3)文物古迹保护　按照《中华人民共和国文物保护法》《江苏省文物保护条例》相关规定,并根据文物保护单位的等级严格落实保护要求。对未定级不可移动文物,建设项目选址应尽可能避开,优先实施原址保护,无法实施原址保护的,应实施异地迁移保护或考古发掘。涉及文物古迹保护、展示、复建等活动,应报经风景名胜区管理部门审查同意后,按文物保护的法定程序报请主管部门批准。

风景名胜区内宗教活动场所的恢复、新建和改造,应严格执行《宗教事物条例》有关规定,报经风景名胜区管理部门审查同意后,履行项目审批手续。不得以宗教活动名义破坏文物建筑的真实性和完整性。

3)建设控制管理

按照分级保护的要求对风景名胜区内十种设施建设类型提出具体控制管理要求(表4.2)。

表4.2 分区设施控制与管理一览表

设施类型		一级保护区	二级保护区	三级保护区
1.道路交通	索道等	△	○	○
	机动车道、停车场	△	○	●
	游船码头	○	○	○
	栈道	○	○	○
	土路	○	○	○
	石砌步道	○	○	○
	其他铺装	○	○	○
	游览车停靠站	○	○	○
2.餐饮设施	饮食点	△	△	○
	野餐点	×	△	○
	小型餐厅	×	△	○
	中型餐厅	×	△	○
	大型餐厅	×	×	○
3.住宿设施	野营点	×	○	○
	家庭客栈	×	×	○
	小型宾馆	×	×	○
	中型宾馆	×	×	○
	大型宾馆	×	×	○
4.娱乐咨询	文博展览	○	○	○
	艺术表演	△	○	○
	游戏娱乐	×	△	○
	体育运动	△	△	○
5.购物设施	商摊、小卖部	△	○	○
	商店	△	○	○
	银行	×	×	○
6.保健设施	卫生救护站	○	○	○
	医院	×	△	○
	疗养	×	△	○
7.管理设施	行政管理设施	×	○	○
	景点保护设施	●	●	●
	游客监控设施	●	●	●
	环境监控设施	●	●	●

设施类型		一级保护区	二级保护区	三级保护区
8.游览设施	展示馆	○	○	○
	解说设施	○	○	○
	咨询中心	△	○	○
9.基础设施	邮电所	×	△	○
	多媒体信息亭	○	○	○
	夜景照明设施	○	●	●
	应急供电设施	●	●	●
	给水设施	●	●	●
9.基础设施	排水管网	●	●	●
	垃圾站	●	●	●
	公厕	●	●	●
	防火通道	●	●	●
	消防站	●	●	●
	水利工程措施	○	○	○
10.其他	科教、纪念类设施	●	○	○
	节庆、乡土类设施	○	○	○
	宗教活动设施	△	△	△

注:●应该设置;○可以设置;△可保留不宜新设;×禁止设置。

4）生态环境保护

落实《中华人民共和国环境保护法》相关规定,执行《全国主体功能区规划》《江苏省主体功能区规划》和城市总体规划对风景名胜区的保护要求,严格保护景区生态环境。

按照分级保护的要求实施生态环境保护(表4.3)。

表4.3 生态环境保护要求

景区	大气环境质量	水环境质量	环境噪声和交通噪声
一级保护区	达到Ⅰ类标准	达到或优于Ⅲ类	达到Ⅰ类标准
二级保护区	达到Ⅱ类标准	达到或优于Ⅳ类	达到Ⅰ类标准
三级保护区	达到Ⅱ类标准	达到或优于Ⅳ类	达到Ⅰ类标准

注:大气环境质量执行《环境空气质量标准》(GB 3095—2012);地表水环境质量执行《地表水环境质量标准》(GB 3838—2002);声环境质量执行《声环境质量标准》(GB 3096—2008)。

思考与练习

1. 风景名胜区保护培育规划包括哪些内容?
2. 结合具体案例,试述风景名胜区分类保护及分级保护的具体方法。

实训

1) **实训目标**

(1) 通过调研学习风景名胜区的规划设计实例,了解风景名胜区保护培育规划的基本程序、方法和内容,并能学会灵活应用。

(2) 掌握风景名胜区保护培育规划的实践操作技能。

2) **实训任务**

选择你感兴趣的某一风景区,对其风景资源进行调查和评价,在此基础上完成该风景区保护培育规划。

3) **实训要求**

(1) 查阅相关资料,研读优秀案例。

(2) 了解风景区的风景资源现状,确定风景资源的保护等级。

(3) 编制风景区的分级保护规划。

(4) 选择保护级别最高的风景名胜资源,制定其保护措施。

5 风景游赏规划

[本章导读]本章主要内容包括风景名胜区的主题定位、景区划分、游赏项目组织、游线组织和游程安排、游览解说系统规划、游人容量分析和调控的内容和方法。通过学习,使学生掌握景区规划、游赏项目规划、游线组织规划、游人容量量测的方法;理解游赏项目规划、游线组织规划、游览解说系统规划的内容及游人容量的基本概念;了解景区规划、游赏项目规划、游线组织规划的原则及影响因素。

5.1 风景游赏规划概述

5.1.1 风景游赏规划的内容

风景游赏规划是对风景区的游赏项目、风景单元、游线和游程、游人容量等内容的空间部署和具体安排。

风景游赏规划的主要内容包括:游赏系统分析与游赏主题构思、游赏项目组织、风景组织、景观提升和发展、游线组织与游程安排等。

风景游赏规划的实质性工作是通过综合分析,确定风景区主题定位,进行景区划分,在此基础上,结合游人需求,设计各有特色的游览项目、游览路线和游程,合理控制游人容量,让游客获得最佳的游赏体验,提高游赏质量。

5.1.2 风景游赏规划的作用

①协调其他专项规划共同完善风景名胜区总体规划;

②调控游赏行为,减少其对景观资源和生态资源的冲击影响,保护风景资源;

③满足游客的游赏体验需求,提高游赏质量;

④依据景点、景区的评价,设置具有特色和内涵的游赏项目,合理安排游赏路线和游程长度。

5.2 主题定位与景区划分

5.2.1 主题定位

5.2 微课

主题是风景区建设的灵魂,应包括风景区承载的基本特征、规划期望确立的形象定位等。

风景区的主题应突出特征。特征是由诸多因素决定的,自然因素决定着风景区的基本地域特征,社会因素决定着风景区的人文精神特征,经济因素决定着风景区的物质和空间特征,并可

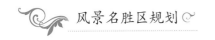

以转化成构景要素。

风景区主题需依据风景区的典型景观特征、游览欣赏特点、资源类型、区位因素以及发展对策与功能选择综合确定,应该明确表述风景特征、主要功能、游赏活动等方面的内容,定位用词应突出重点,准确精练。

5.2.2 景区划分

景区划分是在对景观资源调查分析和评价的基础上,从资源保护、旅游欣赏、结构布局等要求出发,组织形成具有一定特色、达到一定规模、格局的景点和观赏环境体系。景观特征分析和景象展示构思是景区划分的基础。

1)景观特征分析和景象展示构思

景观特征分析和景象展示构思,是运用审美能力对景物、景象、景观实施具体的鉴赏和理性分析,并探讨与之相适应的人为展示措施和具体处理手法,包括对景物素材的属性分析、对景物组合的审美或艺术形成分析、对景观特征的意趣分析、对景象构思的多方案分析、对展示方法和观赏点的分析等。

(1)景观特征分析 景观特征分析主要从以下三方面着手:

①景观的自然特征:景观的自然特征指景观在现实世界表现出来的自然属性,通过对景观自然特征的分析有助于确定风景区游赏客体的主要内容,利于确定景区的景观定位和基本发展方向。

②景观的文化特征:中华民族悠久的发展历史,使风景名胜区积淀了深厚的历史文化遗产并成为其重要的特色之一。在景观特征分析中,除了关注风景区的自然景观特征外,更需要深入分析其文化内涵。除了对历史遗迹的考察,相关文献的查阅,还可通过访问座谈等形式寻找相关的文化特征。

③景观的空间特征:景观的空间特征包括空间的类型、尺度、境界等,不同的空间类型适应不同的需求。空间类型可划分为开放空间、半开放空间、半开放半私密空间、半私密空间、私密空间五种。空间尺度的大小对景观的视觉效果和人的感受有一定影响,也决定了空间中的活动。大尺度空间容易感受雄伟恢宏,对空间中的景观尺度感会相应缩小,容易让人感受大自然的伟大和人的渺小,景观展示上重在体现大气磅礴,活动应以群体参与的活动为主;反之,小尺度空间应该将重点放在景物的细节展示上。

(2)景象展示构思 景象展示构思应遵循景观多样化和突出景观美的原则,主要内容为:

①景物素材的种类、数量、审美属性及其组合特点的分析与区划;

②景观种类、结构、特征及其画境的分析与处理;

③景感类型、欣赏方式、意趣显现的调度、调节与控制;

④景象空间展现构思及其意境表达;

⑤赏景点选择及其视点、视角、视距、视线、视域和景深层次的优化组合。

2)景区的划分

(1)景区划分原则 景区划分应遵循以下原则:

①统一性:同一景区内的景观属性、特征、地理分布及其存在环境应基本一致。

②完整性:景区内的景观资源应具有完整性,景点相对集中。景区划分应维护原有的自然单元、人文资源相对完整,现状地域单元相对独立。

③特色性:各景区的主题必须鲜明,具有特色,且主题之间应互为烘托与联系。

④可操作性:景区划分应合理地解决各分区之间的分隔、过渡与联络关系。景区之间应有利于游览线路组织,便于游览、保护和管理。

(2)分区模式　景区的分区模式分为以下 2 种:

①单一分区模式:一般适用于规模较小或功能单一、用地简单的风景区。由于景观特色突出而具有垄断性,风景区一般均以风景游览区为主划分景区,而其他诸如接待区、商业区、外围保护区等辅助区域只是作为功能区存在,不参与景区规划,大多数传统的风景名胜区都是采用单一分区模式,如九寨沟风景区划分为树正景区、诺日朗景区、剑岩景区、长海景区、扎如景区;黄果树风景区划分为大瀑布景区、天星景区、滴水滩景区、坝凌河访古景区、石头寨景区、郎弓景区等。

②综合分区模式:一般适用于规模较大或功能多样、用地复杂的风景区,是一种与风景区用地结构整合的分区模式。分区将以往的功能区、景区、保护区等整合并用,景区被分别组织在不同层次和不同类型的用地单元中,可以使景区在整个风景区的结构规模下得到清晰明确的定位。

5.2.3　景观分区案例

案例 1　峨眉山风景名胜区景观分区

(资料来源:《峨眉山风景名胜区总体规划(2018—2035)》,中国城市规划设计研究院)

峨眉山风景名胜区划分为 7 个景区。各景区应加强游览组织、景观环境控制、游览解说系统和基础设施建设,并编制详细规划(图 5.1)。

(1)报国寺景区　面积 3.97 km^2。游赏主题:报国闻钟声,伏虎寻蝶影。

图 5.1 彩图

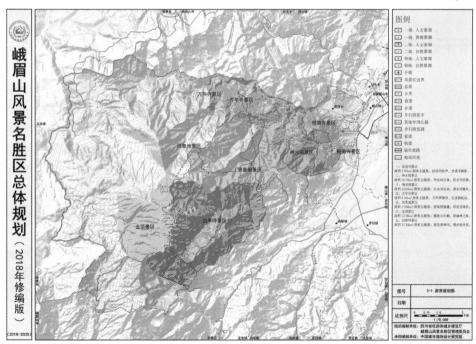

图 5.1　峨眉山风景名胜区游赏规划图

①资源保护：整治伏虎寺外虎溪沿岸的违章建筑，改善生态环境，提升游赏体验；整治虎溪被硬化的河段并恢复生态化河道。

②交通设施建设：完善伏虎寺至萝峰庵、新开寺游步道，采用毛面条石台阶建造；完善主游线至善觉寺—凤凰坪游线，平整道路并采用砾石铺装；新建红椿山应急公路，作为高峰期应急疏散通道；建设报黄路—博物馆—报国寺支线道路，采用柏油路面；拓宽改造第一山亭—报国寺—黄湾乡—杨岗道路；改建伏虎寺前停车场，加强节假日交通管理。

③游览设施建设：完善景区内所有规划游线和沿线景点的解说牌示系统；完善峨眉山博物馆展示陈列内容和解说教育方式。

（2）神水阁景区　面积10.79 km²。游赏主题：神水沐圣泉、武术寻宗源。

①资源保护：对大峨寺周边村庄进行整治，拆除违章建筑；整治低山游线沿线的违章建筑，改善游步道两侧环境品质；整治慧灯寺遗址周边的环境，对遗址遗迹开展整理发掘。

②交通设施建设：提升善觉寺至主游线的道路等级，拓展景区游线；完善善觉寺游山步道，串联低山游线；开辟北部地质主题游步道，联系北部峨眉河沿线景点。

③服务设施建设：为沿路的寺庙建设必要的解说牌示，对寺庙的历史、建筑风格和佛教文化、传统武术文化等相关信息进行展示；在北部地质景点设置必要的解说牌示，介绍地质遗迹的成因和美学特点。

（3）清音阁景区　面积10.04 km²。游赏主题：白水访古迹，黑水戏精灵。

①资源保护：整饬大坪寺遗址，对遗址的台基，柱础等遗存做整理发掘，并开辟为景点，完善解说设施，可研究大坪寺历史景观恢复，相关建设按国家相关 规定报审；对牛心寺建筑进行适当修缮改建，改善建筑和环境风貌。

②交通设施建设：修整清音阁至大坪寺、万年寺至大坪寺的登山道，串联猴区和黑龙江栈道；建设万年寺至清音阁猴区索道，合理选址和建设，降低对环境的不良影响；完善洪椿坪至张沟游步道，以砂石路面为主，局部登山路段采用毛石蹬道或木栈道；完善五显岗停车场，规范停车位和停车管理，建立游赏高峰期的管理制度。

③服务设施建设：为沿路的寺庙建设必要的解说牌示，对寺庙的历史、建筑风格和佛教文化等相关信息进行介绍；整治五显岗的旅游服务设施，进行规模化经营，提升品牌并降低环境影响。

（4）万年寺景区　面积9.34 km²。游赏主题：万年拜普贤，白龙朝蛇仙。

①资源保护：整治万年寺停车场周边环境，塑造良好的景观视觉环境；扩大植物园展示空间面积，对内部游赏空间进行设计建设，增设解说系统；对大峨楼遗址、四会亭、白龙洞等沿线古建筑、遗址进行环境整治，增设解说系统。

②交通设施建设：建设万年寺至清音阁猴区索道，合理选线，进行低影响建设；增建万年寺停车场，增加车位满足游客需要。

③服务设施建设：为沿路的寺庙建设必要的解说牌示，对寺庙的历史、建筑风格和佛教文化等相关信息进行介绍；整治万年寺的旅游服务设施，进行规模化经营，提升品牌并降低环境影响。

（5）洗象池景区　面积17.60 km²。游赏主题是：登高望重峦，回首觅佛宗。

①资源保护：对洗象池等寺庙进行修缮，并妥善处理僧人和信众住宿与文物保护之间的关系；对九老洞及周边环境进行整治，增加文化展示和游览设施。

②交通设施建设：整饬部分年久失修的登山道，提升游赏安全性；开展洗象池至白云亭索道

专项论证,合理选址和建设。

③服务设施建设:整饬现有九岭岗的两幢服务建筑,改善建筑风貌;采用川西传统民居风格对沿线服务部进行改造;为沿路的寺庙建设必要的解说牌示,对寺庙的历史、建筑风格和佛教文化等相关信息进行介绍。

(6)金顶景区 面积 12.38 km²。游赏主题:览胜云中巅,探幽林之海。

①资源保护:逐步整治接引殿、雷洞坪和金顶附近农民经营餐馆和旅店,恢复原始的自然环境;对永庆寺、明月庵遗址和太子坪寺庙周边环境进行整治;完善金顶的污水和垃圾收集处理设施,降低对生态环境的影响;在保护千佛禅院原有基址和周边环境的前提下,依据规划开展恢复。

②交通设施建设:完善万公山—万佛顶和鸡公啄—万佛顶游步道;根据《金顶索道改造提升及选址论证专题报告》,落实金顶索道的运力提升、客货功能分离工作;根据《张沟—万佛顶索道选址论证报告》,开展万佛顶索道及站区建设;提升金顶—千佛顶—万佛顶一线的步行游览系统,包括步道、栈桥、观景台、休息景亭等。

③服务设施建设:建设万佛顶旅游点,满足徒步登山游客和未来南部张沟游客上山中转等功能需要;为沿路的寺庙建设必要的解说牌示,对自然生态系统、寺庙的历史、建筑风格和佛教文化等相关信息进行介绍;在金顶步行线设置观景亭、台设施,提供登山休息场所;雷洞坪滑雪场作为雷洞坪旅游村组成部分,完善提升其功能和配套服务设施。

(7)四季坪景区 面积 27.20 km²。游赏主题:游走密林间,漫步世外园。

①资源保护:改造四季坪南麓的药材林和次生灌木林,引种峨眉山杜鹃等本地开花植物,打造大尺度花海景观;保护四季坪民居和马田坡民居,进行原址修复加固,保持传统民居风貌,用于旅游接待服务;开辟中草药种植区,完善展示设施,开展峨眉山中药文化展示活动。

②交通设施建设:建设张沟至二坪、鸡公啄至万佛顶索道;完善游步道建设,包括张沟村—枷担湾—四季坪—鸡公啄主线、大沟—鸡公啄—万佛顶支线,路面采用石材或木栈道;必要时开展多种方式交通设施建设论证;提升 S306 省道至张沟沟口的道路等级至二级公路以上;修建张沟旅游公路,联系峨眉山高铁站和报国村旅游公交转运站。

③服务设施建设:在高桥镇西部建设张沟旅游镇,具备住宿接待、交通转运、文化活动、购物休闲、餐饮娱乐等基本功能;建设马田坡服务部、四季坪旅游点,提供餐饮、小卖部、简易住宿等必要的旅游服务;建设张沟至万佛顶一线的索道上下站,配备必要的服务设施;可在张沟至万佛顶步行交通沿线适当增加反映宗教氛围的构筑物和小品。

案例 2 徐州市云龙湖风景名胜区景观分区

[资料来源:《云龙湖风景区总体规划》(2017—2030 年),江苏省城市规划设计研究院]

徐州市云龙湖风景名胜区划分为 5 个景区。各景区应加强游览组织、景观环境控制、游览解说系统和基础设施建设(图 5.2)。

(1)云龙山水景区 以云龙山水自然景观为特色,以东坡文化、两汉文化、民俗文化以及宗教文化为依托,自然景观与人文景观并重,集观光游览、休闲娱乐、体养健身、文化体验等功能于一体的景区。

(2)凤凰怀古景区 以彭祖文化、战争文化、宗教文化为特色,以自然山林风貌为背景,历史内涵深刻、人文景观丰富,融探幽访古、休闲健身、军事文化科教、爱国主义教育、战争文化体验等功能于一体的景区。

(3)玉带探幽景区 以湿地生态景观和民俗文化村落为特色,融湿地观光、湿地科教、生态

休闲、民俗体验等功能于一体的景区。

（4）拉犁春秋景区 以自然山林风光为基调,以两汉文化、军事文化为特色,集山林观光、康体健身、养生休闲等功能于一体的景区。

（5）汉王风情景区 以两汉文化、民俗风情、自然田园风光为特色,集汉文化展示、民俗观光、乡村度假、康体养生等功能为一体的景区。

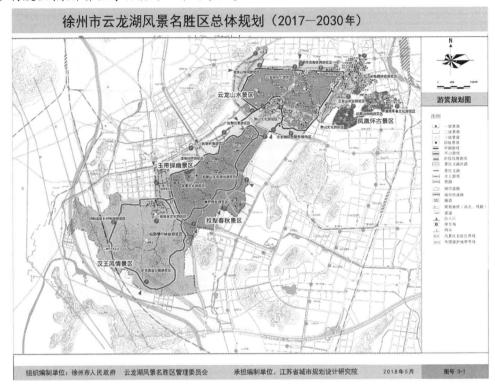

图5.2 徐州市云龙湖风景区游赏规划图

5.3 风景组织

5.3.1 风景单元组织

图5.2 彩图

风景组织应把游览欣赏对象组织成景区、景线、景群、景点、景物等,并应遵循下列原则:
①应依据景源内容与规模、景观特征分区、构景与游赏需求等因素进行组织;
②应使游览欣赏对象在整体中发挥良好作用;
③应为各游览欣赏对象间相互因借创造有利条件。
（1）景区组织 应包括以下4部分内容:
①景区类型、构成内容、景观特征、范围、容量;
②景区的结构布局、主景、景观多样化组织;
③游赏活动和游线组织;
④设施配置和交通组织要点等。
（2）景线和景群组织 应包括以下3部分内容:
①类型、构成内容、景观特征、范围、容量;

②游赏活动与游赏序列组织；

③设施配置等。

（3）景点组织　应包括以下4部分内容：

①景点类型、构成内容、景观特征、范围、容量；

②游赏活动与游赏方式；

③设施配置；

④景点规划一览表等。

5.3.2　景区的空间布局

景区的空间布局是在界限范围内，将规划构思通过不同的规划手法和处理方式，全面、合理、系统地安排在适当位置，使各个景区的各组成要素均能发挥良好作用，使风景区成为有机整体。同时景区的布局应依据规划对象的地域分布、资源特征、空间关系和内在联系进行综合部署，形成合理、完善又体现自身特点的布局结构。

景区空间布局结构的模式，有散点式、串联式、渐进式、组团式、核式5种（图5.3）。在实际布局结构中，由于风景名胜区独特复杂的环境现状，大多数风景区多综合以上各种典型的布局形式，灵活组织，呈现综合型布局形成。

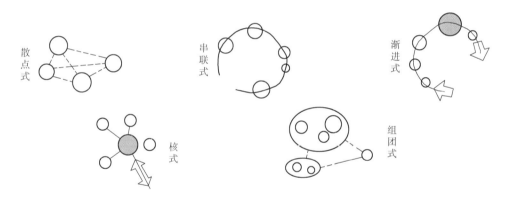

图5.3　景区空间布局模式示意图

（资料来源：魏民，陈战是《风景名胜区规划原理》，2008）

（1）散点式　一般适用于风景资源特征分布较为均衡，景区规模近似，且较为独立的风景名胜区，因此景区的布局易形成平行并列的结构，各个景区的连接方式也易成网络型。

庐山风景区"枯岭景区、山南景区、沙河景区、九江市景区、独立风景区（3个）"呈四区三点散点式布局。

（2）串联式　串联式是较常见的景区布局方式，分环形和线形2种。串联式的布局以旅游路线依次串接景区，景区之间没有明显的主次关系，功能、特色均衡，各景区连接简单，无选择障碍，对于游客来说是最便捷的游线、最节省时间的游览方式，其中以环形多出入口布局系统为佳，不走回头路，利于游客疏散与容量控制。

（3）渐进式　它与串联式布局接近，也可分环形和线形2种。但渐进式布局的景区具有明显的序列关系，呈现起承、转合、高潮的线性顺序，同时要考虑正向序列和逆向序列的关系。同时，此类布局方式的风景名胜区存在核心景区，且与其他景区关系密切，相互依存。

泰山主景区从岱庙景区—红门景区—中天门景区—南天门景区—岱顶景区，呈现渐进式的

景区序列布局。

（4）组团式　组团式布局方式的景区划分具有层次式，易形成圈层式组团结构。武夷山风景区分为武夷山主景区、溪东旅游区、城村景区3个景片，武夷山景片又分5个景区：溪南景区、武夷宫景区、云窝—天游—桃源洞景区、九曲溪景区、山北景区。

（5）核式　以一个或多个主要精华景区作为中心，四周通过道路、山脉、河流等沟通连接其他景区，形成核心结构，易形成放射状布局。

5.4　游赏项目规划

5.4 微课

5.4.1　游赏项目组织的原则

在风景区中，常常先有良好的风景环境或景源素材，甚至本来就是山水胜地，然后才由此引发多样的游览欣赏活动项目和相应的旅游设施配备。因此，游赏项目组织是因景而产生，随意而变化，景源越丰富，游赏项目越可能变化多样。景源特点、用地条件、社会生活需求、技术条件和地域文化观念都是影响游赏项目组织的因素。规划要根据这些因素，遵循保持景观特色并符合相关法规的原则，选择与其协调适宜的游赏项目，使活动性质与意境特征相协调，使相关旅游设施与景物景观相协调。例如，体育健身运动、宗教礼仪活动、野游休闲和考察探险活动所需的用地条件、环境气氛及其与景源的关系等差异较大，既应保证游赏活动能正常进行，又要保持景物景观不受破坏。所以，游赏项目组织应包括项目筛选，游赏方式、时间和空间安排、场地和游人活动等内容，并遵循以下原则：

（1）符合景观特色、生态环境条件和发展目标，在此基础上，组织新、奇、特、优的游赏项目　游赏项目的组织应与风景区景观特色相适应，符合风景名胜区总体性质、开发定位；应对现状条件和资源禀赋进行分析和挖掘，充分考虑时代发展和旅游者不断发展的旅游需求，汲取现代元素，组织丰富多彩而又新颖奇特的游赏项目，增强对游客的吸引力。

（2）权衡风景名胜资源与自然环境的承载力，保护风景名胜资源，实现永续利用　在风景区中，最重要的还是要保护，规划项目要求符合环境和资源保护要求，尤其要重视对自然、历史文化资源及其周围环境的保护。

（3）符合当地用地条件、经济状况及设施水平　游赏项目的设置要充分考虑当地的用地条件和设施水平，要考虑当地能否承担这样的一个项目，项目要具有可行性。

（4）尊重当地文化习俗、生活方式和道德规范　游赏项目的设置要充分考虑当地的文化习俗、生活方式和道德规范，特别是在文化、信仰特殊的地区尤其要注意尊重当地的习俗，不破坏当地居民的生活方式，在此前提下某些游赏项目可以加入对当地文化习俗的体验。

5.4.2　游赏项目的组织

游赏项目的组织是建立在对用地条件、市场需求以及项目相关性的分析基础上，对项目进行综合考评，最终规划适宜的游赏项目。游赏项目组织时应考虑以下因素：

1）环境条件分析

环境是游赏活动发生的空间基础，游赏活动与环境的关系是人地系统中的关系之一。地质地貌、水文气象、动植物以及生态系统的结构与稳定性等都影响游赏活动的选择和开展。为了可持续发展，游赏项目规划必须以保护环境系统稳定性为准则。从节约投资与保护环境两方面出发,游赏项目适地性是游赏规划的原则之一。不同的地形坡度、环境条件宜开展不同的游赏活动(表5.1)。

表5.1 游赏活动与环境条件的适应性

项目	立地依存性			用地条件	气象条件	其他	备注
	观光资源	游憩资源	设施				
观光索道	◆		◇	选择适宜地段,避开主体景观	风速15 m/s以下	有眺望条件,不能破坏景观	从严控制,严格审查
观光瞭望塔	◆		◇			有眺望条件	
高尔夫球场			◆	除砂地、湿地、街道、裸地、岩石以外的地表	年可用日200 d以上		从严控制,严格审查
滑雪场		◆	◇	坡度6°~30°,有草地,积雪50 cm,有防风树林,高差100~150 m	积雪1 m以上有90~100 d/年	视野良好	风速15 m/s以上停止使用
滑冰场		◆	◇	有平坦部分	天然的冰雪平均7 cm,冰面温度−3~−2 ℃,少雨雪		
快艇、汽船、滑水		◆	◇	陆上设施部分坡度0~5°,水深3 m,水岸坚固,湾形良好,静水面	潮位:最大1.5 m;波高:平均最高0.3 m;潮流:最大约3.7 m/h;风速:5 m/s		
海水浴场		◆		沙滩坡度2%~10%,岸线500 m以上,岸上有树林,无有害生物	水温23 ℃以上,气温24 ℃以上,多晴日	水质:一般应在大肠菌群≤10 000个/L,COD ≤ 2 mg/L,不经常有油膜,能见度不小于30 cm	
球场、运动场等			◆	坡度5%以下,平坦,有一定排水坡度	降雪少	植被良好,并有防风树林	绿地多,或公园附近

续表

项目	立地依存性			用地条件	气象条件	其他	备注
	观光资源	游憩资源	设施				
射箭场		◇	◆	地形富于起伏,坡度40%以下			无悬崖
自行车旅行、骑马	◇	◇	◆	坡度最大限8%,长距离连续坡度不大于3%		周围景观及眺望景观良好	基准以下的树林、草地水面变化丰富
观光农业、狩猎		◇	◆	地表较平坦,有森林、草地、果园,不宜在北坡			
自然探险	◇			坡度15%以下,地表有森林、草地、岩岸等		眺望景观良好	
郊游地	◇		◆	坡度20%～40%,地表有森林、草地		向阳,有眺望景观,自然环境良好	
野营		◆	◇	坡度5%以下,有一定水面,地表有森林、草地等	气候温暖,湿度80%以下	眺望景观良好	有给水水源
避暑、疗养		◆	◇	海拔800～1 000m,坡度20%以下,地表有森林、草地	8月气温在15～25 ℃		
避寒		◆	◇	坡度20%以下,地表有森林、草地、果园等			

◆:有强依存性;◇:有依存性

资料来源:《观光旅游地区及观光设施的标准调查研究》,1974,日本观光协会,有改动。

2)游赏需求分析

游赏需求是一个综合概念,包括活动需求、环境需求、体验需求、收获需求和满意需求5个方面,满意是终极目标。按照弗洛伊德意识层次理论,潜意识层孕育着人的原始需要与情感,是生命的原动力,总是按照"快乐原则"去获得满足,决定人的全部有意识的生活。潜意识包括生物性潜意识和社会性潜意识。前者是在长期的自然进化中形成的,决定了人不可能离开自然而生存,后者是人类社会历史文明在人类潜意识中的积淀,表现为人的文化传统和生活方式、文化背景不同,闲暇使用方式不同,表现为民族之间的差异、东方人与西方人之间的差异等,而且随着经济社会的不断变化,两者在游赏形态上也有明显的反应,前者决定了人类回归自然的普遍游憩需求,后者使游赏活动、设施与环境具有明显的地域差异性。

对游赏需求的把握主要通过调查途径,根据游赏地市场结构的一般特征,对特定的市场进行调查、分析评价和预测需求,一般游赏需求分8类:回归自然;休息放松;增进与亲友的关系;远离人群,享受孤独;强身健体;获得新知识;体验新经验;购物。这些需求可以通过参加某些游赏活动来实现(表5.2),此外需求还需要引导和刺激。

表5.2 游憩活动与游憩需求之间的一般关系表

游憩需求 \ 游憩活动	观赏风景	爬山登高	野营露营	观赏动植物	高尔夫球	赛马	赛车	游艺活动	自行车、越野	网球、羽毛球	射击狩猎	跳伞	滑水	游泳	漂流	划船	垂钓	饮食购物	探亲访友
回归自然	R	R	R								R					R	R		
休息放松	R	R	R	R	R			R						R	R	R	R		
远离人群 享受孤独		R	R						R		R					R			
强身健体		R			R				R	R	R		R	R					
获得新知识	R			R				R			R								
体验新体验					R	R	R				R	R	R		R				
饮食购物																		R	R
增进与亲友关系	R	R	R	R				R	R	R			R	R	R	R	R	R	R

R:相关;空白格:不直接相关

资料来源:吴承照.旅游区游憩活动地域组合研究.地理科学,1999,19(5):438。

3)项目相关性分析

同一游赏地可以开展各种游赏活动,各项活动之间的相互关系主要有以下几类:

(1)连锁关系　一项活动的发生会带动其他活动的发生,如海滨游泳对太阳浴、沙浴的连锁性。

(2)冲突关系　两项活动在同一空间发生相互冲突,如钓鱼与划船、狩猎与攀岩。

(3)观赏关系　一项活动成为被观赏的对象引发出另一项活动,如滑雪与风景观赏。

(4)相互无关　两项活动可以在同一空间发生,互不影响,如钓鱼与散步。

相互冲突的游赏活动不得规划于同一空间。具有连锁关系、观赏关系的游赏活动在规划中

应充分利用其空间上的关联性,相互借景,合理布局。在游赏地规划中首先就要根据其功能定位,列出各项游赏活动,分析各项活动之间相互关系(表5.3)。

表5.3　水上游憩活动的相互关系示例

	游泳	钓鱼	划船	游艇	帆板	潜水	滑水	冲浪	水上跳伞	漂流
游泳		C	C	C	C	R	C	C	R	R
钓鱼			C	C	C	C	C	C	C	C
划船				R	C	R	C	N	R	R
游艇					R	R	R	R	R	R
帆板						R	R	R	R	N
潜水							R	R	R	N
滑水								R	R	N
冲浪									R	N
水上跳伞										N
漂流										

注:R 兼容(相关);N 无关;C 冲突(不兼容)。

资料来源:吴承照.旅游区游憩活动地域组合研究,地理科学,1999,19(5):438。

4)游赏项目的组织

在以上分析的基础上,可在表5.4中择优选取游赏项目内容。表中所列的活动,包括古今中外适宜在风景名胜区内因地因时因景制宜安排的主要项目类别,以利于择优组织。

表5.4　游赏项目类别表

游赏类别	游赏项目
1.野外游憩	①消闲散步②郊游③徒步野游④登山攀岩⑤野营露营⑥探胜探险⑦自驾游⑧空中游⑨骑驭
2.审美欣赏	①览胜②摄影③写生④寻幽⑤访古⑥寄情⑦鉴赏⑧品评⑨写作⑩创作
3.科技教育	①考察②观测研究③科普④学习教育⑤采集⑥寻根回归⑦文博展览⑧纪念⑨宣传
4.娱乐休闲	①游戏娱乐②拓展训练③演艺④水上水下活动⑤垂钓⑥冰雪活动⑦沙地活动⑧草地活动
5.运动健身	①健身②体育运动③体育赛事④其他体智技能运动
6.休养保健	①避暑避寒②休养③疗养④温泉浴⑤海水浴⑥泥沙浴⑦日光浴⑧空气浴⑨森林浴
7.其他	①民俗节庆②社交聚会③宗教礼仪④购物商贸⑤劳作体验

资料来源:《风景名胜区总体规划标准》(GB/T 50298—2018)。

5.5　游线组织与游程规划

5.5.1　游线组织规划

风景名胜资源的感染力要通过游人进入其中直接感受才能获得。要使人们对风景区有一个完整而有节奏的游赏效果,精心组织游览路线和游程是非常必要的。在游线上,游人对景象的感受和体验主要表现在人的直观能力、感觉能力、想象能力等景感类型的变换过程中。科学合理的游线组织,应给游客带来最大的信息量,使景观欣赏具有层次感和变化感,富有节奏和韵律,动静皆宜。游览线路的盲目和随便颠倒,会使具有强烈时间艺术效果的观赏失败。

1)游线组织的主要功能

①将各景区、景点、景物等相互串联成完整的风景游览体系;

②引导游人至最佳观赏点和观景面;

③组织游览程序——入景、展开、酝酿、高潮、尾声;

④构成景象的时空艺术。

规划中常要调动各种手段来突出景象高潮和主题区段的感染力,诸如空间上的层层进深、穿插贯通,景象上的主次景设置、借景配置,时间速度上的景点疏密、展现节奏,景感上的明暗色彩、比拟联想,手法上的掩藏显露、呼应衬托等。

2)游线组织规划的主要内容

游赏组织规划应该能使各个景区以自己独特的魅力而存在,同时通过游览路线的串联又可以极大地发挥各个景观的"潜力",充分展现每个景点的特点。组织游览的原则应该是旅行的途中方便、迅速,景区中风景迷人,使人从容观赏。为此,游线组织应依据景观特征、游赏方式,结合游人结构、体力、游赏心理与游兴规律等因素,精心组织具有不同难度、体验感受、时段序列、空间容量的主要游线和多种专项游线,确定不同游线的主要方向、性质、时间结构、转换节点等,主要包括下列内容:

①游线的级别、类型、长度、容量和序列结构;

②不同游线的特点差异和多种游线间的关系;

③游线与游路及交通的关系。

3)游线组织规划应考虑的因素

游线组织规划时应考虑以下因素:旅游流的影响、地形、地貌等条件的影响、资源保护的影响、景观特色的影响等。

在旅游过程中,游人对景象的感受和体验主要表现在人的直观能力、感觉能力、想象能力等景感类型的变换过程中。因而,风景区游线组织,实质上是景象空间展示、时间速度进程、景感类型转换的艺术综合。游线安排既能创造高于景象实体的诗画境界,也可能损伤景象实体应有的风景效果,所以必须精心组织。在具体的游线组织中,根据游赏特点和方式的不同,可以划分出下列几种方式:

(1)根据交通类型划分 分为步行游线、车行游线、水上游线等常规游线,条件成熟时还可以有潜艇游览、直升飞机游览等路线。

(2)根据游赏范围 可以分为景区游线、风景区游线。

(3)根据游线形式 可以分为环形游线、尽端式游线和单程游线。

(4)根据游线沿途主要经过的景点、景区的景观类型 可以分为自然景观为主的游线、人文景观为主的游线、人文与自然景观结合的游线等,甚至还可以根据风景区内特有的文化或者自然景观的类型细化为地质景观线游、生态观光游、佛教朝圣游、运动休养游等。

(5)特色游线 根据当地的文化风俗特点、历代名人的遗迹或者名画、诗词歌赋中所描述的景色,设置特色游线,如徐霞客游线、白居易游线等。

但是需要注意的是,考虑到游人会存在景感疲劳,游线的组织应具有综合性,各游线之间可以适当地交叉或并行。对于游客而言,"意犹未尽"和"过度疲劳"都不是最好的,所以在游线组织时一定要考虑到游客的游兴的承受力,具体说来要注意:游线的趣味性要丰富,游线中的信息量要有一定控制,并且要安排得有"情节",即有叙事性,启程转折、跌宕起伏;游线的长度要控制,特别是步行的游线长度应最好控制在 1 000 m 左右,因为这是人比较舒适的步行距离,如果线路较长也不要超过 4 km,再长人就会有相当的疲劳感了。

5.5.2 游线规划案例——仙都风景名胜区游线规划

浙江省缙云县仙都风景区的自然景观多分布于练溪两岸,九曲练溪贯穿了四个景区和一个入口区,自然形成了带状串珠状结构。总体规划顺其自然,充分加强和展现练溪在总体布局中的主轴线作用,将山、水、田园风光融为一体,组成一条完整的"九曲练溪,十里画廊"风景游览线。风景区由序景—前景—主景—结景构成,即起、承、转、合四节奏。周村为入口序景区,是游览的前奏,规划以大范围的树林、水面与外界分隔,形成环境过渡,并以赛城山、姑妇岩、松州、柳州为标志,初步呈现风景区的风貌特色,引人入胜。第二层次为前景区,规划将小赤壁、倪翁洞两个相衔接的景区,以精细而又多彩的自然和人文景观有节奏地连续展开,逐步引发游兴。第三层次为鼎湖峰主景区,是游览的高潮处,景观以等级高、规模大、游览活动内容多的特点,得到游人的赞赏并迸发出高亢的游兴。第四层次为和缓的结尾,芙蓉峡景区如后花园,它有诸多形若鸟兽的奇巧岩石,形成繁花似锦、"百兽"齐舞的奇妙景象。穿梭的游道,荡漾的游船,令人迷恋和陶醉(图 5.4)。

5.5.3 游程规划

游程安排,是由游览时间、游览距离、游览欣赏内容所限定的。在游程中,一日游因当日往返不需住宿,所需配套设施自然十分简单;二日以上的游程就需要住宿,由此需要相应配套设施。游程的确定宜符合下列规定:

(1)一日游 不需住宿,当日往返。

(2)二日游 住宿一夜。

(3)多日游 住宿二夜以上。

以往的游览日程安排侧重在时间的限定上,主要是为了与游线相结合,然而却与游客主体的影响要素相脱节,在实施过程中导致游览日程往往流于形式,因为在真正游览的过程中,游客往往不会按照安排的游览日程进行游赏,而那些按照游览日程安排的游览也存在较多问题,通常游客在还没有充分体验游赏经历的时候就结束了游览,或者是在刚开始游赏某一景区的时候由于前面的大量游赏活动导致了游赏疲劳进而没有足够的精力充分体验接下来的游赏。造成这些问题的主要因素是时间的安排与游览信息量的接受之间的矛盾没有处理好。通过对游客的调查和访谈可以发现,通常情况下,游客在刚接触到景观信息时处于好奇和期待的心理,对信息的接收量是随时间的增长而增加的。此时对游客来说,安排更多的停留时间会更利于景观信息的增加。然而这个过程也并不是持续的,通常会到达一个极值,这时候游客会出现审美疲劳、身体疲劳等现象,从而影响信息量的接收。

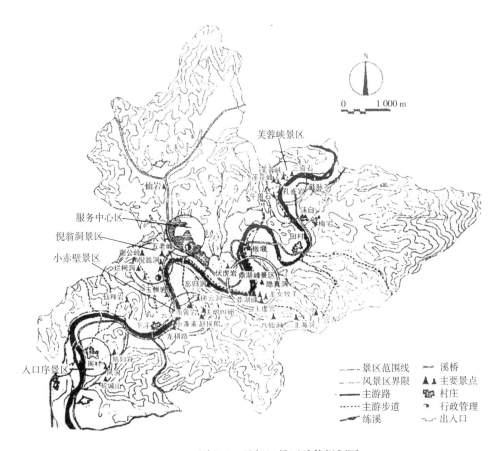

图 5.4　仙都风景区总体规划图

此外,除了需要根据游客的生理条件和心理因素进行游览日程的安排,还需要考虑景观的特殊性来安排游览的时间。比如一些瞬时性气象景观就需要根据景观展示时间的特殊性安排游览日程,从而增加游赏的趣味性和丰富性。而对于一些偏向于度假疗养的风景区则可以单独考虑长时间的游览日程,让游客在放松中游览。在具体的风景游赏规划中,游览日程的安排可以根据游客的类型、景区特点等各种因素进行分类安排。

5.5.4　旅游方式的选择

游览方式以最好地发挥景物特点为主,并结合游赏要求统筹考虑。游赏方式可以是静赏、动观、登山、涉水、探洞,可以是步行、乘车、坐船、骑马等,可空游、陆游、水游或地下游。游览方式的规划应针对户外游赏环境,通过对游客需求的分析、经营管理者的判断和公众的参与,营造适当的游赏环境,提供一系列的游赏机会,以使游客得到所期望的体验。

游赏方式选择的不同或者选择不当,会影响到游人的游赏体验。综合起来,风景区的游赏方式可归纳为 4 种。

1)空游

可乘直升飞机、缆车、热气球游览。主要用于一些大型风景区,在地面游览时难以达到各种视觉奇观效果,登空俯视远观,气势磅礴,蔚为壮观。

2）陆游

陆游是最主要的游览方式,可乘车、骑马或步行等。游客置身于各种景象环境中,既是很好的体育活动,又经济简便。在游览的同时,可进行文娱活动、狩猎、采访风土人情,访古怀旧,自由自在,适应性强,接受到的信息量也大。

3）水游

利用自然或人工水体,乘舟游览。人在舟中,视点低而开阔,青山绿水,碧波倒影,景物成双,空间加倍,这是其他游览方式享受不到的。

4）地下游览

在一些岩溶地段,可利用天然溶洞进行地下游览。溶洞中石笋林立,千姿百态,奇景怪石,光怪陆离;也可利用地下人防工事设立地下游乐场、地下公园等;有条件的海滨风景还可在水下设立水晶宫,组织潜水活动等。

5.6 游览解说系统规划

5.6.1 游览解说系统的概念和组成

1）游览解说系统的概念

游览解说系统是在风景区内建立的由解说信息及信息传播方式通过合理配置、有机组合形成的游览解说体系。

解说通常分为两种方式,即"向导式解说"和"自导式解说"。"向导式解说"是对游客进行主动的、动态的信息传播,主要包括讲解员解说。"自导式解说"是对游客进行被动的、静态的信息传播,主要包括标牌、电子设备等解说设施,以及风景区出版物的解说。

2）游览解说系统的组成

游览解说系统应由解说信息、讲解员、解说设施等基本要素和解说中心组成。

（1）解说信息 包括风景区概况,景区、景点、游线的资源特点,服务设施设置,游览管理和旅游商品特色等内容。解说信息应真实、健康,融入科学性、知识性、通俗性、艺术性、互动性、趣味性,突出风景区自然、文化与地方特色,应具有导览服务和教育功能。解说信息设计应考虑不同游客的年龄、职业和文化等特点,应具有可选择性。

（2）讲解员 讲解员可由风景区提供或旅行团配备。讲解员讲解强度（内容）应根据游览接待计划或游客选择的景点进行安排,并应详略得当。

（3）解说设施 包括标牌和电子设备。标牌可分为解说牌、导向牌和安全标志牌,标牌的解说信息应准确、科学、完整、简明,内容表达应层次分明,重点突出。电子设备可分为显示屏、触摸屏和便携式电子导游机等。

（4）解说中心 风景区内集中安排解说设施和（或）讲解员,向游客提供综合解说信息和系统导览服务的场所。

5.6.2　游览解说系统的功能

一个完整的游览解说系统通常具有以下几个方面的功能：

1）服务功能

服务功能主要指基本的信息传递和导览功能，以简单、多样的方式给游客提供服务方面的信息，帮助游客游览、认识、了解景区，给游客以安全感，增强游客内在体验的深度和强度。

2）教育功能

通过自然、历史、文化等信息的传递，使游客深入了解景区的资源价值、特色风貌、独特内涵等，使游客在游览的同时，学习和了解自然、历史、文化等知识，提升科学文化水平。

3）保护功能

通过解说系统的警示和提醒等信息，使游客在接触和享受风景区资源的同时，也能做到不对资源或设施造成过度利用或破坏，并鼓励游客与可能的破坏、损坏行为作斗争，加强旅游资源和设施的保护。

4）景观功能

设计得宜的解说设施也是景区重要的景观元素，能够表现刻画具有特色的景区形象，有助于提升具有特色的景区活力，在解说的强化下，游客对景观的时空演进也会产生清晰的序列，增强游览乐趣。

5.6.3　游览解说系统的规划内容

风景区游览解说系统规划应评估现状，确定解说内容、解说场所和解说方式，布设解说设施，提出解说管理要求。

1）现状评估

现状评估应对解说内容、解说场所、解说方式、解说设施、解说管理等进行现状调查与分析，明确评估结论。

2）解说内容

（1）解说中心的服务内容　解说中心宜包括信息咨询、展陈、视听、讲解服务等功能，各功能的主要服务内容宜符合下列规定：

①信息咨询的内容应包括风景区概况、景区景点、游览线路、服务设施和救助设施等，咨询形式可分为讲解员解答和自助查询；

②展陈内容应包括风景区的发展演变、资源特点及保护意义等，展陈对象以模型、图片、标本和实物等为主。

（2）标牌的解说内容

①解说牌：宜包括风景区概况，景区景点的价值、特色和成因，游览管理的注意事项等，宜使用文字表达为主。

②导向牌：宜包括景区、景点和服务设施等布局、交通方向、路径和距离等内容；宜使用标志

或平面示意图表达为主。

③安全标志牌:应使用安全色和安全标志传递安全信息。

(3)电子设备的解说内容

①显示屏:应主要用来介绍风景区概况、景区景点特色,发布实时信息(天气预报、游人量等)。

②触摸屏:应供游客自助查询风景区概况、景区景点、服务设施、风景区规划与管理、旅游商品等信息,参与虚拟漫游。

③便携式电子导游机:分为手动按键式和自动触发式,应提供交通导引、景区和景点信息解说等。

3)解说场所空间布局

(1)解说中心空间布局 解说中心应设置在风景区(或景区)的入口,或景点集中、游客便于到达的区域,可与游客中心合并设置。

(2)解说牌空间布局 风景区(景区)概况解说牌应设置在风景区(景区)入口处;景点、游线解说牌应设置在景点、游线旁或者观赏点;管理措施解说牌应设置在重要游览道路两侧、重要服务设施周边或者需要提醒游客注意的区域内。导向牌应设置在风景区、景区入口或者游客集中分布的区域。在道路上所有需要做出方向选择的节点、分岔口等均应设置导向牌。当路线很长时,应在适当的间隔设置导向牌。车辆与行人的导向牌宜分别设置。在服务设施周边及附近主要路口处应设置服务设施导向牌。安全标志牌应独立、醒目地设置在所需场所。

(3)电子设备空间布局 显示屏和触摸屏宜设置在风景区重要入口、解说中心、重要服务设施附近或内部,在室外设置必须位于避雷有效区域内,应有完善的避雷设施或在安置时做好接雷地网;手动按键式电子导游机宜用于小范围内景点集中的景区;自动触发式电子导游机宜用于面积大、景点分散、游览线路多的景区。

4)解说管理

游览解说系统管理,包括解说方案制订、设施与场所管理、讲解员管理培训、评价反馈等,可保证游览解说系统功能的正常发挥和水平的提高。

5.6.4 游览解说系统的具体要求

1)解说中心

解说中心的规模、内容、配套设施应与风景区的游客量及导览服务需求相匹配。解说中心应设置无障碍设施。

2)解说信息

解说信息应真实、健康,融入科学性、知识性、通俗性、艺术性、互动性、趣味性,突出风景区自然、文化与地方特色,应具有导览服务和教育功能。设计应考虑不同游客的年龄、职业和文化等特点,应具有可选择性。

(1)风景区概况介绍 应包括风景区的名称、级别、性质、面积、地理位置、发展历史及设立年代,所在地域的自然、文化和经济环境,风景名胜资源的价值及特点,主要景区、游线及景点的分布情况。

（2）景区、游线、景点介绍　应包括名称内涵、历史演变过程、资源价值特点，并应清晰表达景点、游线的位置关系；应根据风景区的资源价值特点，确定景区、景点的自然、文化信息解说强度，并应结合对景点、景物的内涵介绍，给予游客启迪与联想。

（3）服务信息　应包括风景区内部及周边的旅游咨询，交通、食宿、购物、医疗、邮政、报警等设施的分布和到达的交通线路。

（4）游览管理信息　可包括对游客的游览建议、安全警示和环保要求，并依据管理信息的提示可分为提醒、劝解和警告。

（5）旅游商品信息　可包括对当地特色食品的风味及制作方法的介绍，传统手工艺品的工艺特点与艺术价值的介绍等。

3）标牌

标牌设计和设置应规范、系统、醒目、清晰、协调、安全、环保、艺术，并应符合下列规定：

①标牌的要素设计应符合现行国家标准《公共信息导向系统要素的设计原则与要求第 1 部分：图形标志及相关要素》（GB/T 20501.1）和《图形符号安全色和安全标志第 1 部分：工作场所和公共区域中安全标志的设计原则》（GB/T 2893.1）的要求。

②应保证标牌系统内部信息的连续性、设置位置的规律性和内容的一致性。

③标牌在所设置的环境中应醒目，应设置在易于发现的位置，并应避免被其他固定物体遮挡；标牌应保证有足够的照明或使用内置光源。

④标牌中文字、平面示意图与其背景应有足够的对比度；应保证文字、平面示意图在细节之间的区分，并应清晰表现文字及平面示意图之间的相互关系。

⑤在标牌设计和设置的整个系统中，表示相同含义的文字、平面示意图或说明应相同；标牌的设计应与所处环境相协调。

⑥标牌设置后，不得造成安全隐患。

⑦标牌制作宜选用环保材料，并宜以当地材料为主。

⑧标牌的形式应具有审美价值。

5.7　游人容量分析与调控

5.7.1　游人容量的概念体系

5.7 微课

游人容量研究是风景名胜区规划建设和管理中一个非常重要的问题。对于风景名胜区来说，过多的游客会产生大量垃圾、污染物，直接影响景区的自然生态环境，游客的践踏、攀折等行为会使植被遭受破坏、土壤发生变化、野生动物生存受到干扰；无论是自然景区还是人文景区，风景资源在一定时间内能够接纳的游客数是有限的，超过一定限度，就会产生拥挤等影响游客兴致的问题；旅游地的住宿、饮食、交通等往往会制约到达的游客数量；游客给旅游地带来经济利益的同时，往往也干扰了当地的正常生活，游客过多时，当地居民可能会对旅游业的发展由欢迎转变为抵制，因此控制游人容量成为风景名胜区可持续发展和游人获得良好旅游体验的重要途径。

游人容量是指在保持景观稳定性、保障游人游赏质量和舒适安全以及合理利用资源的限度

内,一定时间范围内所能容纳游客的数量,是限制某时、某地游人过量积聚的警戒值。

游人容量涉及生态、经济、社会等诸多方面,常分为空间容量、设施容量、生态容量、社会容量等,具体见表5.5。

表5.5 游人容量概念体系一览表

游人容量	空间容量	可游览区域在空间上对旅游及其相关活动的承受能力
		可游览线路在空间上对旅游及其相关活动的承受能力
		必须游览的景区景点在空间上对旅游及其相关活动的承受能力
	设施容量	基础设施容量 供水设施对旅游及其相关活动的承受能力
		排水设施对旅游及其相关活动的承受能力
		供电设施对旅游及其相关活动的承受能力
		供气设施对旅游及其相关活动的承受能力
		通信设施对旅游及其相关活动的承受能力
		道路交通设施容量 道路、停车场及机场、码头等对旅游及其相关活动的承载力
		旅游服务设施容量 住宿设施对旅游及其相关活动的承受能力
		商业、服务业对旅游及其相关活动的承受能力
		文体、娱乐设施对旅游及其相关活动的承受能力
		其他服务设施对旅游及其相关活动的承受能力
	生态容量	水质及大气质量对旅游及其相关活动的承受能力
		土壤、生物等对旅游及其相关活动的承受能力
		滑坡、泥石流等自然灾害对旅游及其相关活动的承受能力
		景观生态格局对旅游及其相关活动的承受能力
		自然景观资源对旅游及其相关活动的承受能力
	社会容量	人文环境容量 文化习俗、人文景观等对旅游及其相关活动的承受能力
		经济环境容量 就业及经济背景对旅游及其相关活动的承受能力
		心理环境容量 游客审美体验对旅游及其相关活动的承受能力
		当地居民对环境及生活方式改变的承受能力
		管理环境容量 风景区管理水平对旅游及其相关活动的承受能力

5.7.2 游人容量的量测

1)空间容量

空间容量是指在保持景观稳定性、保障游人游赏质量和舒适安全,以及合理利用资源的限度内,一定空间和时间范围内所能容纳游客的数量。空间容量的计算方法有面积法、线路法、卡口法等。

(1)面积法 以每个游人所占平均游览面积计算。

面积法适用于景区面积小、游人可以进入景区每个角落进行游览情况下的环境容量计算。其计算公式为：

$$C = \frac{S}{E} \cdot P \tag{5.1}$$

式中　C——用面积计算法的环境日容量，人次；

　　　S——风景区面积，m^2；

　　　E——单位规模指标，$m^2/$人；

　　　P——周转率，即风景区每日接待游客的批数，其计算方法为：

$$P = T/t$$

式中　T——每日游览开放时间，小时；

　　　t——游人平均逗留的时间，小时。

风景区面积有 3 种计算可能：

①以风景区总面积计算，适应于风景体系规划、风景区战略或概念规划；

②以"可游面积"计算，但"可游面积"难以准确确定，有一定主观成分，并且与其他专项规划难以衔接，所以可用性不强；

③以景点景区面积计算，适合于规划的各个层次，适用性较强。

单位规模指标是指在风景游览的同一时间内，每个游人活动所必需的最小面积，一般为 $m^2/$人。这个指标的确定有较多的经验成分，所以应具体问题具体分析。同时，指标也是一个综合变量，受游览心理因素、生态环境因素、功能技术因素等多方面的影响。

《风景名胜区总体规划标准》中的风景区游览空间标准为：

主要景点：50 ~ 100 $m^2/$人；

一般景点：100 ~ 400 $m^2/$人；

浴场海域：10 ~ 20 $m^2/$人（海拔 0 ~ −2 m 以内水面）；

浴场沙滩：5 ~ 10 $m^2/$人（海拔 0 ~ +2 m 以内沙滩）。

［例5.1］　某海滨浴场沙滩面积10公顷，开放时间从早晨8点到晚上6点，游人平均逗留时间为 4 小时，据调查，该浴场沙滩的单位规模指标为 5 m^2 为宜，计算该海滨浴场的日游人容量。

环境瞬时容量 = 100 000 ÷ 5 = 20 000（人）

周转率 = 10 ÷ 4 = 2.5

日游人容量 = 20 000 × 2.5 = 50 000（人次）

［案例］　游人容量测算案例

徐州市云龙湖风景名胜区游人容量（表5.6）

表5.6　徐州市云龙湖风景名胜区游人容量计算表

用地类别	计算面积 /公顷	计算指标 /(m²·人⁻¹)	瞬时容量 /人	日周转率 /次	日游人容量 /(人次·日⁻¹)
风景点建设用地	944.73	300	31 491	1.5	47 237
风景保护用地	127.42	500	2 548	1.5	3 822
风景恢复用地	33.19	800	415	1.5	623
野外游憩用地	190.2	800	2 378	1.5	3 567

续表

用地类别	计算面积 /公顷	计算指标 /(m²·人⁻¹)	瞬时容量 /人	日周转率 /次	日游人容量 /(人次·日⁻¹)
其他观光用地	77.82	800	973	1.5	1 460
林地	1 586	3 000	5 287	1	5 287
水域	663	5 000	1 326	1	1 326
合计			44 418		63 322

资料来源:《云龙湖风景名胜区总体规划(2017—2030)》(江苏省城市规划设计研究院)。

(2)线路法 适用于游人以游道为主进行游览的景区。计算方法有以下两种:

①完全游道计算法:完全游道是指进出口不在同一位置上,游人游览不走回头路。其计算公式为

$$C = \frac{A}{B} \cdot P \tag{5.2}$$

式中 C——环境日容量,人次;

A——游道全长,m;

B——游人占用合理的游道长度,m;

P——周转率,即景区每日接待游客的批数。

计算方法为:

$$P = T/t$$

式中 T——每日游览开放时间,h;

t——游人平均逗留的时间,h。

[例5.2] 黄果树大瀑布景区规划步行游步道7 300 m,为完全游道,日游览时间为10 h,游完全程需5 h,游人合理间距为4 m,计算其环境容量。

环境瞬时容量 = 7 300 ÷ 4 = 1 825(人)

周转率 = 10 ÷ 5 = 2

日游人容量 = 1 825 × 2 = 3 650(人次)

② 不完全游道计算方法:不完全游道是指进出口在同一位置的游道。

$$C = \frac{A}{B + B \cdot E/F} \cdot P \tag{5.3}$$

式中 C——不完全游道计算的环境容量;

A——游道全长,m ;

B——游客占用合理的游道长度,m ;

E——沿游道返回所需的时间,min ;

F——完全游道所需的时间,min ;

P——周转率。

用此式计算时,以分为单位,不足30 s舍去,大于30 s算作1 min。

[例5.3] 某游道全长4 210 m,为不完全游道,游完全程需2 h 53 min,原路返回需1 h 30 min,往返共需4 h 23 min ,景区平均每天开放时间为9 h,游客距离为7 m ,计算其日容量。

$P = 540/263 \approx 2.05$

$C = 4\,210/(7 + 7 \times 90/173) \times 2.05$ 人次 $= 811$ 人次

③卡口法(瓶颈容量法):是以某一必游景区内的一个极限因素确定的极限计算方法。

$$游人容量 = 瓶颈游人容量$$

如武夷山风景名胜区的九曲溪景区是游人的必游景区,在溪上泛竹筏也成为游人必然尝试的项目。但乘竹筏要受到河道等条件限制,其容量是有限的,于是竹筏运送量就成为该景区的游人容量。

2)设施容量

设施容量包括供水、供电、交通运输等基础设施容量和住宿、商业、文化娱乐等旅游设施容量。

(1)基础设施容量 = 基础设施数/每人标准

(2)旅游设施容量 = 旅游设施数(如床位数)/使用率

(3)设施总容量 = 某种瓶颈设施容量

设施容量用于管理或规划用途时,一般不将其作为确定游人容量的主要制约性因素,因为设施容量弹性大,易于建设,消除瓶颈的难度小,而且季节性变化也较大。比如大多数风景区在旺季时设施严重超载运行,而淡季时又有大量空置,可以通过临时设施等手段进行调整。

3)生态容量

生态容量是指在一定时间内风景区的生态环境不致退化或短时自行恢复的前提下,可以容纳的游人量。

(1)生态容量的量测方法　生态容量的量测常采用以下3种方法:

①事实分析法:在旅游活动与环境影响已达平衡的景区,选择不同游客量产生的压力调查其容量,所得数据用于测算相似地区游人量。

②模拟实验法:模拟不同的人工破坏强度,观察其对生态的影响程度,根据模拟实验结果测算相似地区游人量。

③长期监测法:从旅游活动开始阶段做长期调查,分析使用强度逐年增加所引起的改变,或在游客压力突增时,随时做短期调查,所得数据用于测算相似地区游人量。

(2)生态容量的计算公式　依靠生态环境的自我恢复能力、生态环境对于旅游活动的承受能力计算风景区的生态容量。

$$生态容量 = 风景区生态分区面积/生态指标$$

生态指标的确定是一个复杂的问题,往往通过多年的观察实验得来,生态环境不同,观察实验时间、方法不同,数据会有相当差距。《风景名胜区总体规划标准》收集了游憩用地的一些生态容量经验指标,可供计算时参考(表5.7)。

表5.7　游憩用地生态容量指标

用地类型	允许游人量和用地指标		用地类型	允许游人量和用地指标	
	人/hm²	m²/人		人/hm²	m²/人
1. 针叶林地	2 ~ 3	5 500 ~ 3 300	6. 城镇公园	30 ~ 200	330 ~ 50
2. 阔叶林地	4 ~ 8	2 500 ~ 1 250	7. 专用浴场	< 500	> 20
3. 森林公园	< 15 ~ 20	> 660 ~ 500	8. 浴场海域	1 000 ~ 2 000	20 ~ 10

续表

用地类型	允许游人量和用地指标		用地类型	允许游人量和用地指标	
	人/hm²	m²/人		人/hm²	m²/人
4. 疏林草地	20 ~ 25	500 ~ 400	9. 浴场沙滩	1 000 ~ 2 000	10 ~ 5
5. 草地公园	<70	>140			

资料来源:《风景名胜区总体规划标准》(GB/T 50298—2018)。

净化能力公式:生态容量 =(自然环境能够吸纳的污染物之和 + 人工处理掉的污染物之和)/游客每人每天产生的污染物

同生态指标一样,自然环境能够吸纳的污染物数量的确定也是一个比较复杂的问题,往往通过多年的观察实验得来,观察实验时间、方法不同,数据会有相当差距,并且随着时间、季节等外界因素的变化,这个数据也会出现较大的变化。人工处理掉的污染物主要指固体垃圾处理设施、污水处理设施对固体垃圾、污水等的处理能力,这个数据相对而言容易确定。

4)社会容量

社会容量指旅游者和当地居民所能承受的因旅游业带来的环境、文化、社会经济影响的程度。

社会容量涉及旅游者、当地居民两类人群,这两类人群的社会背景、生活习惯、行为类型、个人喜好等都会对游人容量产生影响,而旅游者和当地居民在这些方面都存在着个性差异,因此社会容量难以量化和建立函数对应关系。

目前国内外对社会容量的研究应用最广的方法是问卷调查法,该方法是了解游客满意度、当地居民对旅游活动接受度的有效方法,问卷中的指标选择是实际应用的最大难点。

在下列情况下,风景名胜区社会容量会有所增大:风景区开发的成熟度提高、人群的种族形态接近、风景区用途单一、服务设施质量提高、环境自我恢复能力增强、植被覆盖度增加等。

5)游人容量的确定

由上所述,游人容量计算的出发点不同,方法不同,得出的容量值势必会产生差异,以哪个值作为风景名胜区游人容量的阈值则需要采用综合分析的方法。

测算游人容量的极限值重点应考虑空间容量和设施容量,测算最佳值则应重点考虑社会容量,与此同时也要注意生态容量和旅游社区的极限和最佳的经济效益。

综合游人容量的阈值表现为:超出上限造成"超载负荷",低于下限,又造成相关资源的浪费和闲置。一般,下限为经济效益,不得低于旅游开发的门槛容量,上限为环境效益,不能大于生态容量。

5.7.3　游人容量的管理

1)国外的管理探索

游人容量的研究不仅需要探讨相关的概念及阈值,同样重要的是管理理念的改变。国外在国家公园和自然保护区的管理中尝试了一些成功的管理模式,其中具有代表性的是 Stankey 等人提出的 LAC 理论。

LAC 理论,英文全称为"Limits of Acceptable Change"(可接受改变的极限)理论。

LAC 理论的研究重点和基本假设是:只要有游憩使用,就有游憩冲击的存在,自然会产生环境改变和社会改变,这是不可避免的。即使经营者希望将整个地区保持其原始状态,而事实是只要该地区一旦开发使用,资源状况就开始改变,关键是改变达到什么样的程度以内才是可以被接受的。

LAC 理论最大的进步在于,环境容量体系不再被看作是科学理论本身,而是在科学理论支持下的一系列管理工具。环境容量控制指标追求的"数字极限"虽是必须的,但不再是管理者所利用的唯一标准,而是融合了生态、游客、社区、管理者等各种利益相关者的利益诉求之后形成的一套指标体系,容量管理的核心已经转移为设计出一些具体的行动、措施,引入完善的公众参与机制,通过检测并控制某些关键指标,实现自然资源的可持续利用。

LAC 的 9 个步骤为:

①确定规划地区的课题与关注点;

②界定并描述旅游机会种类;

③选择有关资源状况和社会状况的监测指标;

④调查现状资源状况和社会状况;

⑤确定每一旅游机会类别的资源状况标准和社会状况标准;

⑥确定待选的机会种类替选方案;

⑦为每一个替选方案制订管理行动计划;

⑧评价替选方案并选出一个最佳方案;

⑨实施行动计划并监测资源与社会状况。

LAC 理论的诞生,带来了国家公园与保护区规划和管理方面革命性的变革,美国国家公园管理局根据 LAC 理论的基本框架,制订了"游客体验与资源保护"技术方法(VERP—Visitor Experience and Resource Protection),加拿大国家公园局制订了"游客活动管理规划"方法(VAMP—Visitor Activity Management Plan)、美国国家公园保护协会制订了"游客影响管理"的方法(VIM—Visitor Impact Management),澳大利亚制订了"旅游管理最佳模型"(Tourism Optimization Management Model)。这些技术方法和模型在上述国家的国家公园规划和管理实践中,尤其是在解决资源保护和旅游利用之间的矛盾中取得了很大的成功。

2)国内游人容量的调控

国内游人容量的调控常采用以下方法:

(1)游客调控　游客调控主要通过以下途径:

① 游客数量与时空分布调控。众所周知,旅游活动具有明显的季节性和地域差异性,不同类型、不同级别、不同区位风景区之间的游客数量差异往往十分显著,同一风景区在一年中不同的季节,一天中不同的时段游客数量的差异也十分明显,这是旅游环境容量超载问题的最主要直接原因。为此,常用的调控方法为:利用价格杠杆调节,即通过对旅游景点的门票价格实行浮动制度、旅行社旅游路线的价格变动,抑制旅游旺季的旅游需求,刺激旅游淡季的旅游消费,让价格杠杆发挥其在市场经济中应有的职能,同时也考虑在拥挤或生态脆弱地区单独售票,提高日内高峰时刻的价位或降低客流低谷时期的票价等措施。

②实行灵活的休假制度。推行"弹性假期制度",改善国庆节、春节等黄金周期间人们纷纷外出,人满为患的局面。

(2)旅游活动管理　严格控制游客活动强度,建立并完善景区内部的疏散机制;通过对游客的进出数量进行动态监控,对景区内的瞬时容量进行控制,并相应采取控制措施,如设计不同的游览活动线路(从不同出入口进出、调节旅游活动的内容顺序)、控制游客分时段进入景区、延长开放时间、加大可能导致高峰期的班车时间间隔、开辟新的景区景点,减少热点景区游人的停留时间等。

(3)环境调控 人工环境调控,即通过增加旅游设施、提高废弃物、污水处理能力、改善交通条件等措施提高游人容量。自然环境调控,即通过对空间结构、生态系统的改造提高游人容量,如按时封闭景区让生态自然恢复、提高森林覆盖率、丰富生物多样性、提高生态系统自净能力等。

思考与练习

1.风景名胜区的游赏规划包括哪些内容?

2.风景名胜区游赏项目规划的功能有哪些? 规划时应考虑哪些因素?

3.在风景游赏规划中,为何要进行游线规划? 规划内容应包括哪些?

4.风景名胜区的游览解说系统应具备哪些功能?

5.风景区的游览解说系统规划应包括哪些内容?

实训

1)实训目标

(1)通过资料查阅,学习和了解国内外在风景区游人容量方面的研究进展和研究方法,掌握游人容量的量测方法。

(2)能利用所学知识,对某一风景区的游人容量进行测算和分析。

2)实训任务

选择你感兴趣的某一风景区,对其景观资源等相关情况进行认真调查和分析,在此基础上,对其旅游容量及其调控进行分析研究,完成研究报告。

3)实训要求

(1)游人容量测算应从多方面进行,包括空间容量、设施容量、生态容量、社会容量等。

(2)根据测定对象分别采用定量与定性相结合的方法。

(3)对游人容量进行综合分析时,力争做到全面、科学,分析有理有据,说服力强。

(4)完成游人容量调查和分析报告,字数不少于 3 000 字。

6 典型景观规划

[本章导读]本章主要内容包括典型景观的概念、规划内容、原则和方法,特别针对植物景观、建筑景观、人文景观等的规划目标、具体要求及方法等作深入浅出的陈述。通过学习,使学生掌握典型景观的规划方法,理解典型景观的概念,了解典型景观规划的内容和原则。

在每个风景区中,几乎都有代表本风景区主体特征的景观。在不少风景区中,还存在具有特殊风景游赏价值的景观。为了使这些景观发挥应有作用,并且能长久存在、永续利用下去,在风景区规划中应编制典型景观规划。例如,黄山云海奇松、崂山海上日出、蓬莱海市蜃景等,都需要按其显现规律和景观特征划出相应的赏景点;再如,黄果树和龙宫风景区的暗河、瀑布、跌水、泉溪河湖水景体系、黄山群峰,桂林奇峰、武陵峰林等山峰景观体系,峨嵋的高中低山竖向植物地带景观体系等,均需按其成因、存在条件、景观特征,规划其游览欣赏和保护管理内容;又如,武当山的古建筑群、敦煌和龙门的石窟、古寺庙的雕塑、大足石刻等景观体系,也需按其创作规律和景观特征,规划其游览欣赏、展示及维护措施。

6.1 典型景观规划概述

6.1.1 典型景观的概念

典型景观是最能代表风景区景观特征和价值的风景名胜资源。典型景观是风景区内最具游赏价值的资源,是风景区吸引游客的最主要的资源。典型景观的构成有三方面的特征:

①能够提供给旅游者较多的美感种类及较强的美感强度。

②其自身所具有的文化内涵,能深刻地体现出某种文化的特征和精髓。

③在大自然变迁或人类科学文化发展中具有科学研究价值。

6.1.2 典型景观规划的内容和原则

1)规划内容

风景区应依据风景名胜主体特征景观或有特殊价值的景观进行典型景观规划。典型景观规划应包括:典型景观的特征与作用分析,规划原则与目标,规划内容、项目、设施与组织,典型景观与风景区整体的关系等内容。

2)规划原则

典型景观规划应遵循以下原则:

①典型景观规划必须保护景观本体、景观空间及其环境,保持典型景观的稳定与永续利用。

风景区是人杰地灵之地,能成其为典型景观者,大多是天成地就之事物或现象,即使有些属于人工杰作,也非一时一世之功,能成为世人皆知的典型景观,大多历经世代持续努力才能成功。因而,典型景观规划的第一原则是保护典型景观本体、景观空间及其环境,以保持典型景观的稳定和永续利用。例如,河北南戴河沙丘有其形成原理和条件,把这些海滨沙景开辟成直冲大海的滑沙场是其利用价值,但在滑沙活动中会带动一部分沙子冲入海中,这就同时要求十分重视和保护沙山的形成条件,使之能不断恢复和持续利用。

②应充分挖掘与合理利用典型景观的特征及价值,彰显特色,组织适宜的游赏项目与活动。

对风景名胜区的典型景观资源进行充分挖掘与合理利用,不仅是对景观资源的保护,更是对它的尊重。同时,突出典型景观的特点,组织适宜的观赏项目与活动,可以充分利用资源,吸引游客,寓景于情,寓教于游,使景区典型景观资源价值得到最大限度的发挥。以自然景观为主的庐山风景名胜区、以岛屿景观为游赏对象的鼓浪屿景区、以建筑风貌为主景的青岛八大关景区、以古建筑群为主的敦煌石窟等等,都是充分突出其典型景观特征、挖掘其深刻内涵的成功范例。

③应妥善处理典型景观与其他景观的关系。

风景名胜区的景观风貌一般是以典型景观为主,结合区内其他景观资源构成。整体是由部分组成,部分也离不开整体,典型景观的价值体现更是离不开风景区整体环境的烘托,因此在做好典型景观的规划与保护的同时,还应妥善处理好典型景观与其他景观的关系。

6.2 不同类型的典型景观规划

6.2.1 植物景观规划

植物景观是风景名胜区中重要的典型景观之一,这主要是由于植物的生长为动物、微生物甚至人类提供了良好而多样的物质基础及生存环境,而遒劲苍翠的古树名木、丰富多彩的植物季相以及顽强奋进的生命表征,使植物景观成为自然与人文特征完美结合的典型代表。在自然审美中,早期的"毛发"之说,近代的"主景、配景、基调、背景"之说,均表达了其应有的作用和地位。在人口膨胀和生态面临严重挑战的情况下,植物对人类更加重要,因而风景区植被或植物景观规划也愈具有重要作用。

1)植物景观特征

(1)具有明显的地域性特征 植物的生长主要受环境中的生态因子如地形、气候、光照、水分、大气等影响,这就使得不同的自然地理环境中植物生长有明显差异,表现出明显的地域性。如在我国,从南到北,依次分布有热带雨林、亚热带常绿阔叶林、暖温带落叶阔叶林、寒温带针叶林;从东往西,依次为东部森林带、中部草原带、西部荒漠带。每个植被区的植物都各具特色。热带雨林的植物终年常绿,树木高大,暖温带的落叶阔叶植物,寒来暑往,季相分明,中部的莽莽草原,风吹草低见牛羊。

(2)具有较高的美学价值特征 植物自身的树干、树枝、树叶、树皮等都具有美的特征,而且植物景观与景点组合成景,可以为名胜古迹、自然风光锦上添花,甚至成为风景名胜区的特色与标志。如黄山风景区的黄山松林、北京香山风景区的红叶林、泰山孔庙的侧柏古林等,使植物景观成为自然与人文特征完美结合的典型代表,并激发人们的观赏兴致。

(3)具有规模性特征 中国自古就有"众木为林"之说,要构成"森林"氛围就不能是小片的、单株的树木,而需要分布面积较大、郁闭度较高、数量较多的树林,或沿河流、山谷带状分布,或在山区片状延伸。

(4)具有景象变化的特征　植物自身的年生长周期决定植物景观具有很强的自然规律性和"静中有动"的季相变化,不同的植物在不同的时期具有不同的景观特色。一年四季的生长过程中,叶、花、果的形状和色彩随季节而变化,表现出植物特有的艺术效果。如春季山花烂漫,夏季荷花映日,秋季硕果满园,冬季腊梅飘香等。

在风景区中,因植物景观所具有的不同组成结构、年龄而形成不同的景观特点,大致可以分为以下几个方面:

● 林相:林相是森林群体的基本面貌,由构成森林的树种、组合状况与生长状况所决定。不同风景林有不同的林相。树木有常绿树与落叶树之分,森林也就有常绿林与落叶林之分。常绿林终年常绿,茂密、郁闭,阔叶林则相对稀疏、通透,落叶树与常绿树的混交林,则介乎二者之间。树木还有针叶树与阔叶树之分,松、杉、柏林表现出挺拔、坚强与厚密的效应,柳树、合欢则显得十分柔和。一般针叶林的林冠线是屈曲起伏的,而阔叶林则往往是平缓的,棕榈、椰子及槟榔等树木所组成的大叶林则飘逸潇洒。

● 季相:季相是林木或森林因季节而不同其面貌之谓。同一风景林由于季节的不同景观也有所不同。在温带地区,四季分明,季相也是最明显的,春季繁花似锦,姹紫嫣红,夏季浓荫蔽日,荷花映日,秋季枫叶似火,色彩斑斓,冬季寒梅傲雪,虬干劲曲。

● 时态:树木晨昏的面貌不同,表述出森林的时态。有些花是早晨开放的,有些植物的花到晚上就闭合起来,大多豆科植物的叶片是早上展开,入夜闭叠的,风景林时态的景观效应虽不强烈,但也具有丰富变化。

● 林位:风景林同赏景点的相对位置关系,使人们对森林的欣赏有视域、视距与视角的不同,还有局部还是全貌,外观还是内貌,清晰还是模糊等不同。在景观上模糊也是有价值的。相对位置的不同,使人们对森林的欣赏视角不同,产生平视、仰视或俯视的效应。在仰视的景观中景物显得雄伟高大,对比出自身的渺小;俯视就令人自豪,这是谁都能感受得到的效果。

● 林龄:林龄能决定林相从而表现出不同的景观,高大还是矮小,稀疏还是茂密,开朗还是郁闭,幽深还是浅露。高龄树木的高大形体、露根、虬干、曲枝等形状与兀立刚劲的姿态,都能予人以深刻的印象,形成雄伟、苍劲的景观效应。

● 感应:林木接受自然因子而迅速做出能为人类感官所感觉的反应,较为突出的是接受风力的作用所产生的效果。叶片撞击的萧瑟之声有无限凄楚的感觉;气流通过细小、均匀的树叶空隙所起的振动发声,使森林能发出如海涛汹涌,又如雷鸣一般的声音就是"松涛"。松涛既能加强风景林的气氛,还不受视线的阻挡而起着引人入胜的作用,柳树的枝梢柔软能接受风力的作用而不断变换树形,表现出不同的姿态,使人感到景物的生动和变化。

● 引致:由于森林的存在而伴随存在的事物中,都有含烟带雨、雪枝露花等,都能增添景观的妍丽和游憩的舒适,还有鸟踪兽迹、蝉鸣蝶舞出没于林间,景观就更为生动与自然了。蝉声是听觉上的效果,与松涛一样不受视线的限制而起着引人入胜的作用,蝉在夏季才有,还有加强季相的作用,"蝉噪林愈静",是我国古人对蝉声能增添自然气氛的写照。

● 其他感应效果:不论是花色还是叶色,树声还是虫声,都可以作为风景林景观的特点。植物的芳香也是不容忽视的。芳香作用于人们的嗅觉感官,加深了人们对景物的感受,可起到增强自然气氛的效果。

2)植物景观规划应符合的规定

植物景观规划应符合以下规定:

①应维护原生种群和区系,保护古树名木和现有大树,培育地带性树种和特有植物群落,提高生物多样性的丰富程度。

②应恢复和提高植被覆盖率,以适地适树的原则扩大林地,发挥植物的多种功能优势,改善风景区的生态和环境。

③应利用和营造类型丰富的植物景观或景点,突出特色植物景观,重视植物的科学意义,组织专题游览活动。

④对各类植物景观的植被覆盖率、林木郁闭度、植物结构、季相变化、主要树种、地被与攀缘植物、特有植物群落、特殊意义植物等,应有明确的分区分级的控制性指标及要求。

⑤植物景观分布应同其他内容的规划分区相互协调;在旅游服务设施和居民社会用地范围内,应保持一定比例的高绿地率或高覆盖率控制区。

6.2.2 建筑景观规划

建筑景观规划应符合以下规定:

①应维护一切有价值的历史建筑及其环境,严格保护文物类建筑,保护有特点的民居、村寨和乡土建筑及其风貌。

②各类新建筑,应遵循局部服从整体风景、建筑服从自然环境的总体原则,在人工与自然协调融合的基础上,创造建筑景观和景点。

③建筑布局与相地立基,均应因地制宜,充分顺应和利用原有地形,减少对原有地物与环境的损伤或改造。

④对各类建筑的性质与功能、内容与规模、标准与档次、位置与高度、体量与体形、色彩与风格等,均应有明确的分区分级控制措施。

在景点规划或景区详细规划中,对主要建筑宜明确总平面布置、剖面标高、立面标高总框架、同自然环境和原有建筑的关系四项控制措施。

6.2.3 人文景观规划

人文景观规划应符合下列规定:

①应保护物质文化遗产,保护当地特有的民俗风物等非物质化遗产,延续和传承地域文化特色。

②新建人文景观应综合考虑自然条件、社会状况、历史传承、经济条件、文化背景等因素确定。

③可恢复、利用和创造特有的人文景观或景点,组织文化活动和专题游览。

6.2.4 溶洞景观规划

溶洞景观规划应符合下列规定:

①必须维护岩溶地貌、洞穴体系及其形成条件,保护溶洞的各种景物及其形成因素,保护珍稀、独特的景物及其存在环境。

②溶洞的功能选择与游人容量控制、游赏对象确定与景象意趣展示、景点组织与景区划分、游赏方式与游线组织、导览与观赏点组织等,均应遵循自然与科学规律及其成景原理,兼顾溶洞的景观、科学、历史、保健等价值,有度有序地利用与发挥洞景潜力,组织适合本溶洞特征的景观特色。

③应统筹安排洞内与洞外景观,培育洞顶植被,禁止对溶洞自然景物过度人工干预和建设。

④溶洞的石景与土石方工程、水景与给水排水工程、交通与道桥工程、电源与电缆工程、防洪与安全设备工程等,均应服从风景整体需求,并同步规划设计。

⑤对溶洞的灯光与灯具配置、导览与电器控制,以及光像、音响、卫生等因素,均应有明确的分区分级控制要求及配套措施。

6.2.5 竖向地形规划

竖向地形规划应符合以下规定:

①竖向地形规划应维护原有地貌特征和地景环境,保护地质珍迹、岩石与基岩、土层与地被、水体与水系,严禁炸山采石取土、乱挖滥填盲目整平、剥离及覆盖表土,防止水土流失、土壤退化、污染环境。

②竖向地形规划应合理利用地形要素和地景素材,应随形就势、因高就低地组织地景特色,不得大范围地改变地形或平整土地,应把未利用的废弃地、洪泛地纳入治山理水范围加以规划利用。

③对重点建设地段,必须实行在保护中开发、在开发中保护的原则,不得套用"几通一平"的开发模式,应统筹安排地形利用、工程补救、水系修复、表土恢复、地被更新、景观创意等各项技术措施。

④有效保护与展示大地标志物、主峰最高点、地形与测绘控制点,对海拔高度高差、坡度坡向、海河湖岸、水网密度、地表排水与地下水系、洪水潮汐淹没与侵蚀、水土流失与崩塌、滑坡与泥石流灾变等地形因素,均应有明确的分区分级控制。

⑤竖向地形规划应为其他景观规划、基础工程、水体水系流域整治及其他专项规划创造有利条件,并相互协调。

6.2.6 水体岸线规划

水体岸线规划应符合下列规定:

①应保护水体岸线的自然形态、自然植被与生态群落,不宜建设硬化驳岸。

②加强水体污染治理和水质监测,改善水质和岸线水体景观。

③利用和营造多种类型的水体岸线景观或景点,合理组织游赏活动。

6.3 案例

徐州市云龙湖风景名胜区典型景观规划

(资料来源:《徐州市云龙湖风景名胜区总体规划(2006—2020)》,南京林业大学风景园林学院)

一、规划原则

①在全面掌握风景名胜区景源情况的基础上,通过分析比较提炼出风景名胜区的典型景观内容;

②利用多种手段充分展示典型景观的特征及价值;

③保持典型景观的自然状态,使之永续利用;

④妥善处理典型景观与其他景观的关系,使之相互衬托,增加风景名胜区的整体吸引力。

二、典型景观内容

云龙湖风景名胜区内山水相依,人文荟萃,有丰富的景观资源。本次规划将植被、水体、建筑作为风景名胜区内的典型景观进行调控规划,体现景区特色,塑造景区形象。

三、具体典型景观规划

(一)植被景观规划

1.植被规划原则

植物景观营建就是应用乔木、灌木、藤本及草本植物来创造景观,充分发挥植物本身形体、线条、色彩等自然美,配植成一幅幅美丽动人的画面,并且产生很高的生态效益。植物景观营建是云龙湖风景名胜区建设的重点,对于改造风景名胜区生态环境,创造优美游憩空间起着关键性作用。

风景名胜区植物景观规划的原则是:

①坚持适地适树的原则,结合当地自然条件,选用乡土树种和适合当地立地条件的树种;

②坚持科学性与艺术性高度统一的原则,既遵循自然植物群落的发展规律,满足植物与环境在生态适应上的统一,又要通过艺术构图体现出植物个体及群体所产生的意境、季相美;

③坚持多样与统一的原则,结合景观营建的需要,营建景观丰富、有春花、夏叶、秋实、冬干等季相变化并且树形、色彩、线条、质地及比例相互协调的植物景观,提高风景名胜区的景观价值;

④坚持生态优先的原则,科学抚育山地生态林,形成林分结构稳定、生态功能强大的森林群落,提高风景名胜区的生态效益;

⑤坚持经济林营建与旅游相结合的原则,促进社区经济发展;

⑥坚持绿化屏挡与植物造景结合的原则,对度假村、居民村落等各级旅游服务基地和道路进行重点绿化,创造绿地中的组团空间,改善风景名胜区的环境景观;

⑦坚持有序改造,稳步实施的原则,植被改造依据景区的主要功能进行总体区划,点片设计,分步实施,先易后难,先重点后全面,逐步推开。

2.植物配置构思

由于复层式植物群落的结构稳定性强、生态效益高、景观效果好,因此风景名胜区植物景观改造与营建时重点考虑复层式植物群落结构模式,并针对不同的绿地形式,选择合理的植物群落结构。

(1)绿地结构

第一层:常绿树种推荐女贞、侧柏、广玉兰、油松、雪松;落叶树种推荐刺槐、合欢、麻栎、臭椿、杜梨、榉树、三角枫、栾树、银杏。

第二层:常绿树种推荐刺柏、千头柏、圆柏、刚竹;落叶树种推荐榆、杏、桑、栓皮栎、国槐、丝棉木、绦柳。

第三层:常绿树种推荐十大功劳、黄杨、瓜子黄杨、海桐、红叶石楠;落叶树种推荐大花溲疏、接骨木、木槿、山桃、四照花、紫薇。

第四层:木本小灌木推荐猬实、郁李、牡丹、玫瑰、箬竹、迎春、紫叶小檗、金叶女贞;藤本植物推荐络石、中华常春藤、爬行卫矛,南蛇藤、凌霄、三叶木通、蔷薇;草本花卉推荐玉簪、蜀葵、福禄考、月季;水生植物推荐睡莲、荷花、香蒲、芦苇、蒲草、慈菇、荇菜、浮萍;草坪植物推荐草地早熟禾、粗茎早熟禾、一年生早熟禾、黑麦草、白三叶、麦冬、马蹄金。

（2）不同绿地形式的植物选择

行道树树种：银杏、广玉兰、泡桐、枫杨、重阳木、悬铃木、无患子、枫香、乌桕、银杏、女贞、刺槐、合欢、榆、榉、鹅掌楸、臭椿、栾树、紫薇、木槿等。

滨水绿化树种：池杉、水杉、绦柳、旱柳、乌桕、苦楝、悬铃木、枫香、枫杨、三角枫、椰榆、桑、柘、梨、白蜡、海棠、蔷薇、紫藤、迎春、连翘、棣棠、桧柏、丝棉木等。

游览线绿化树种：结合游览道路与山谷线布置以不同主题内容的植物景观，注重植物季相景观、色彩的变化，具体布局有：悬铃木、油松、山楂、金银木、丰花月季为主的风景线；绦柳、木槿、山桃、连翘、海棠为主的风景线；绦柳、三角枫、多花枸子、迎春为主的风景线；广玉兰、合欢、紫薇为主的风景线；银杏、榆、玉兰、迎春为主的风景线；银杏、木槿、女贞、黄杨为主的风景线；臭椿、栾树、桧柏、杏、紫薇为主的风景线。

山体绿化树种：侧柏、油松、刺槐、楝树、椰榆、黄檀、三角枫、棠梨、黄栌、火炬树、紫薇、紫藤等。山体绿化以景观良好的森林群落作为绿色的基调，以针、阔混交林为基本栽植模式，构成稳定的人工风景林群落。

3. 分区规划

（1）云龙山水景区

根据云龙湖沿湖地区的现实状况和景观规划要求，在现有绿化基础上完善绿地系统，全面提升环湖景观质量，使沿湖地区的环境景观能够得到最大限度的改善。

云龙山、西凤山、珠山等山体保留茂密的侧柏林为特色，适当混植其他树种，重点游览区内逐步改变林相，丰富植物种类。

湖北大堤外及西凤山、珠山外围规划在现有植被的基础上，进行拟自然状态的植物配置，引进一定数量的速生树种，并注重乔、灌、草搭配，提高群落的稳定性。

（2）凤凰怀古景区

泰山、凤凰山山地的植物群落以游览观赏为主要目的，规划在保护的基础上，根据游览组织需要，进行林相更新改造，以常绿树为骨架，色叶树种点缀其间，林缘下木附以花灌木，组织多层次、多色彩，密林、空地、岩石、树丛相间出现的临湖自然景观，达到春天山花烂漫、夏日浓荫蔽日、秋季金黄灿烂、寒冬青山常在的景观效果。

（3）玉带探幽景区

该区中的水岸绿化是重点之一，因处于山林与湿地交接地带，植物景观应注意与湿地植被的衔接，既注重耐湿性乔木的配植与山林植被相协调，又注重湿生、水生观赏草花物种的种植与湿地植被景观相适合，形成连续的水岸林带。林带景观应错落有致，林冠线赋予韵律，高低起伏，林缘线曲折有致，林下层次丰富，注重配置艳丽多彩的观赏花卉。

（4）拉犁春秋景区

该景区规划为秋季赏红叶景区，近期以山体绿化为主，将山坳内裸露的山体上种满侧柏，间植构树等易生长的荒山绿化先锋树种，改善山体覆土情况，提高植被覆盖率。远期规划进行林相改造，在山麓、山坳处种植三角枫、黄栌等色叶树种，丰富山体植被色彩，营造良好的山林野趣。

（5）汉王风情景区

该景区主要考虑景点环境的整理与改善。在老龙潭与汉王水库周边要考虑耐水湿植物的种植与水生花卉的栽植，丰富水面层次。同时改善其他景点周围的植物环境，增加植物种植层次，丰富景点植物的季相变化，提高景点质量。保持现有农田的种植特色与大地肌理，人为控制栽植不同色调农作物，形成与农业活动相关的栽培作物景观。

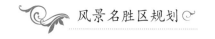

4.古树名木保护

对风景名胜区内的古树名木进行调查、鉴定、定级、登记、编号、建立档案,悬挂标牌,明令保护。并建立责任制度,落实古树名木的培育、复壮、防治病虫害和预防风雪雷电等工作。任何单位和个人不得以任何理由、任何方式砍伐和擅自移植古树名木。新建、改建、扩建的建设工程影响古树名木生长的,建设单位必须提出避让和保护措施。

(二)水体景观规划

1.水体景观构成

风景名胜区内水体有云龙湖、玉带河、汉王水库、石杠水库、军民河、王窑河六部分。

2.水体景观规划

云龙湖是景区内最大湖面,与云龙山遥相呼应,周围则被群山环绕。

保留云龙湖的平面格局不变;在垂直方向上强化湖滨、岛屿的绿化,大量种植水杉、池杉、落羽杉等高大挺拔的乔木,增加湖面的空间围合感,丰富景观层次;逐步改善云龙湖水质,使之满足景观用水的要求;提高云龙湖水面的利用率,适度增加水上活动项目;强化滨湖地带景观设计,规划设计滨水剧场、游览步道、码头等设施。

3.其他水体景观规划

玉带河规划在遵循原地形肌理的基础上,适当扩大水体面积,将稻田、池塘按生态学原理恢复原生环境,通过人工栽种湿地植物进行湿地生态系统修复,同时兼顾景观功能,拓展滨水活动空间。

军民河的三环路以北段衔接地势较为低洼的小南湖,规划结合小南湖景区建设适当拓宽水面,大量栽植水生植物,提高景观质量,改善入湖水质。

王窑河在景区内的河道狭窄,长度较短,规划将驳岸处理成为自然式岸坡形式,植以草坪和耐水湿植物护岸。

(三)建筑风貌景观规划

1.建筑风格控制

(1)云龙山水景区

云龙山一带建筑形成于不同历史时期,体现了不同建筑风貌,且已成景点,不可再改建。因该片区以凸显东坡文化为主,规划在梳理这一带景区建筑风貌的同时,加一些宋代风格的休憩小亭等服务建筑,以增强景区的统一性和协调性。

小南湖片区建筑是经过统一规划新建的,色彩、基调已成一体,能营造良好氛围。珠山片区规划主要建筑为佛教文苑,主体建筑为中轴对称型,建筑风格以古典、肃穆为特点。

韩山、西凤山片区根据现状规划建筑以红顶白墙的现代风格为主调,用统一的色彩协调建筑风格。

湖滨公园以现代商业服务建筑为主,建筑风格以现代、简洁、时尚为特色,体现出云龙湖现代的一面。

(2)凤凰怀古景区

该景区内彭园、淮海战役烈士纪念塔园林两处已成熟完善,各成体系,规划对其中建筑加强维护和管理。梳理泰山上的建筑,规划以明清风格为主调。

(3)玉带探幽景区

该景区以湿地保护为特色,规划景区内的建筑以木材、茅草做外观处理,体现古朴自然的野趣。

（4）拉犁春秋景区

该景区主要体现自然地貌和植被,建筑主要集中在拉犁山汉墓周围。规划该片区建筑主要体现两汉风格,烘托汉文化气氛。

（5）汉王风情景区

汉王镇景观服务建筑以两汉风格为主,充分反映汉代建筑的特点。居住建筑统一规划,作为景区的建筑基质存在。

2.建筑高度控制

沿湖必要的服务建筑不可超过 2 层;山体上公共建筑和旅游度假区的主体建筑不宜超过 3 层;村民住宅宜为 1~2 层,不得超过 3 层。

3.建筑与环境的协调

风景名胜区所有建筑(单体建筑和组群)的布局必须与其所处的环境充分融合,特别是与水体的关系。在风景区中,建筑布局根据其性质、规模以及所在位置的不同,建筑与环境的关系可以分为以下类型:

民居建筑在保持原有风格的基础上加以整改规划,控制村落规模,最大限度降低对自然环境的破坏。

旅游度假类的建筑充分体现乡土特色,已建成的建筑周围多植高大乔木,使建筑掩映在葱郁的植物中,减轻高大建筑的突兀感。

文物古迹建筑则重在环境的营造,使"景点"向文化古迹休闲场所过渡,延长游人的停留时间。

思考与练习

1.如何确定风景名胜区的典型景观?

2.风景名胜区的典型景观规划应遵循哪些原则?

3.典型景观中的植物景观规划应符合哪些规定?

实训

1）实训目标

（1）通过调研学习风景名胜区的规划设计实例,了解风景名胜区典型景观规划的内容和方法。

（2）掌握风景名胜区典型景观规划的实践操作技能。

2）实训任务

选择你感兴趣的某一风景区,对其风景资源进行调查和评价,在此基础上完成该风景区典型景观规划。

3）实训要求

（1）查阅相关资料,研读优秀案例。

（2）在对风景区的风景资源综合分析的基础上,确定风景区的典型景观。

（3）编制风景区的典型景观规划。

7 旅游服务设施规划

[本章导读]本章主要介绍旅游服务设施的概念及分类、游人与旅游服务设施现状分析、游客规模预测、住宿设施、餐饮设施、旅游服务基地等旅游服务设施的规划方法。通过学习,使学生掌握游客规模预测和旅游服务设施的规划方法,理解旅游服务设施规划的内容,了解旅游服务设施的功能和选址要求。

在风景区中,不仅有吸引游人的风景游赏对象,还应有直接为游人服务的游赏条件和相关设施。虽然旅游服务设施在风景区中属于配套设施,但处理得当,其局部也可以成为游赏对象,若规划设计不当,则可能成为破坏性因素,因而有必要对其进行系统配备与安排,将其纳入风景区的有序发展和有效控制之中。旅游服务设施规划是对风景区内各类旅游服务设施进行科学选址与合理统筹安排的专项规划。

7.1 旅游服务设施的分类

旅游服务设施是风景区内因旅行、游览、餐饮、住宿、购物、娱乐、文化、休养及其他服务需要而设置的各项设施的统称,简称旅游设施。

旅游服务设施是风景区的有机组成部分,历史上以民营、社团、宗教、官营等形式出现。20世纪六七十年代以来,随着外事和旅行游览活动的逐渐增多,在主要客源城市和重点风景旅游城市,开始由旅行社承揽异地旅行团业务和入境探亲旅行活动,由政府外事部门负责外事接待工作,这些游人在风景区的游览、导游、服务、接待则由风景区给予平价甚或免费提供。

这些直接为游人服务的旅游服务设施,经过历史的分化组合,特别是近几十年的演变,可以按其功能与行业习惯,分为旅行、游览、餐饮、住宿、购物、娱乐、文化、休养和其他等九类。

旅行在典籍中多称行旅,"山行乘辇、涨行乘檋、陆行乘车、水行乘舟",旅行设施现指旅行所必需的交通通信设施,具体内容见表7.1。

表7.1 旅行类旅游服务设施

设施类型	设施项目	备注
旅行	非机动交通	步道、马道、自行车道、存车、修理
	邮电通信	电话亭、邮亭、邮电所、邮电局
	机动车船	车站、车场、码头、油站、道班
	火车站	对外交通,位于风景区外缘
	机场	对外交通,位于风景区外缘

游览设施指游览所必需的导游、休憩、咨询、安全等设施,具体见表7.2。

表7.2 游览类旅游服务设施

设施类型	设施项目	备注
游览	审美欣赏	观景、寄情、鉴赏、小品类设施
	解说设施	标识、标志、公告牌、解说牌
	游客中心	多媒体、模型、影视、互动设备、纪念品
	休憩庇护	座椅桌、风雨亭、避难屋、集散点
	安全设施	警示牌、围栏、安全网、救生亭

餐饮和住宿设施的等级标准比较明确,具体见表7.3。

表7.3 饮食和住宿类旅游服务设施

设施类型	设施项目	备注
餐饮	饮食点	冷热饮料、乳品、面包、糕点、小食品
	饮食店	快餐、小吃、茶馆
	一般餐厅	饭馆、餐馆、酒吧、咖啡厅
	中级餐厅	有停车车位
	高级餐厅	有停车车位
住宿	简易旅宿点	一级旅馆、家庭旅馆、帐篷营地、汽车营地
	一般旅馆	二级旅馆、团体旅舍
	中级旅馆	三级旅馆
	高级旅馆	四、五级旅馆

购物类设施指具有风景区特点的商贸设施,具体见表7.4。

表7.4 购物类旅游服务设施

设施类型	设施项目	备注
购物	小卖部、商亭	—
	商摊集市墟场	集散有时,场地稳定
	商店	包括商业买卖街、步行街
	银行、金融	取款机、自助银行、储蓄所、银行
	大型综合商场	—

娱乐类设施指具有风景区特点的表演、游戏、运动等设施,具体见表7.5。

表7.5　娱乐类旅游服务设施

设施类型	设施项目	备注
娱乐	艺术表演	影剧院、音乐厅、杂技场、表演场
	游戏娱乐	游乐场、歌舞厅、俱乐部、活动中心
	体育运动	室内外各类体育运动健身竞赛场地
	其他游娱文体	拓展团体训练基地

文化类设施指展馆、民俗节庆、宗教等设施,具体见表7.6。

表7.6　文化类旅游服务设施

设施类型	设施项目	备注
文化	文博展览	文化馆、图书馆、博物馆、科技馆、展览馆等
	社会民俗	民俗、节庆、乡土设施
	宗教礼仪	宗教设施、坛庙堂祠、社交礼制设施

休养类设施包括度假、康复、休疗养等设施,具体见表7.7。

表7.7　休养类旅游服务设施

设施类型	设施项目	备注
休养	度假	有床位
	康复	有床位
	休疗养	有床位

最后,把一些如公安、救护、出入口等难以归类、不便归类和演化中的项目合并成一类,称为其他类,具体见表7.8。

表7.8　其他类旅游服务设施

设施类型	设施项目	备注
其他	出入口	收售票、门禁、咨询
	公安设施	警务室、派出所、公安局、消防站、巡警
	救护站	无床位,卫生站
	门诊所	无床位

7.2　旅游服务设施规划的内容

风景区旅游服务设施规划应包括下列5部分内容:游人与旅游服务设施现状分析、客源分析与游人发展规模预测、旅游服务设施配备与直接服务人口估算、旅游服务基地组织与相关基础工程、旅游服务设施系统及其环境分析。

2015 年住房和城乡建设部发布的《国家级风景名胜区总体规划编制要求（暂行）》有关风景区游览设施规划的规定如下：

①规划文本应当提出游览设施及其用地的布局、规模、位置、配置及控制指标或要求，明确风景名胜区内旅宿床位的控制数量。规划旅游服务基地或旅游服务设施相对集中的区域，应提出相应的建设用地规模、建筑面积规模、建筑风貌、体量、色彩、高度等控制指标或要求。

②规划图纸应当标明游览设施的布局、分级、配置和控制要求。

③规划说明书应当说明现状游客数量、游览服务设施及其用地现状，分析存在的问题及原因，预测游客发展规模及设施需求，对比分析容量控制要求，并对文本结论做必要的分析说明。

④各项旅游服务设施配备的直接依据是游人数量。因而，旅游服务设施规划的基本内容要从游人与设施现状分析入手，然后分析预测客源市场，并由此选择和确定游人发展规模，进而配备相应的旅游设施与服务人口。各项旅游设施在分布上的相对集中出现了各种旅游服务基地组织与相关的基础工程配建问题。最后，对整个旅游设施系统进行分析补充并加以完善处理。

7.3　现状分析与相关预测

7.3.1　现状分析

1）游人现状分析

游人现状分析应包括游人的规模、结构、递增率、时间和空间分布及消费状况。游人现状分析的目的是掌握风景区内的游人情况及其变化态势，既为风景区游人发展规模的确定提供内在依据，也为风景区发展对策和规划布局调控提供重要参考。其中，年递增率积累的年代越久，数据越多，综合参考价值越高；时间分布主要反映游人数量在淡旺季和游览高峰的变化情况；空间分布主要反映游人在风景区的分布情况；消费状况主要反映游人的消费类型、消费支出、消费偏好及潜在消费能力等情况，对游览设施标准的制定和景区经济效益的评估有一定意义。

2）旅游服务设施现状分析

旅游服务设施现状分析包括旅行、游览、餐饮、住宿、购物、娱乐、文化、休养和其他等各类服务设施现状分析，分析时应表明现状各类设施的位置、规模、等级、用地条件、供需状况及配置情况，与设施配套的水、电、能源、环保、防灾等基础工程状况，设施与景观及其环境的相互关系，并指出各类旅游服务设施当前存在的问题。旅游服务设施现状分析，主要是掌握风景区内各类设施规模、类别、等级等状况，厘清实际供需矛盾关系，评估现状的整体接待能力，判断各项设施与风景及其环境是否协调，为各类设施规划布局、分级配置提供现状依据，为改善各类设施服务水平和提升接待能力提供基础资料。

3）客源分析

不同性质的风景名胜区，因其特征、功能和级别的差异，游人来源地千差万别。在游人来源地中，又有主要客源地、重要客源地和潜在客源地等区别。准确地分析客源市场，能科学预测客源市场的发展方向和目标，确定游人的发展规模和结构。客源市场预测包括以下内容：

①分析客源地的游人数量与结构以及时空分布，包括游人的年龄、性别、职业和文化程度等。

②分析客源地游人的出游规律和出游行为特点，包括游人的社会背景、文化背景、心理和爱好等。

③分析客源地游人的消费状况,包括收入状况、支出构成和消费习惯等。

7.3.2 游人规模预测

　　风景名胜区旅游的需求规模,可以通过对风景名胜区环境容量和游客容量的计算来估算,以需求定供给。所求得的环境容量和游客容量是一个确定数值,然而风景名胜区旅游的游客规模是一个不确定的数值,如果只单纯依据所计算的容量规划供给的规模,很可能出现设施不能充分利用,造成浪费或因设施不足,景区超负荷运转,不能满足游客需求。不论是哪种情况,都不利于风景资源的保护和风景区的发展。为此,在制定风景名胜区规划方案时,仅仅计算容量是不够的,还要对游客增长规模进行预测,并且有计划地接待,才能做到供需平衡。

　　游人规模预测应在客源分析的基础上,结合风景区的吸收力、发展趋势和发展对策等因素,首先分析和选择客源市场的发展方向和目标,再对本地区游人、国内游人、海外游人递增率和旅游收入进行预测,最终确定主要、重要、潜在三种客源地,对三者相互变化、分期演替的条件和规律进行预测。游人发展规模、结构的选择与确定,应符合表7.9的内容要求。

表7.9　游人统计与预测

项目	年度	海外游人		国内游人		本地游人		三项合计		年游人规模 (万人/年)	年游人容量 (万人/年)	备注
		数量	增率	数量	增率	数量	增率	数量	增率			
统计												
预测												

资料来源:《风景名胜区总体规划标准》(GB/T 50298—2018)。

1)游人规模的预测指标

　　(1)游人抵达数　游人抵达数是到达风景区的游客数,不包括在机场、车站、码头逗留后即离的过境游客,可分为:

　　①年抵达人数(人/年):通过年抵达游人数可大致确定游览设施的种类和规模,同各旅游地间进行比较,从历年抵达的人数统计中还可观察到某些地区的经济发展动向及游人增长方向,有利于风景区开发规模的决策。

　　②月抵达人数(人/月):根据各月份游人量变动数,可以判断该旅游地的季节特性。通过它可以确定旅游高峰季节、全年的旅游时间、游览设施的规模以及确定劳动力和旅馆的经营管理方法。

　　③日抵达人数(人/日):常用于确定游览设施规模。

　　(2)游人日数(或游人夜数)　游人数乘以每个游人在风景区度过的天数。游人日数是一种抽样调查确定的平均值,也可通过旅馆的平均住宿率统计而得,所以也称"游人平均逗留期(天)"。

　　(3)游人流动量　单位时间内各交通线的利用人数及往返的流向。游人流动量关系着交通路线、游览设施的标准与规模,并从中可以得到旅游地的主要客源是哪些,可以看出游人选择交通工具的倾向,因此也是交通规划的主要依据。

　　(4)游人开支总额　可为确定旅游需求提供信息,但计量困难,为此可通过税收测量,或利用日计账计量,也可从设计的"旅游开支模型"中获得。

· 108 ·

2）游人规模预测（年抵达人数）

游人规模的预测分为长期（10 年以上）、中期（5 ~ 10 年）和短期（5 年内）预测。预测方法多样,可以分为定性和定量预测两大类。

（1）定性预测方法　定性预测也称意向预测,是对事物性质和规定性的预测,是不依靠数量模型,而是依靠经验、知识、技能、判断和直觉做出预测的一种方法,在预测变量时对于过去信息使用的判断力要大过使用数学规律。更详细的解释为,定性预测是指预测者依靠熟悉专业知识、具有丰富经验和综合分析能力的人员、专家,根据已掌握的历史资料和直观材料,运用个人的经验和分析判断能力,对事物的未来发展做出性质和方向上的判断,然后再通过一定的形式综合各方面意见,对现象的未来做出预测。

定性预测的方法很多,但从应用的广泛性、实用性和有效性角度来看,主要有德尔菲法、头脑风暴法、经验判断法、产品生命周期预测法、专家会议法、主观概率法和情景预测法等,这里主要介绍德尔菲（Delphi）法。

德尔菲法是 20 世纪 40 年代由 Helmer 和 Dalkey 首创,经过 Gordon 和兰德公司进一步发展而成的。1946 年,美国兰德公司为避免集体讨论存在的屈从于权威或盲目服从多数的缺陷,首次采用这种方法进行定性预测,后来该方法被迅速广泛采用。20 世纪中期,当美国政府执意发动朝鲜战争的时候,兰德公司提交了一份预测报告,预告这场战争必败,政府完全没有采纳,结果一败涂地,从此以后,德尔菲法得到广泛认可。

德尔菲法也称专家调查法,是一种采用通信方式分别将所需解决的问题单独发送给各个专家征询意见,然后回收汇总全部专家的意见,并整理出综合意见。随后将该综合意见和预测问题再分别反馈给专家,再次征询意见,各专家依据综合意见修改自己原有的意见,然后再汇总。这样多次反复,逐步取得比较一致的预测结果的决策方法。

德尔菲法依据系统的程序,采用匿名发表意见的方式,即专家之间不得互相讨论,不发生横向联系,只能与调查人员发生关系,经过反复征询、归纳、修改,最后汇总成专家基本一致的看法,作为预测的结果。这种方法具有广泛的代表性,较为可靠。在采用德尔菲法进行预测的过程中,选择专家与设计意见征询表是两个最重要的环节,它们是德尔菲法成败的关键,其运作步骤如下:

①确定预测主题:调查的组织者选择有研究价值、对市场未来发展趋势有重要影响,但是有意见分歧的问题作为预测主题,并收集整理有关调查主题的背景材料。

②选择专家:德尔菲法是由专家根据预测主题提出预测事件的,因此预测主题确定后,首先要选择专家,所谓专家就是对预测主题和预测问题有比较深入的研究,学识渊博,经验丰富,有分析和预测能力的人,在选择专家时应注意以下问题:

● 广泛性:首先从内部选择专家,即企业内部对市场、预测问题有研究的专家,其次选择本领域的相关专家学者或权威人士,最后是从相关领域挑选对市场和预测有研究的专家,这样才能避免预测结果的片面性,获得优质的预测结果。

● 适度性:专家的人数根据预测主题的规模而定,人数过多,不易组织联络,预测费用增加,人数过少,信息量不足,预测结果的质量很难保证。一般专家组以 15 ~ 30 人为宜。在大多数旅游研究中,专家的选择是通过非概率抽样的方法完成的。

③进行初步预测:组织者将预测主题及相关背景材料分发给专家,专家们在独立思考的情况下,完成第一次预测工作。

④反复征询专家意见:在初次预测结束后,对专家的预测结果进行综合、整理、分析,然后反

馈给各位专家。各位专家可以根据第一次预测结果修改、补充自己的意见。如此反复多次,直到各位专家的意见趋于一致。通常的德尔菲法研究征询意见为2轮或3轮。

⑤控制损耗率:在德尔菲法进行的过程中,一些专家会在融合阶段的几轮征询意见之后退出专家组,这就被称为损耗,产生损耗有两个主要原因:一是在形成一致意见过程中需要消耗大量的时间和精力,二是由于缺乏面对面的交流,专家难以一直保持较高热情。专家组的损耗可能导致研究结果不准确,因此,为了保持专家组的稳定,研究人员在开始就要考虑专家可能退出研究的情况,预计一个最小的专家小组规模,形成一套专家小组管理方案,通过各种手段鼓励专家继续参与研究。

⑥汇总、整理最后预测结果:对专家的预测结果进行技术处理和汇总,撰写和提交预测报告,完成预测工作。

[例7.1] 德尔菲法应用案例如下:

①数据列表,如表7.10内容。

表7.10 德尔菲法应用列表

专家编码	第一次反馈预测数值			第二次反馈预测数值			…	第 n 次反馈预测数值		
	最低	最可能	最高	最低	最可能	最高	…	最低	最可能	最高
1							…			
2							…			
…							…			
m							…			
平均数							…			
第 n 次反馈的平均预测值							…			

资料来源:李享.旅游市场调查与预测[M].北京:清华大学出版社,2013。

②计算第 n 次反馈的平均预测值。

第 n 次反馈的平均预测值 = (第 n 次反馈的最低预测值 + 第 n 次反馈的最可能预测值 + 第 n 次反馈的最高预测值)/3

③按概率分配,加权平均。

将最可能预测值、最低预测值和最高预测值分别按50%、20%和30%的概率加权平均:

第 n 次反馈的平均预测值 = 第 n 次反馈的最低预测值×20% + 第 n 次反馈的最可能预测值×50% + 第 n 次反馈的最高预测值×30%

④运用中位数计算平均预测值。

将第 n 次反馈的数据有序化,即分别将第 n 次反馈的最低预测值、最可能预测值和最高预测值数据按升序或降序排列。

分别计算第 n 次反馈的最低预测值、最可能预测值和最高预测值三数列的中位数。

将最可能预测值、最低预测值和最高预测值三数列的中位数分别按50%、20%和30%的概率加权平均:

第 n 次反馈的中位数平均预测值 = 第 n 次反馈的最低预测值数列的中位数×20% + 第 n 次反馈的最可能预测值数列的中位数×50% + 第 n 次反馈的最高预测值数列的中位数×30%

⑤算术平均数与中位数的选择使用。

如果数据分布的偏态比较大，一般使用中位数，以免个别偏大或偏小(极端)预测值的影响；如果数据分布的偏态比较小，一般使用平均数，以便考虑到每个预测值的影响。

德尔菲法具有如下优缺点：优点表现为可以加快预测速度和节约预测费用，可以获得各种不同但有价值的观点和意见，适用于长期预测和对新产品的预测，在历史资料不足或不可测因素较多时，尤为适用。缺点表现为对于分地区的顾客群或产品的预测可能不可靠；责任比较分散；专家的意见有时可能并不完善。

（2）定量预测方法　定量预测方法是根据准确、及时、全面的调查统计资料，运用统计方法和数学模型，对旅游市场未来发展的速度、规模、水平的测定。目前常用的方法有自然增长率法、加权平均数法、回归预测法等。

①自然增长率预测法：自然增长率预测法是取多年的平均增长率来计算游人的增长量，例如明年的旅游者人数等于今年的旅游者人数乘以过去10年的平均增长率。所取的年数要保证一定的数量，只有包括足够的年数，才足以抵消随波动变化的影响。其计算公式为：

$$y = x \times [1 + (y_1 + y_2 + y_3 + \cdots + y_n)/n] \tag{7.1}$$

式中　y——预测值；

　　　　x——今年游人数；

　　　　y_1、y_2、$y_3 \cdots y_n$——历年游客增长率。

②加权平均数法：加权平均数法适用于每年旅游者人数变化波动较大的风景名胜区。参与预测的一组历史数据中，一般远期数据影响小，近期数据影响大。为减少预测误差，加权平均数法按各个数据影响程度的大小赋予权数，并以加权算术平均数作为预测值的方法。其计算公式为：

$$y = (y_1 w_1 + y_2 w_2 + \cdots + y_n w_n)/(w_1 + w_2 + \cdots + w_n) \tag{7.2}$$

式中　y——预测值；

　　　　y_n——第 n 期的观察值；

　　　　w_n——第 n 期数据的权重。

[例7.2]　根据表7.11所列的某风景区的历年游人数量，预测2022年的游人数量。

表7.11　某风景区2017—2021年客流量

年份	2017	2018	2019	2020	2021
游人量/万人	3	3.5	3.8	4	4.5
权重	1	1.2	1.2	1.4	1.4

则2022年该风景区的游人量为：

$Y = (3 \times 1 + 3.5 \times 1.2 + 3.8 \times 1.2 + 4 \times 1.4 + 4.5 \times 1.4)/(1 + 1.2 + 1.2 + 1.4 + 1.4)$

　　$\approx 3.82(万人)$

③回归预测法：回归预测法是指根据预测的相关性原则，找出影响预测目标的各因素，并用数学方法找出这些因素与预测目标之间的函数关系的近似表达，再利用样本数据对其模型估计参数及对模型进行误差检验。一旦模型确定，就可利用模型，根据因素的变化值进行预测。回归分析预测法有多种类型，依据相关关系中自变量的个数不同分类，又可分为一元回归分析预测法和多元回归分析预测法。在一元回归分析预测法中，自变量只有一个，而在多元回归分析预测法中，自变量有两个以上。依据自变量和因变量之间的相关关系不同，又可分为线性回归

预测和非线性回归预测。应用一元线性回归进行预测的主要步骤如下：

a. 确定预测目标和影响因素,收集历史统计资料数据。

b. 分析各变量之间是否存在着相关关系,建立一元线性回归方程,即

$$y = a + bx \qquad (7.3)$$

式中　y——游人量预测值(因变量);

a——直线截距(回归参数);

b——趋势线斜线(回归参数);

x——时间变量(自变量)。

c. 建立标准方程,求 a、b 直线回归参数,标准方程为:

$$\sum y = na + b\sum x \quad \sum xy = a\sum x + b\sum x^2 \qquad (7.4)$$

其中,n 是历史数据个数,如果简化,可将时间序列原点移到数列中心,使 $\sum x = 0$,即

$$\sum y = na \quad \sum xy = b\sum x^2 \qquad (7.5)$$

d. 用回归方程进行预测,分析和研究预测结果的误差范围和精度。

如果研究的因果关系与多个因素的变化有关,则可以用多个相关因素的变化来预测这一因素的变化,如二次曲线预测法,其数学模型为:

$$即 \quad y = a + bx + cx^2 \qquad (7.6)$$

式中　y——游人量预测值;

a,b,c——系数;

x——时间变量。

3)游人季节变动预测（月抵达人数）

每月接待游人数用下式计算:

$$Y_月 = P_月 \cdot Q \qquad (7.7)$$

式中　$Y_月$——预测月接待游人量,人/月;

$P_月$——月份指数;

Q——每月平均接待游人量。

其中,月份指数 $P_月$ = 月份平均游人数/ 全年月份总平均游人数;

全年月份总平均游人数 = 历年月份平均游人数之和/12;

每月平均接待游人量 Q = 预测年游客总人数/12。

[例7.3]　某风景区在过去10年中平均月游人量为1.2万人,其中7月份平均游人量为1.8万人,游人量年平均增长率为10%,据统计,该景区去年游人量为28万人,求该景区今年7月份的游人量。

则 $Y_7 = [28 \times (1 + 10\%)/12] \times [1.8/1.2] = 3.85(万人)$

7.3.3　旅游床位预测

旅游床位反映风景区的性质和游程,影响风景区的结构和基础工程及配套管理设施,是旅游服务设施的调控指标,应限定其规模和标准,对其要做到定性质、定数量、定位置、定用地面积或范围,并据此推算床位直接服务人员的数量。

淡旺季更替是风景区经营的正常现象,这使得确定旅游床位较为困难。若以旅游旺季需求确定床位规模,在平季和淡季会造成设施闲置而不经济;若以旅游淡季需求确定床位规模,在旺季则会出现床位紧张,不利于风景区经营。因此,应在风景区游客季节变化预测基础上,合理地

确定旅游床位。

旅游床位数主要受游客总量和滞留时间的影响,而各类档次住宿设施数量则由客源结构来决定,主要受游客的消费水平与消费习惯的影响。下面介绍几种床位预测方法,规划时根据具体情况选择应用。

1)以全年住宿总人数求所需床位

$$B = \frac{N_s \times T_s}{T \times K} \tag{7.8}$$

式中　B——床位数,床;

N_s——年住宿总人数,人次;

T_s——游客平均停留天数,日;

T——全年旅游天数,日;

K——床位利用率,%。

2)以游人总数求旅游床位

$$B = \frac{N \times P_s \times T_s}{T \times K} \tag{7.9}$$

式中　B——床位数,床;

N——年游人数,万人次;

P_s——住宿游客百分比,%;

T_s——游客平均停留天数,日;

T——全年旅游天数,日;

S——每间客房住宿游客数,人次;

K——床位利用率,%。

3)以每天平均客流量求床位数

$$B = \frac{R \times (1 - P_n) \times T_s}{T_c \times K} \tag{7.10}$$

式中　B——床位数,床;

R——游客流量,人次;

P_n——不住宿游客百分比,%;

T_s——游客平均停留天数,日;

T_c——日历天数,日;

K——床位利用率,%。

[例7.4]　某风景区全年开放,平均月接待人数为150 000人,不住宿游客占25%,游客平均停留天数为2 d,床位平均利用率为75%,求该景区需设置多少旅游床位数比较适宜。

则 $B = [150\ 000 \times (1 - 0.25) \times 2] / (30 \times 0.75) = 10\ 000$(床)

4)以现状高峰日留宿游客人数求所需床位

$$B = R_p + A \times M \tag{7.11}$$

式中　B——床位数,床;

R_p——现状高峰日住宿游客人数,人次;

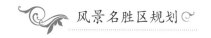
A——年平均增长数,人次,由历年增长率统计进行估算;

M——规划年数,年。

此公式可用于缺乏必要的数据情况下,根据现状进行估算。

5)以各月游客量的平均值计算床位

$$B = (R_a + \delta) \times T_s \qquad (7.12)$$

式中 B——床位数,床;

T——游客平均停留天数,日;

R——每月游客量的平均值,人次;

δ——每月游客量的均方差。

其中,$R_a = (R_1 + R_2 + \cdots + R_n)/n$,$R_1$、$R_2$、$\cdots$、$R_n$ 为每月游客数,n 为游览月数。

$$\delta = \sqrt{\sum (R - R_1)^2/n}$$
$$= \sqrt{((R - R_1)^2 + (R - R_2)^2 + \cdots + (R - R_n)^2)/n}$$

当 $\delta = 0$ 时,则 $B = (R_a + \delta) \times T_s$ 式为

$$B = R_a \times T_s \qquad (7.13)$$

当考虑床位利用率 K 时,则公式(7.5)为

$$B = \frac{(R_a + \delta) \times T_s}{K} \qquad (7.14)$$

此式适用于全年各月游人量分布不均衡的情况下使用。

当 $\delta = 0$ 时,则

$$B = \frac{R_a \times T_s}{K} \qquad (7.15)$$

此式适用于全年各月游人量分布较均衡的情况下使用。

7.3.4 服务人口预测

直接服务人员估算应以旅游床位和餐饮服务两类旅游服务设施为主,其中,床位直接服务人员估算可按下式计算。

$$P = B \times L \qquad (7.16)$$

式中 P——直接服务人员,人;

B——床位数,床;

L——直接服务人员与床位数比例,通常取值为 $1:3 \sim 1:8$。

7.4 主要旅游服务设施规划

7.4.1 住宿设施规划

7.4.1、7.4.2 微课

1)旅馆的分类和等级

旅馆通常由客房部分、公共部分、辅助部分组成,是为客人提供住宿及餐饮、会议、健身和娱乐等全部或部分服务的公共建筑。旅馆通常也称为酒店、饭店、宾馆、度假村等。旅馆的客房部分是指旅馆建筑内为客人提供住宿及配套服务的空间或场所;公共部分是指旅馆建筑内为客人

提供接待、餐饮、会议、健身、娱乐等服务的公共空间或场所;辅助部分是指旅馆建筑内为客人住宿、活动相配套的辅助空间或场所,通常指旅馆服务人员工作、休息、生活的非公共空间或场所。

(1)旅馆分类　旅馆按照建造地点、功能定位、经营模式、建筑形态、设施标准等具有多种不同的分类形式。按照建造地点分为城市旅馆、郊区旅馆、机场旅馆、车站旅馆、风景区旅馆、乡村旅馆等;按照功能定位分为商务旅馆、会议旅馆、旅游旅馆、国宾馆、度假旅馆、疗养旅馆、博彩旅馆、城市综合体旅馆等;按照经营模式分为综合性旅馆、连锁旅馆、汽车旅馆、青年旅舍、公寓式旅馆、快捷酒店等;按照建筑形态分为高层旅馆、多低层旅馆、分散式度假村旅馆等;按照设施标准分为超经济型旅馆、经济型旅馆、普通型旅馆、豪华型旅馆、超豪华型旅馆等;按照星级标准分为一星级、二星级、三星级、四星级、五星级(含白金五星级)宾馆。

常见的旅馆类型包括商务旅馆、度假旅馆、会议旅馆、公寓式旅馆、经济型旅馆、汽车旅馆等。商务旅馆主要为从事商务活动的客人提供住宿和相关服务;度假旅馆主要为度假游客提供住宿和相关服务;会议旅馆主要为大型会议、会展和贸易博览会提供住宿和相关服务;公寓式旅馆客房内附设有厨房或操作间、卫生间、储藏空间,使用功能类似于住宅,适合客人较长时间居住;经济型旅馆(快捷酒店)是配套设施简约、节省投资和运营成本、价格实惠的旅馆形式;汽车旅馆则是以接待驾车旅行者、长途司机为主,为驾驶出行的宾客提供停车、休息、用餐的旅馆。

(2)旅馆等级　根据《旅馆建筑设计规范》(JGJ 62),按照旅馆的使用功能、建筑标准、设备设施等硬件,将旅馆建筑由低到高划分为 5 个建筑等级,即一级、二级、三级、四级和五级,并与国家现行标准《旅游饭店星级的划分与评定》(GB/T 14308)的等级高低顺序相协调。

根据《旅游饭店星级的划分与评定》(GB/T 14308),用星的数量和颜色表示旅游饭店的等级,将旅游饭店由低到高划分为 5 个级别,即一星级、二星级、三星级、四星级、五星级(含白金五星级)。

星级旅馆的一般标准如下:

①一星:设备简单,具备食宿两个基本功能,能满足客人最基本的旅游要求。属于经济等级,所提供的服务,符合经济能力较低的游客的需要。

②二星:设备一般,除具有客房、餐厅基本设外,还有卖品部、邮电、理发等综合服务设施,可满足中下等收入水平的游客的需要。

③三星:设备齐全,不仅提供食宿,还有会议室、游艺厅,满足中产阶级以上游客的需要。

④四星:设备豪华,综合服务设施齐全,服务项目多,客人不仅能得到高级的物质享受,也能得到很好的精神享受。

⑤五星:设备十分豪华,服务设施齐全,服务质量很高,可供游客进行社交、会议、娱乐、购物、消遣、保健等活动,收费标准高。

有些国家和地区没有旅馆等级、星级标准,只有品牌标准等级,因此国际酒店集团通常按照品牌系列确定酒店等级。全球拥有希尔顿、洲际酒店、喜达屋、万豪国际、雅高国际、卡尔森国际、凯悦国际、温德姆、香格里拉、半岛等众多著名的国际酒店集团。

2)客房配置标准

旅馆客房一般由睡眠、起居、电视、书写、卫浴、储藏等功能空间构成。客房类型有标准单床间、标准双床间、无障碍客房、行政套房、豪华套房和总统套房等。不同类型旅馆的房型配置不相同,一般旅馆只设置标准间和少量套房,多数套房仅占5%以下比例,高星级旅馆设置总统套房。标准间不论单床或双床,都仅占一个自然间,一般行政套房是自然间的 2 倍,豪华套房是自然间的 3 倍,总统套房不少于自然间面积的 4 ~ 6 倍,无障碍客房一般按总客房的 1% 配置。旅馆客房面积及客房配置应满足表 7.12、表 7.13 的内容要求。

表 7.12　旅馆建筑客房最小面积　　　　　　　　　　　单位:m²

旅馆建筑等级	一级	二级	三级	四级	五级
单床间	—	8	9	10	12
双床(大床)间	12	12	14	16	20
多床间	每床不小于 4			—	—

1. 客房净面积是指除客房阳台、卫生间和门内出入口小走道(门廊)以外的房间内面积(公寓式旅馆建筑的客房除外)。
2. 资料来源:《旅馆建筑设计规范》(JGJ 62—2014)。

表 7.13　客房配置要求

旅馆等级	最少数量间/套	客房面积/(m²·间⁻¹)	类型
白金五星	40	36	套房数量占客房总数量的 10% 以上,有 3 个及以上开间的豪华套房
五星	40	有 70% 客房面积(不含卫生间和门廊)不小于 20	有标准间(大床房、双床房)、无障碍客房、两种以上规格套房(包括至少 4 个开间豪华套房)
四星	40	有 70% 客房面积(不含卫生间和门廊)不小于 20	有标准间(大床房、双床房)、无障碍客房、两种以上规格套房(包括至少 3 个开间豪华套房)
三星	30	不小于 14	有标准间、单人间、套房
二星	20	不小于 12	有标准间、单人间、多床间
一星	15	不小于 10	有标准间、单人间、多床间

注:资料来源:《旅游饭店星级的划分与评定》(GB/T 14308—2010)。

3)旅馆的选址

旅馆的选址应符合当地国土空间规划的要求,并应结合城乡经济、文化、自然环境及产业要求进行布局。

旅馆选址应选择工程地质及水文地质条件有利、排水通畅、有日照条件且采光通风较好、环境良好的地段,并应避开可能发生地质灾害的地段;不应设在有害气体和烟尘影响的区域内,且应远离污染源和储存易燃、易爆物的场所;宜选择交通便利、附近的公共服务和基础设施较完备的地段;在历史文化名城、历史文化保护区、风景名胜地区及重点文物保护单位附近,旅馆建筑的选址及建筑布局,应符合国家和地方有关保护规划的要求。

4)旅馆用地计算

(1)旅馆区用地

$$S = B \times M \tag{7.17}$$

式中　S——旅馆区用地总面积,m²;

　　　B——为床位数,床;

M——旅馆区用地指数,据建筑相关资料,$M = 120 \sim 200$ m²/床。

(2)旅馆建筑用地面积

$$F = \frac{B \times A}{\rho \times L} \qquad (7.18)$$

式中　F——旅馆建筑用地面积,m²;

　　　B——床位数,床;

　　　A——旅馆建筑面积指标;

　　　ρ——建筑密度;

　　　L——平均层数。

旅馆场地建筑密度 ρ,一般标准为 20% ~ 30%,高级旅馆为 10%。

旅馆建筑面积指标 A 是指每床位平均的建筑面积,标准较低的旅馆:8 ~ 15 m²/床;一般标准旅馆:15 ~ 25 m²/床;标准较高的旅馆:25 ~ 35 m²/床;高级旅馆:35 ~ 70 m²/床。

床位数可由固定和临时床位两部分组成。游客淡旺季分布极不均衡的景区,固定床位比例宜低,临时床位比例宜高;相对均衡的景区,固定床位比例宜高。固定床位分为一、二、三、四、五共五级旅游旅馆。临时床位包括居民的家庭旅馆、帐篷营地、汽车营地等。由于风景区往往出现游客淡旺季分配极不均衡的情况,临时床位因其投资少等优点成为解决这一问题的有效办法。临时床位的设置地点应明确,必须满足建设安全、不影响景源、污水处理措施符合要求等条件。其中,居民家庭旅馆应明确用地范围、规模、建筑外观风貌(必须与村寨风貌协调)、污水处理、垃圾收集处理等,做到规定准入条件达标才能营业。

5)露营地的种类及布局

露营地是在风景区中为游客提供相应的露营服务,包括露营的配套设施和安全等管理服务的地域。随着社会经济的发展和生活质量的提高,汽车逐步进入大众时代,人们在闲暇时间越来越倾向于走进大自然,放松身心、缓解压力,"景区 + 露营"的休闲方式逐渐成为被广大群众接受的休闲方式,露营地作为风景区旅游接待设施的重要补充受到越来越多的欢迎。

(1)露营地的分类　根据设施类型,将风景区露营地分为以下类型:

①自驾车露营地:指以自驾车营位为主要住宿服务设施,其他营位为辅助的露营地。此类营地服务对象主要是自驾游客。

②房车露营地:指以自行式、拖挂式房车营位为主要住宿服务设施,其他营位为辅助的露营地。此类营地服务对象主要是拥有房车的旅游爱好者,或者是房车尝鲜体验游客。

③帐篷露营地:指以帐篷营位为主要住宿服务设施,其他营位为辅助的露营地。此类营地服务对象主要是户外运动爱好者。

④固定及半固定设施露营地:指以固定及半固定设施,如木屋、树屋、特色住宿等为主要住宿服务设施,其他营位为辅助的露营地。此类营地服务对象以休闲度假游客为主。

(2)露营地的选址　露营地的选择应符合国家和地方对环境和资源保护的要求,综合考虑地形、气温、湿度、雨量、风向、季风、雷雨等自然因素及相关社会经济因素。

①设于水岸、湖边的露营地必须远离岸边 10 ~ 100 m,选择排水良好的地点。

②以沙质土壤最佳,砾质土壤次之,黏土最差;设置于森林边缘,有部分森林提供庇护,而且通风良好。

③宜选择在视野开阔处,避免设置在地表岩石裸露或灌木过高的区域。

④应远离各类污染源,远离滑坡、泥石流、洪水等自然灾害频发的场所。

⑤远离生长有害动、植物的场所。

⑥应保证紧急救援及其他突发事件应对措施的实施。

⑦应有利于给水、排水、电力、通信等基础设施配置。

(3)露营地的功能分区　风景区的露营地应包括入口接待区、综合服务区、露营区、户外活动区、生态保育区等。入口接待区主要承担入口、接待服务等功能;综合服务区提供设备租赁、餐饮休闲、安全防护、紧急医护、设施保养、车辆维修等服务,露营区为露营地最重要的区域,为露营游人提供各类露营场地;户外活动区通常位于营地中心,供露营游人参加公共户外休闲娱乐活动。

(4)露营地的规模和密度　露营地的密度在各国没有统一的规定。在法国,营地内每个单元(帐篷或拖车及小汽车)占用的最小面积为 90 m²。在德国,根据不同情况,变化在 120~150 m²。荷兰推荐的密度更低,每单元 150 m²(而且周围需是大片未开发用地)。美国国家公园推荐的密度变化较大,将所有设施集中在一起的中央营地为 300 m²/单元;可容纳 100~400 人、有道路入口和服务设施的森林营地为 800~1 000 m²/单元,且周围为大片林地所包围;容纳 50~100 人、不配备任何设施的边疆(猎人)营地为 15 000 m²/单元,周围是原野地区。对于一个每公顷可接待 200~300 人的高密度营地,其合适的营地规模为 3~5 hm²,其允许的容量限度为 600~1 500 人。

根据我国《休闲露营地建设与服务规范》(GB/T 31710—2015),自驾车露营区营位数量宜不少于 20 个,每个自驾车营位面积宜不少于 50 m²,车辆停泊后的两车间距不小于 2 m,有绿化带或美丽的栅栏隔离;自行式房车营位与拖挂式房车营位宜分区设置,每个房车营位面积宜不少于 80 m²,车辆停泊后的两车间距不小于 3 m,有绿化带或美丽的栅栏隔离;帐篷露营区营位数量宜不少于 30 个,每个营位面积宜不少于 20 m²,营位之间的距离宜不小于 2 m。

7.4.2　餐饮服务设施规划

1)餐饮服务设施的分类和规模等级

餐饮服务设施是指即时加工制作、供应食品并为消费者提供就餐空间的一类公共设施,即由餐饮建筑提供的一类公共活动空间。餐饮建筑一般由用餐区域、厨房区域、公共区域和辅助区域四大功能空间组成。

(1)分类　餐饮建筑的分类方式很多,可以按菜系、消费档次、消费群体、市场特性、业态分类等进行分类。本书中餐饮建筑的分类参照中华人民共和国商务部《餐饮业态分类》(报批稿)、卫生部《餐饮业和集体用餐配送单位卫生规范》(卫监督发〔2005〕260 号)、《餐饮服务食品安全操作规范》(国食药监食〔2011〕395 号)等相关文件的分类方法,按经营方式、饮食制作方式和服务特点将餐饮建筑分为餐馆、快餐店、饮品店、食堂四大类。

①餐馆(restaurant):指接待消费者就餐或宴请宾客的营业性场所,为消费者提供各式餐点和酒水、饮料。

②快餐店(fast food restaurant):指能在短时间内为消费者提供方便快捷的餐点、饮料等的营业性场所,食品加工供应形式以集中加工配送,在分店简单加工和配餐供应为主。

③饮品店(cafeteria):指为消费者提供舒适、放松的休闲环境,并供应咖啡、酒水等冷热饮料及果蔬、甜品和简餐为主的营业性场所,包括酒吧、咖啡厅、茶馆等。

④食堂(mess hall):指设于机关、学校和企事业单位内部,供应员工、学生就餐的场所,一般具有饮食品种多样、消费人群固定、供餐时间集中等特点。

饮食建筑按布局分为沿街商铺式、综合体式、旅馆配建式和独立式。

(2)规模　根据建筑面积或餐厅座位数或服务人数,将餐饮建筑划分为小型、中型、大型和特大型,具体见表7.14。

表7.14　餐馆、快餐店、饮品店的建筑规模

建筑规模	建筑面积(m²)或用餐区域座位数(座)
特大型	面积>3 000 或座位数>1 000
大型	500<面积≤3 000 或 250<座位数≤1 000
中型	150<面积≤500 或 75<座位数≤250
小型	面积≤150 或座位数≤75

注:表中建筑面积指与食品制作供应直接或间接相关区域的建筑面积,包括用餐区域、厨房区域和辅助区域。

资料来源:《饮食建筑设计标准》(JGJ 64—2017)。

2)选址

餐饮设施的选址应严格执行当地环境保护和食品药品安全管理部门对粉尘、有害气体、有害液体、放射性物质和其他扩散性污染源距离要求的相关规定。餐饮建筑与污染源之间的安全防护距离因其规格档次、污染源类别和风向位置等客观条件可以不一致,具体的安全距离由相关的食品卫生管理机构根据具体情况而定,与其他有碍公共卫生的开敞式污染源的距离不应小于 25 m。其他有碍公共卫生的开敞式污染源包括但不限于开敞的粪坑、开敞的污水收集池、牲畜棚圈、暴露垃圾场(站)、暴露旱厕等。

3)餐位计算

餐位的规划主要以床位数作为依据,通常就餐者主要为住宿客人时,可用下列公式计算:

$$E = \frac{B \times K}{N} \tag{7.19}$$

式中　E——餐位数,个;

　　　B——床位数,床;

　　　K——床位利用率,%;

　　　N——平均每餐位接待人数,人次。

该公式只计算了住宿游客,但实际不仅仅只有住宿游客用餐,还应包括当日不住宿的用餐游客。因此,餐位数计算还需加上当日不住宿游客的餐位。

7.4.3　购物设施规划

7.4.3 微课

旅游购物设施指为旅游者提供购物服务或具备旅游购物基本功能的设施,通常位于城市、旅游景区(点)、购物街区、旅游干道或交通主干道沿线,符合风景区总体规划的要求。旅游购物设施需要依托风景区良好的交通设施,为游客提供便捷的购物服务。

1)旅游日用品购物设施

旅游日用品购物设施主要向游客出售旅游用品和旅游消耗品等物品,包括自助式购物设施

和有人服务购物设施。设施布局应根据景区道路、游客量和景点位置,设在方便游客逗留的地点,应远离地质灾害点。建筑形式、外观应与景区特色和周边环境保持一致。所售商品质量有保证,严禁销售假冒伪劣商品。

2)旅游纪念品购物设施

旅游纪念品购物设施主要向游客出售有浓厚当地特色的土特产品或手工艺品,包括旅游纪念品专业店和其他兼售旅游纪念品的商业设施,应根据景区道路、游客量和景点位置,设在方便游客逗留的地点。建筑地方特色鲜明,建筑形式、体量、色彩等与周围景观相协调;环境优良,景观配置得当,无建设性破坏和污染设施。内外部交通可进入性良好,设有残疾人无障碍通道,应有足够的安全通道,设计合理畅通。旅游纪念品种类、规格丰富齐全,应以当地的特色纪念品为主,不断推陈出新。

3)旅游休闲街区

旅游休闲街区指具有鲜明的文化主题和地域特色,具备旅游休闲、文化体验和公共服务等功能,融合观光、餐饮、娱乐、购物、住宿、休闲等业态,能够满足游客和本地居民游览、休闲等需求的城镇内街区。根据旅游行业标准《旅游休闲街区等级划分》LB/T 082—2021,有关旅游休闲街区等级划分及相关内容如下:

(1)街区等级 旅游休闲街区划分为国家级旅游休闲街区和省级旅游休闲街区2个等级。

(2)规划建设必要条件 旅游休闲街区应具有明确的空间范围,国家级旅游休闲街区总占地面积不小于5万 m^2 或主街长度不小于500 m;省级旅游休闲街区总占地面积不小于3万 m^2 或主街长度不小于300 m。街区应具有稳定的访客接待量,国家级旅游休闲街区年接待访客量应不少于80万人次;省级旅游休闲街区年接待访客量应不少于50万人次。街区应采取人车分流,国家级旅游休闲街区应为步行街;省级旅游休闲街区应在每日主要营业时段采取主街限制车辆通行的措施。街区管理运营机构根据休闲街区规划实施建设和管理,街区建设注重绿色发展理念,能够与当地社区有机融合,具备文化展示与体验、游览、购物、餐饮、休闲娱乐等功能,地方文化或创意文化的业态比例不低于40%,并在全国或省(区、市)层面形成较高的知名度。街区管理有效,重视旅游服务质量和旅游安全,面向游客公布访客咨询、投诉和紧急救援电话,且24小时保持畅通,并建有公共广播系统或应急呼叫系统,制定应对各类突发事件的应急预案。

(3)规划建设一般要求 可进入性方面:街区周边交通便利,可有轨道交通、路面公交等绿色交通方式,街区周边应有一定规模的停车场地,主要出入口应有不少于2个。

①文旅特色方面:街区应注重依据国家现行标准《公共文化资源分类》(GB/T 36309),梳理文化资源,挖掘文化特色,并融入休闲体验的各个环节。其内部应有展示景区历史文化风貌的文化符号;具有非物质文化遗产展示与活动场所;拥有鲜明的标志性景观以及多样化的游览景点、历史建筑、名人故居、博物馆、文化馆、实体书店及图书馆(分馆)、小剧场等文化景观;积极建设多样化街头艺术展示、本地特色的节事活动、地方餐饮文化展示体验、晚间文化娱乐活动等丰富多彩的公共文化体验空间。

②环境特色方面:要求建筑特色鲜明,建筑形式、体量、色彩等与周边景观相协调;有节能、节水设施设备和措施,宜符合绿色建筑标准;建筑物及各种设施设备不应有剥落、污垢,且设施设备运行完好,历史建筑应按相应的保护级别采取相应的保护措施且维护及时;街区内市政管网线宜入地,整体环境整洁,应控制声源、降低噪声污染,符合国家现行标准《声环境质量标准》

(GB 3096)的二级标准;宜有绿化且有当地的植物类型,古树名木和珍稀植物应有铭牌;户外广告、灯饰应符合相关规定,橱窗及各种商业展示布置宜有创意和独特性,与整体环境相协调;宜采用声、光、电等技术烘托休闲氛围,宜有街区夜景。

③业态布局方面:业态规划合理,宜有相应业态鼓励或限制名单;业态应数量充足,临街单位70%以上对外开放,旅游旺季宜有80%以上的经营单位营业时间到21时;业态应种类丰富,应有体现文化展示与体验、游览、购物、餐饮、休闲娱乐等功能的相应业态,有创意性和艺术性的消费业态,有特色文化主题业态且经营良好。

④服务设施方面:街区内应有符合国家现行标准《旅游景区游客中心设置与服务规范》(GB/T 31383)的游客中心或服务中心,应提供解说服务,应有专门的客服人员提供咨询服务、投诉或残障人士服务。街区导览标识牌应醒目,位置合理,设计有特色,与景观相协调,功能、制作、维护良好。街区内厕所应布局合理,数量满足需要,标识醒目美观,建筑造型景观化。街区内店铺宜有统一编号,有特色且对访客明示。街区内宜实现移动通信和 Wi-Fi 信号全覆盖,且信号良好;宜提供便捷使用的手机等移动设备充电设施。

⑤卫生方面:街区应具有健全的卫生责任制度和卫生检查制度。卫生应符合国家现行标准《公共场所卫生规范》(GB 37487)、《公共场所卫生指标及限值要求》(GB 37488)等规定的设计规范、卫生指标和管理规范。街区内应设置分类垃圾箱,布局合理,数量满足需要,垃圾清运及时;垃圾箱造型美观,完好无损。

⑥安全方面:街区安全管理制度健全,应有安全处理预案及应急救援机制。应有治安机构或治安联络点,宜与属地公安、消防等机构有应急联动机制。应具备齐全、完好、有效的消防、防盗、防暴、救护等设施设备。应配有专职、专业保安人员,且治安状况良好。出入口应方便访客疏散,紧急出口应标志明显、畅通无阻。应有访客量监控系统与访客高峰时段应急预案。应有医疗服务,与周边医院有联动救治机制。相关区域应设置相应的警示、警告和禁止等提示。

7.4.4 娱乐、文化、休养设施规划

风景名胜区的娱乐设施一般包括艺术表演、游戏娱乐、康体运动等设施。文娱性设施的总建筑面积建议按照 $0.1 \sim 0.2$ m²/床的指标估算,游乐性建筑的面积可按 0.2 m²/床的指标进行估算,户外体育活动场地的总面积可按 $5 \sim 8$ m²/床的指标进行估算,每一个风景区都有独特的文化类资源,为使游客充分感受当地特色文化,除规划和建设相关景区景点外,还应建设展览馆、文化馆、博物馆、纪念馆及文化活动场地等,其规模和布局根据风景区游客规模,结合风景区游赏规划确定。展览馆面积应根据展品种类、数量等实际情况确定,应由展览厅、陈列周转房及库房等组成,且每个展览厅的使用面积不宜小于 65 m²;其他博物馆、纪念馆等按照相关规范,结合展品种类、数量等实际情况确定;文化活动场地可围绕文化设施策划一系列文化活动,如民俗节、传统祭祀活动等。

休疗养区应设置在环境幽雅、林茂水清、空气新鲜、气候宜人、远离噪声的地段,并应有度假、康复、休疗养、医疗、通信等方便休、疗养者的设施。休、疗养设施的建筑面积应视为旅宿面积的一部分,因此不再单独计算,但在总体规划中应明确定位。

7.5　旅游服务基地规划

7.5.1　旅游服务基地的分级

旅游服务基地是旅游服务设施集中布置形成的不同规模和等级的设施区点。依据《风景名胜区总体规划标准》(GB 50298—2018)要求,旅游服务设施布局应采用相对集中与适当分散相结合的原则,应方便游人,利于发挥设施效益,便于经营管理,减少干扰。应依据设施内容、规模大小、等级标准、用地条件和景观结构等,组成服务部、旅游点、旅游村、旅游镇、旅游城、旅游市6级旅游服务基地,并提出相应的基础工程规划原则和要求。

(1)服务部　规模最小,其标志性特点是没有住宿设施,不设置旅宿床位,其他设施也比较简单,可以根据需要灵活配置。

(2)旅游点　规模虽小,但已有住宿设施,其固定床位以200床以内为宜,可以满足简易的食宿游购需求。

(3)旅游村　已有比较齐全的行游食宿购娱休等各项设施,固定床位以200~1 000床为宜,可以达到规模经营,需要比较齐全的基础工程与之相配套。旅游村可以独立设置,可以三五集聚而成旅游村群,也可以依托其他城市或村镇。例如:黄山温泉区的旅游村群,鸡公山的旅游村群。

(4)旅游镇　已相当于建制镇的规模,有着比较健全的行游食宿购娱休等各类设施,其固定床位以1 000~5 000床为宜,并有比较健全的基础工程相配套,也含有相应的居民社会组织因素。旅游镇可以独立设置,也可以依托其他城镇或为其中的一个镇区。例如:庐山的牯岭镇,九华山的九华街,衡山的南岳镇,漓江的兴坪、杨堤、草坪等镇。

(5)旅游城　已相当于县城的规模,有着比较完善的行游食宿购娱休等类设施,其固定床位以5 000~10 000床为宜,并有比较完善的基础工程配套。所包含的居民社会因素常自成系统,所以旅游城已很少独立设置,常与县城并联或合成一体,也可以成为大城市的卫星城或相对独立的一个区。例如:漓江与阳朔,井冈山与茨坪,嵩山与登封,苍山洱海与大理古城等。

(6)旅游市　已相当于省辖市的规模,有完善的旅游设施和完善的基础工程,其固定床位可在10 000床以上,并有健全的居民社会组织系统及其自我发展的经济实力。它同风景游览欣赏对象的关系也比较复杂,既有相互依托,也有相互制约。例如:桂林市与桂林山水,杭州与西湖,苏州、无锡与太湖,承德与避暑山庄外八庙,泰安与泰山等。

不适合六级服务设施体系的风景区如城市型、中小型风景区,可根据实际情况采用其中的部分分级,灵活建立旅游服务设施体系。

7.5.2　旅游服务基地选择的原则

①应有一定的用地规模,既应接近游览对象又应有可靠的隔离,应符合风景保护的规定,严禁将住宿、餐饮、购物、娱乐、休养、机动交通等设施布置在有碍景观和影响环境质量的地段。

②应具备相应的水、电、能源、环保、防灾等基础工程条件,应靠近交通便捷的地段,应依托现有旅游服务设施及城镇设施。

③应避开有自然灾害和不利于建设的地段。

以上旅游服务基地选择的三项原则中,用地规模应与基地的等级规模相适应,这在景观密集而用地紧缺的山地风景区,有时实难做到,因而将被迫缩小或降低设施标准,甚至取消某些设施基地的位置,而用相邻基地的代偿作用补救。设施基地与游览对象的可靠隔离,常以山水地形为主要手段,也可用人工物隔离,或两者兼而用之,并充分估计各自的发展余地与有效隔离的关系。基础工程条件在陡峻的山地或海岛上难以满足常规需求时,不宜勉强配置旅游服务基地,宜因地因时制宜,应用其他代偿方法弥补。

7.5.3 旅游服务基地规划

1)总体规划阶段

旅游服务设施与旅游服务基地分级配置应根据风景区的性质特征、布局结构和环境条件确定,旅游服务设施既可配置在各级旅游服务基地中,也可配置在所依托的各级居民点中,其分级配置应符合表7.15的规定。

表7.15 旅游服务设施与旅游服务基地分级配置

设施类型	设施项目	服务部	旅游点	旅游村	旅游镇	旅游城	备注
一、旅行	1.非机动交通	▲	▲	▲	▲	▲	步道、马道、自行车道、存车、修理
	2.邮电通信	△	△	▲	▲	▲	话亭、邮亭、邮电所、邮电局
	3.机动车船	×	△	△	▲	▲	车站、车场、码头、油站、道班
	4.火车站	×	×	×	△	△	对外交通,位于风景区外缘
	5.机场	×	×	×	×	△	对外交通,位于风景区外缘
二、游览	1.审美欣赏	▲	▲	▲	▲	▲	景观、寄情、鉴赏、小品类设施
	2.解说设施	▲	▲	▲	▲	▲	标示、标志、公告牌、解说牌
	3.游客中心	×	△	△	▲	▲	多媒体、模型、影视、互动设备、纪念品
	4.休憩庇护	△	▲	▲	▲	▲	坐椅桌、风雨亭、避难屋、集散点
	5.环境卫生	△	▲	▲	▲	▲	废弃物箱、公厕、盥洗处、垃圾站
	6.安全设施	△	△	△	△	▲	警示牌、围栏、安全网、救生亭
三、饮食	1.饮食点	▲	▲	▲	▲	▲	冷热饮料、乳品、面包、糕点、小食品
	2.饮食店	△	▲	▲	▲	▲	快餐、小吃、茶馆
	3.一般餐厅	×	△	△	▲	▲	饭馆、餐馆、酒吧、咖啡厅
	4.中级餐厅	×	×	△	▲	▲	有停车车位
	5.高级餐厅	×	×	△	▲	▲	有停车车位
四、住宿	1.简易旅宿点	×	▲	▲	▲	▲	一级旅馆、家庭旅馆、帐篷营地、汽车营地
	2.一般旅馆	×	△	▲	▲	▲	二级旅馆、团体旅舍
	3.中级旅馆	×	×	▲	▲	▲	三级旅馆
	4.高级旅馆	×	×	△	△	▲	四、五级旅馆

续表

设施类型	设施项目	服务部	旅游点	旅游村	旅游镇	旅游城	备注
五、购物	1. 小卖部、商亭	▲	▲	▲	▲	▲	—
	2. 商摊集市墟场	×	△	△	▲	▲	集散有时、场地稳定
	3. 商店	×	×	△	▲	▲	包括商业买卖街、步行街
	4. 银行、金融	×	×	△	△	▲	取款机、自助银行、储蓄所、银行
	5. 大型综合商场	×	×	×	△	▲	—
六、娱乐	1. 艺术表演	×	△	△	▲	▲	影剧院、音乐厅、杂技场、表演场
	2. 游戏娱乐	×	△	△	△	▲	游乐场、歌舞厅、俱乐部、活动中心
	3. 体育运动	×	×	△	△	▲	室内外各类体育运动健身竞赛场地
	4. 其他游娱文体	×	×	×	△	△	其他游娱文体台站团体训练基地
七、文化	1. 文博展览	×	△	△	▲	▲	文化馆、图书馆、博物馆、科技馆、展览馆等
	2. 社会民俗	×	×	△	△	▲	民俗、节庆、乡土设施
	3. 宗教礼仪	×	×	△	△	△	宗教设施、坛庙堂祠、社交礼制设施
八、休养	1. 度假	×	×	△	△	▲	有床位
	2. 康复	×	×	△	△	▲	有床位
	3. 休疗养	×	×	×	△	▲	有床位
九、其他	1. 出入口	×	△	△	△	△	收售票、门禁、咨询
	2. 公安设施	×	△	△	▲	▲	警务室、派出所、公安局、消防站、巡警
	3. 救护站	×	△	△	▲	▲	无床位、卫生站
	4. 门诊所	×	△	△	▲	▲	无床位

注：表中×表示禁止设置；△表示可以设置；▲表示应该设置。

资料来源：《风景名胜区总体规划标准》(GB/T 50298—2018)。

2)详细规划阶段

详细规划阶段的旅游服务设施规划,应依据风景区总体规划确定的各级旅游服务基地进行分类设置,其建设总量和设置类别应符合风景区总体规划和表7.16的规定。

表7.16 旅游服务设施配置指标

设施类型	设施项目	配置指标和要求
旅行	邮电通信	邮电所面积以 30～100 m² 为宜
	道路交通	符合游览交通规划有关要求

续表

设施类型	设施项目	配置指标和要求
游览	卫生公厕	1. 单座厕所的总面积为 30～120 m²，平均 3～5 m² 设一个厕位（包括大便厕位和小便厕位），每个厕位服务 300～400 人； 2. 每座厕所的服务半径：在入口处、步行游览主路及景区人流密集处，服务半径为 150～300 m；在步行游览支路、人流较少的地方，服务半径为 300～500 m； 3. 入口处必须设置厕所； 4. 男女厕位比例（含男用小便位）不大于 2:3
	游客中心	总面积控制在 150～500 m²，其中信息咨询 20～50 m²；展示陈列 50～200 m²；视听 50～200m²；讲解服务 10～30 m²
	座椅桌	步行游览主、次路及行人交通量较大的道路沿线 300～500 m；步行游览支路、人行道 100～200 m；登山园路 50～100 m
	风雨亭、休憩点	结合公共厕所，步行游览主、次路及行人交通量较大的道路沿线 500～800 m；步行游览支路、人行道 800～1 000 m
餐饮	饮食点、饮食店	每座使用面积：2～4 m²
	餐厅	每座使用面积：3～6 m²
住宿	营地（帐幔或拖车及小汽车）	综合平均建筑面积：90～150 m²/单元（每单元平均接待 4 人）
	简易旅宿点	综合平均建筑面积：50～60 m²/间
	一般旅馆	综合平均建筑面积：60～75 m²/间
	中级旅馆	综合平均建筑面积：75～85 m²/间
	高级旅馆	综合平均建筑面积：85～120 m²/间
购物	市摊集市、商店、银行、金融	单体建筑面积不宜超过 5 000 m²
	小卖部、商亭	30～100 m² 为宜
娱乐	艺术表演、游戏娱乐、康体运动、其他游娱文体	小型表演剧场：500 座以下； 主题剧场：800～1 200 座； 观众厅面积以 0.6～0.8 m²/座为宜
文化	文化馆、博物馆、展览馆、纪念馆及文化活动场地	每个展览厅的使用面积不宜小于 65 m²
其他	治安机构	面积以 30～80 m² 为宜
	医疗救护点	面积以 30～80 m² 为宜； 高原等特别地区，可根据情况增设医疗救护设施

注：资料来源：《风景名胜区详细规划标准》（GB/T 51294—2018）。

7.5.4 游客中心规划

游客中心指旅游景区内为游客提供信息、咨询、游程安排、讲解、教育、休息等旅游设施和服务功能的专门场所,属于旅游公共服务设施,所提供的服务是公益性或免费的。

游客中心可分为综合游客中心和专类游客中心,基本功能应包含信息咨询、展示陈列、科普教育、旅游服务等。综合游客中心宜设置在风景区主入口附近,专类游客中心可设置在独立景区或次要入口附近,游客中心也可设置于就近的城区、镇区。游客中心的服务内容包括旅游咨询、宣传教育、导游接待、旅游商品、医疗救护、公用电话、手机充电、雨伞租借、特殊人群服务等内容。旅游咨询主要为游人提供包含风景区概况、景区景点、游览信息、服务设施等内容,咨询形式可分为问询式咨询和自助式查询。宣传教育和展陈内容应包括风景区的发展演变、资源特点、资源价值及保护意义等,展陈形式可以模型、图片、标本和实物为主,视听是风景区展示功能的一种补充形式,包括电影、数字多功能光盘(DVD)、幻灯片、投影等。

思考与练习

1.风景名胜区的旅游服务设施包括哪些?

2.风景名胜区的旅游服务设施规划包括哪些内容?

3.风景名胜区游人规模预测的方法有哪些?

4.风景名胜区住宿设施规划应包括哪些内容?

5.风景名胜区的旅游设施基地布局应遵循哪些原则?

实训

1)实训目标

(1)通过资料查阅,学习和了解国内外在风景区旅游设施规划方面的研究进展和研究方法,掌握旅游设施的规划方法。

(2)能利用所学知识,对某一风景区的住宿设施进行规划。

2)实训任务

选择你感兴趣的某一风景区,对其游人与住宿设施等相关情况进行认真调查和分析,在此基础上,对该风景区的住宿设施进行规划。

3)实训要求

(1)游人与住宿设施现状分析应在充分调查的基础上进行,资料来源不少于5年。

(2)游人与住宿设施规模预测以定量分析为主。

(3)对住宿设施进行规划时,应综合考虑各方面因素。

(4)完成住宿设施规划报告,字数不少于2 000字。

8 道路交通规划

[本章导读]本章主要内容包括风景名胜区道路交通规划的内容、原则和方法,针对风景区道路交通的规划目标、具体要求等做了详细阐述。通过学习,使学生掌握风景名胜区道路交通的规划方法,理解风景名胜区道路交通的功能和作用,了解风景名胜区道路交通规划的内容和原则。

8.1 旅游交通的相关知识

交通是伴随着人类生活和生产的需要而发展起来的,以实现人和物的时空位移及信息传输。交通是风景名胜区发展的重要支撑条件和基础,合理的道路交通体系,能够有效地集散旅游客流,促进风景区旅游业可持续发展并取得较好的经济效益。

通常一次完整的以旅游为目的的出行,游客从"起点"到"目的地",即由出发地点到达旅游景区或旅游目的地,需要依赖旅游交通实现。旅游交通是指为帮助游客完成从出发地到目的地的时空转移过程而提供的运输服务。一般而言,旅游交通分为城际交通系统、城市交通系统和景区内部交通系统三个相对独立而又彼此衔接的层次。

8.1.1 旅游交通的构成

旅游交通由三部分组成,即交通线路、交通工具、交通始、终点站。

(1)交通线路 分为人工形成的线路和自然形成的线路两类。人工形成的线路有旅游公路、旅游铁路、旅游索道等,自然形成的线路有旅游内河、湖泊航线、航海航线等。

(2)交通工具 主要有现代旅游交通工具、传统旅游交通工具和特殊旅游交通工具三种。现代旅游交通工具主要包括民用客机、火车、轮船、汽车、电车、地铁等;传统旅游交通工具包括人力车、马车、牛车、帆船、雪橇、滑竿、轿子等;特殊旅游交通工具有汽艇、气球、滑翔机、缆车等。现代旅游交通工具是当今旅游活动中的主要交通工具,而传统和特殊旅游交通工具则起到对现代旅游交通工具的补充、辅助和增色作用。

(3)交通始、终点站 即旅游交通运输的起点和终点,是旅游者的集散地,可分为机场、火车站、汽车站、码头等,其地点、规模、方式等的选择与确定,需要根据旅游客源市场和旅客流向等因素决定。

8.1.2 旅游交通的类型

风景区旅游交通分为外部交通和内部交通。外部交通包括公路、铁路、航空、水运等,内部交通包括公路、水运、特种旅游交通等。

特种旅游交通是指除人们常用的四种现代旅游交通方式外,为满足旅游者娱乐、游览的需要而产生的特殊交通方式,这类交通方式除为旅游者提供空间位移服务外,还各具特色,体现了较强的地方和民族风格,往往更富有娱乐性和享受性,实质上属于旅游服务或游乐项目。特种旅游交通工具主要有:

1)缆车

缆车又称索道,是用驱动机带动钢丝绳牵引缆车车厢,在距离地面一定高度的空间运行的交通方式,多用于山岳型风景区、滑雪场、游乐场等风景旅游区和游乐场所。

缆车具有对自然地形适应性强,爬坡角度较大,能缩短运输距离等特点,可将人或物品运送到其他交通工具不易到达的地形复杂、险要的地点,使旅游者的游览变得十分方便。由于缆车在距离地面一定高度运行,空中观景别具情趣,并且会产生某种紧张和刺激感,从而增添旅游地的吸引力以及旅游活动的乐趣。

缆车建设涉及面广,对风景区的植被、生态环境以及自然景色有一定破坏或影响,所以建设缆车一定要进行可行性论证,尤其是环境评价,并精心设计和施工。

2)畜力交通工具

畜力交通工具包括畜力车(如马、牛、骆驼等拉的车)和爬犁(如马、狗等拉的雪橇和冰爬犁等),这些交通工具反映了一定地区的民族特色,可以满足人们求新、求奇的旅游心理,同时本身还体现了人与自然协调的思想,特别符合人们亲近自然、回归自然的现代需求。

3)人力交通工具

人力交通工具包括自行车、三轮车、手划船、滑竿等。自行车具有健身、节能、无污染、自由灵活等优点,适合短途旅游,发展前景十分广阔。开办各种自行车租赁业务,可为零散客人提供许多方便。其他人力交通工具如滑竿等,可以给旅游者特殊体验,在某些特定环境下,尤其是交通不方便的旅游景区景点有适用性。

4)风力交通工具

风力交通工具包括帆船、热气球等。帆船是传统的风力交通工具,热气球则是现代风力交通工具,它们都可以满足旅游者增长知识和探新求异的旅游需求。

8.1.3 影响旅游交通的因素

影响旅游交通的因素包括旅行目的、运输价格、旅行距离、旅行者偏好和经验、天气、旅伴以及目的地位置等。

1)旅行目的

按照旅游目的地将旅游者划分为差旅型、消遣型和个人家庭事务型三大类。

差旅型旅游者外出旅游的目的是办理公务,这不仅决定着他们不能改变旅行目的地和选择动身时间,而且决定着他们在一定程度上不大考虑旅行费用,他们最关心的是安全、便利、快速、舒适,因而乐于选择的旅行方式是航空、铁路和小汽车旅行,一般很少乘长途汽车和轮船。

消遣型旅游者外出旅行的目的是消遣度假,他们外出动身的时间不像差旅型旅游者那样受严格限制,因而对旅行方式的选择自由度较大。这类旅游者对价格比较敏感,会尽量选择价格低廉的旅行方式,有时甚至会不选用商业性经营的交通工具而采取徒步、骑自行车或摩托车以及免费搭乘顺路车辆的方式。但一般来说,多数消遣型旅游者在条件允许的情况下都喜欢自己驾车旅游,而远程旅游特别是出国旅游的情况下,乘飞机或火车旅游是常选用的旅行方式。对于消遣型旅游者来说,他们在选择旅游方式时首先考虑的是安全、经济和高效。

个人家庭事务型旅游者的旅行目的地都是比较固定的,但在动身时间上有一定的选择余地,其自由性介于商务型旅游者与消遣型旅游者之间,所以一般选择安全、高效、低价的旅行方式。

2)运输价格

差旅型旅游者由于旅费报销的缘故,一般对运输价格不敏感,但其他各类旅游者对运输价格都很敏感,因而价格上的稍微波动都可能导致客运营业量发生很大变化,在供大于求、同业竞争的情况下尤其如此。实际上,较多的旅游者来自中、低收入水平家庭,运输价格对选择旅行方式的影响更为突出。

3)旅行距离

旅行距离通常包括空间距离和时间距离两个方面。空间距离越长,完成旅行所需要的时间也就越多,旅行的代价也越高。人们外出旅游的时间是有限的,为了更有效地利用有限的旅游时间,必须努力缩短用于交通方面的时间,因此对于长距离的旅行,特别是 1 000 km 以上的旅行,通常会选择航空旅行,中、近距离的旅行,则较倾向于选择铁路或汽车。

4)旅行者的偏好和经验

对于初次外出旅行的人来说,他们对某种旅行方式的偏好主要受其个性或心理类型的影响。帕格洛关于旅游者心理类型的理论曾将人的心理类型划分为两个极端,即自我中心型和多中心型。自我中心型的人远不及多中心型者富有冒险精神,他们喜欢自己开车去某一旅游目的地而不愿乘飞机前往,而多中心型的人恰恰相反,喜欢乘飞机而不是自己开车去目的地。

但更有实际意义的是,人们对某种旅行方式的偏好往往来自自己过去的旅行经验,如不少人都喜欢乘火车旅行,因为他们的旅行经验使他们深信乘火车旅行比其他旅行方式安全。如果一个人根据自己的经验认为乘火车旅行不理想,甚至讨厌乘火车旅行,那么在有其他旅行方式可供选择的情况下,他便不大可能会选择乘火车旅行。

除上述因素外,还有许多其他因素会影响人们对旅行方式的选择,如天气、旅伴、目的地的地理位置特点等,所有各种因素在决定人们对旅行方式的选择时,都是因互相联系、互相影响而综合作用的。

8.1.4　旅游交通的作用

旅游交通是指旅游者利用某种手段和途径,实现从一个地点到达另外一个地点的空间转移过程。它既是旅游者抵达目的地的手段,同时也是在目的地内活动往来的手段。旅游者离开自己的常住地前往另一地区游览、参观,必然需要交通的连接,因此说旅游交通为旅游业及旅游活动本身的发展提供了必要的工具。

旅游交通也是旅游活动的重要形式。从游客乘坐各种交通工具开始,便已经开始了自己的旅途。游客可以领略沿途的美景,或与人攀谈,这些都属于旅游活动的重要内容。游客乘坐一些平时少见或特殊的交通工具,特别是体验表现地方特色和民族风格的交通工具,能够为旅游活动增添惊喜和乐趣,如游江、游湖、游海、游览野生动物园时,都需要乘坐特殊的交通工具,骑行骆驼穿越沙漠,虽速度慢但却别有一番情趣,乘坐水上飞机、水上摩托、水上自行车、热气球、快艇、潜水艇、羊皮筏、滑竿,坐花轿、坐马车、坐缆车等,都可以增加旅游的趣味性,为游客带来

更多的选择和体验。此时,这些交通工具本身已不再是单纯的时空移动,而已经成为一类特殊的旅游体验内容。

旅游交通还是旅游收入的重要来源。除徒步或自备自行车等特殊旅行方式外,游客总是需要借助各类交通工具到达旅游目的地。游客借助交通工具并接受交通运输相关服务时,需要支付相应的服务费用,便形成了旅游交通的收入。据统计,游客旅行中用于交通方面的花费占总支出的20%~40%。

8.2 道路交通规划的目标、要求和内容

风景区道路交通规划是在确定规划期限和目标的基础上,根据交通调查、分析、预测和旅游交通需求等,合理制定道路交通网络系统规划方案,确定交通建设时序,提出规划实施措施和建议。

8.2.1 规划目标

风景区道路交通规划的目标,是充分发挥风景区现有及规划中的各类交通条件优势和综合运输潜力,建立与风景区发展相匹配的、完善的道路交通系统,协调风景区内部道路交通系统与用地布局的关系、与风景区对外交通系统的关系、各种交通方式之间的关系,不断完善风景区道路交通网络和设施,实现各类交通方式无缝衔接、无障碍通行,构建快捷、高效、舒适、多样、智慧化的绿色综合交通系统,促进风景区内外道路交通系统协调发展和高效运作,获得最佳的效益。

8.2.2 规划要求

风景区道路交通规划应进行各类交通流量和设施的调查、分析、预测,提出各类交通存在的问题及其解决措施,并应符合下列规定:

①对外交通应快速便捷,宜布置于风景区以外或边缘地区;

②内部交通应方便可靠,适合风景区特点,并形成合理的网络系统;

③对内部机动交通的方式、线路走向、场站码头及其配套设施,均应提出明确有效的控制要求和措施;

④严格限制客运索道及其他特殊交通设施建设,难以避免时应优先布置在地形坡度过大、景观不敏感的区域。

8.2.3 道路交通规划的内容

1)总体规划阶段的规划内容

(1)调查、评估与现状分析 以交通调查为依据,评估已实施的道路交通规划与交通现状,分析交通发展和规划实施中存在的问题,构建交通需求分析模型。

(2)交通发展战略研究 分析风景区市域或县域交通发展过程、出行规律、特性和现状道路交通系统存在的问题;根据风景区所在城市经济社会和空间的发展,分析城市交通发展趋势和规律,预测城市交通总体发展水平;认识城市综合交通发展目标和发展趋势,确定风景区交通体系发展思路、发展目标,确定交通发展模式,制定交通发展战略和政策,预测交通发展、交通结构和各项指标,提出实施规划的重要经济技术政策和管理政策;结合城市空间、风景区空间和用

地布局基本框架,提出风景区道路交通系统的基本架构和初步规划方案。

(3)规划内容　依据风景区交通发展战略,结合风景区土地利用规划方案,具体提出风景区对外交通、内部道路系统、与外部城市客货运交通系统衔接和与外部城市道路交通设施衔接的规划方案,确定相关各项技术要素的规划建设标准,落实风景区道路及其配套设施用地的选址和用地规模。在规划方案基本形成后,采用交通规划方法对风景区道路交通系统规划方案进行交通校核,提出反馈意见,并从土地利用和道路交通系统两方面进行修改完善,最后确定规划方案。提出对道路交通建设的分期安排和相应的政策措施及管理要求。

2)详细规划阶段的规划内容

在风景区内的入口区、旅游服务设施集中区(一般为旅游服务基地)、旅游服务村镇、景区(游线)、重要人文景点等需要编制详细规划的区域,进行场地的道路交通系统规划与竖向设计,主要包括下列内容:

①确定风景区道路系统等级和结构;

②交通组织及交通流向、公交站点等的布置;

③主要建筑物的交通组织及与风景区内部道路系统的关系;

④不同等级道路宽度、长度、转弯半径、拐点和交点坐标、控制点路面标高、道路坡度、道路断面等;

⑤停车场的位置、范围,出入口的位置、宽度、长度和坡度,地面临时停车的布点;

⑥道路的标识牌设置;

⑦道路的绿化设置,进行树种选择和植物配置;

⑧竖向设计应反映规划范围内不同地面、建筑物的室内外地坪标高、主要道路变坡点和控制点标高、道路坡向、坡度、地面排水方向,标注步行道、台阶、挡土墙、护坡等。

8.3　道路系统规划

8.3.1　道路系统规划的基本要求

风景区的道路系统规划,应符合下列规定:

①应合理利用地形,因地制宜地选线,同所处景观环境相结合;

②应合理组织风景游赏,有利于引导和疏散游人;

③应避让景观与生态敏感地段,难以避让的应采取有效防护、遮蔽等措施;

④道路等级应适应所处的地貌与景观环境,局部路段受到景观环境限制时可降低其等级,以减少对景观环境的破坏;

⑤应避免深挖高填,道路边坡的砌筑面高度和劈山创面高度均不得大于道路宽度,并应对边坡和山体创面提出修复和景观补救措施;

⑥应避开易于塌方、滑坡、泥石流等危险地段;

⑦当道路穿越动物迁徙廊道时,应设置动物通道。

8.3.2　道路系统规划

1)对外交通道路系统规划

对外交通道路是风景区与外界联系的主要通道,也是风景区给旅游者的第一印象,一般应从风景区入口服务区与直接通达风景区附近的火车站、飞机场、公路站点、水运码头相联系,把外来的游客接引到风景区内来。对外交通道路的数量一般根据风景区出入口的数量分别布设。通常风景区可以利用周边的交通道路(国道、省道、县道)形成快速进出风景区的对外交通,如果周边没有可以利用的交通道路,也可以按照游赏和资源保护的要求规划建设,并与已有的交通线路相衔接。一般风景区的对外交通道路不应低于国家规定的三级公路标准,在国家级风景名胜区或游客数量较多的风景名胜区,一般应按照二级公路标准进行规划建设。

2)内部道路系统规划

(1)内部道路系统规划的要求　风景区内部道路系统规划,应符合下列的要求:

①过境道路应避让核心景区及重要游览区域,其道路设置应与游览道路系统分离。不能分离的路段应完善相应的交通管制设施与措施。

②专用车行路设置应符合下列规定:

a.应根据地形条件,结合选用车种确定其路幅宽度、转弯半径与纵向坡度;

b.在地形较陡,植被恢复困难的地区,宜调整设计标准,减少对山体及其生态环境的破坏;

c.在坡度大于45°的山体设置道路宜利用单幅单向,宜采用悬架式道路,最大限度地保护原有植被、生态环境、景观空间和视线;

d.专用车行路线与停靠站宜避开景点、景物等游览集中的地段。

③混行路应以通过性交通为主,在混行路段中的机动车道、自行车道、步行道之间宜有交通标线作安全分隔。

④主要步行游览路应根据景源分布特点、游赏组织序列、游程与游览时间、地形地貌等影响因素统筹安排,选定路线。

(2)车行道路系统规划

①道路分级:根据在风景区规划路网中的功能定位,将风景区内部道路分为主干路、次干路和支路三个等级。

②设计车辆:内部道路设计采用小客车、大型客车、载重汽车作为景区道路设计车辆。所采用的机动车设计车辆及其外廓尺寸规定如表8.1所示,当景区实际采用或景区规划有确定的运营车辆车型时,可以该车型作为道路设计车辆,经论证确定相关技术指标作为道路设计依据。

表8.1　机动车设计车辆及其外轮廓

车辆类型	总长/m	总宽/m	总高/m	前悬/m	轴距/m	后悬/m
小客车	6	1.8	2	0.8	3.8	1.4
载重汽车	12	2.5	4	1.5	6.5	4
大型客车	13.7	2.55	4	2.6	6.5+1.5	3.1

注:资料来源:《公路工程技术标准》(JTG B01—2014)。

景区常采用的运营车辆为非公路用旅游观光车(garden patrol minibus),是在指定区域内行驶,以电动机、内燃机或二者交替驱动,具有4个或4个以上车轮的无轨道无架线的6座以上(含6座)、23座以下(含23座)的非封闭型乘用车辆。该型车是以休闲、观光、游览为主要设计用途,适合在旅游风景区、综合社区、步行街等指定区域运行的车辆。

③设计标准:设计交通量大于6 000辆小客车/日,宜选用二级及以上等级公路;设计交通量为2 000~6 000辆小客车/日,宜选用三级公路;设计交通量为400~2 000辆小客车/日,宜

选用双车道四级公路。

内部道路设计可根据地形、地质条件灵活选用不同的设计速度。相邻路段采用不同设计速度时,设计速度差不宜大于10 km/h。不同设计速度的设计路段相互衔接的地点应选在交叉路口、桥梁、隧道、村镇附近或地形明显变化处,相邻路段间的过渡段应设置限速标志、标线等交通安全设施。

④建筑限界:道路采用三级及以上公路技术标准时,净高不应小于5.0 m;三级公路旧路升级改造需利用旧有桥隧构造物时,净高不应小于4.5 m;采用四级公路技术标准时,净高不应小于4.5 m。

⑤设计年限:各级道路交通量的预测年限应与风景区规划年限相匹配。

⑥防灾标准:道路及构筑物应按工程所在地区的抗震设防要求进行设防。做过地震小区划的景区,应按主管部门审批的地震动参数进行抗震设计。道路及构筑物经过抗震不利地段又无法避开时,应加强工程措施和管理措施。

⑦路线设计:应根据道路等级及其在路网中的作用,合理利用地形选用技术指标,综合考虑平、纵、横要素,保持相邻曲线线形连续、均衡、协调,满足行车安全与舒适性要求。路线设计应贯彻保护环境、节约用地原则,注意与沿线地形、环境和景观相协调,力争做到减少大填大挖,做到零弃方、少借方、土石方填挖平衡,减少拆迁,减少水土流失,保护自然生态环境和文物古迹。应避免陡坡、急弯、高填深挖,避开重大不良地质。采用受限技术指标的路段,必须在比较论证分析后完善沿线交安及防护设施,确保车辆、行人安全。道路因环形单向游览需采用上下行分离布置路线时,宜根据交通量方向分别论证确定线形技术指标。改建道路路线设计应尽量利用原有路基、桥梁和隧道。改建道路路线纵坡过大,受环境限制无法调整纵坡时,可结合景区交通运营状况,根据安全性评价结论进行道路设计,同时加强交通安全设施设计。

(3)慢行道路系统 慢行道路系统应坚持"因地制宜、依景而设",选择在景区(景点)相对集中、沿线景观资源丰富、游客骑行步行需求较大的路段设置。慢行道路系统应坚持"标准适当、规模适度",根据景区(景点)分布、地质地形条件、客流量等因素,选择整体式或分离式慢行系统。注重生态环境保护、节约集约利用土地资源、合理确定规模。慢行道路系统应坚持"以人为本、安全第一",应设置必要的安全设施,在确保安全的前提下,统筹考虑与旅游公路主体及沿线服务设施、公共交通系统、景区(景点)之间的联通、接驳、换乘,方便使用。

8.4 交通规划

8.4.1 交通规划的主要内容

8.4.1 微课

风景名胜区交通规划包括以下内容:

①研究风景区对外交通系统构成以及风景区内外交通的衔接关系,论证风景区与周边或城市大型交通设施的协调和衔接;

②研究客运交通分布,确定客运交通走廊、客运交通枢纽的功能、等级和规模,提出风景区对外客运系统的总体布局框架;

③论证公共交通系统构成和功能等级,研究公共交通系统规划建设的必要性、可行性;

④研究风景区内部道路交通网组成和功能等级,研究防灾减灾和应急救援运输通道,提出规划布局原则;

⑤研究货运交通分布,确定货运交通线路,论证过境货运车辆、社会车辆交通和游览交通组织模式和管理策略;

⑥研究步行、自行车交通组织模式,确定风景区内部步行游览路、自行车游览路的功能定位,提出步行、自行车交通系统的总体布局原则;

⑦研究提出风景区停车设施的供给策略和总体布局原则;

⑧研究提出交通信息化建设与交通管理的基本策略。

8.4.2 交通现状调查与分析

8.4.2 微课

1)调查与分析目的

风景区交通现状调查与分析是风景区外部交通、内部道路交通系统规划和道路设计的基础,其目的是通过对风景区交通现状的调查与分析,摸清对外交通、内部道路交通状况,道路交通分布、运行规律以及现状存在的问题。

2)调查与分析内容

风景区交通现状调查与分析内容包括交通基础资料调查、外部交通调查和内部交通调查,根据交通规划需要还可以进行公共交通、停车场等调查与分析。

(1)基础资料调查与分析 基础资料调查与分析包括以下内容:收集风景区所在城市人口、就业、收入、消费、产值、文化等社会、经济、历史现状和发展资料;收集区域经济发展规划等相关规划;收集公共交通客运总量、货运总量,对外交通客、货运总量等交通运输现状和发展资料;收集各类车辆保有量、出行率、交通枢纽和停车设施等资料;收集道路环境污染和治理资料;收集风景区历年接待游客总量、客源市场、旅游出行方式、旅游主通道、旅游客车数量及实载率等资料;根据调查的资料,分析风景区内外交通车辆、道路交通需求、客货运量增长特点和规律等;分析旅游发展交通主通道、路网及旅游景区规划、旅游客源市场、历年游客接待人次、旅游交通出行方式、旅游客车实载率、历年游客接待量的增长特点和规律等。

(2)外部交通调查和分析 外部交通调查和分析包括以下内容:风景区对外交通网(含公路、铁路、水路、民航和有关城镇道路)电子地图;国家和省域公路网规划、国家和省域铁路网规划、全国沿海港口布局规划、全国内河航道与港口布局规划、全国民用机场布局规划等专项交通规划;风景区外部公路等级、路基宽度、车道数等及高速公路服务设施,普通铁路车站、公路客运站、港口客运站、客运交通枢纽的分级和客运规模,以及各级公路服务设施、各类客运站与风景区的距离、与全国乃至世界各国通达情况等资料;邻近风景区城镇道路交通,城市道路网中快速路、主干路、次干路和支路与风景区通达情况,城市公共交通、城市轨道交通的交通方式、交通设施以及客运能力,公共交通站(场)等资料;风景区外部交通道路交通量统计资料和信息化数据等;外部道路流量和出行特征等。

(3)内部交通调查与分析 内部交通调查与分析包括以下内容:风景区内部交通车辆、道路交通需求、客货运量增长特点和规律、旅游客源市场、历年游客接待量的增长特点和规律、旅游方式、旅游客车实载率、游客行为规律及旅游需求、道路长度、等级、交通量等。

(4)公共交通调查与分析 公共交通调查对象应包括城市公共汽(电)车乘客和城市轨道交通乘客等。客流量、出行特征等。

3)调查流程

风景区交通现状调查分为调查规划、调查设计、调查实施、数据处理、数据分析五个阶段。

（1）调查规划阶段　调查规划阶段工作包括下列内容：明确调查目的；明确调查对象、范围、规模；确定调查项目；拟订调查计划。

（2）调查设计阶段工作　调查设计阶段工作应包括下列内容：资料收集；制订调查技术方法；确定调查对象、调查抽样方法和抽样率；确定调查内容并形成调查表；编制调查人员、资金、资料等需求计划。

（3）调查实施阶段　调查实施阶段工作应包括下列内容：调查相关人员培训；试调查；调查；数据收集与审核。

（4）数据处理阶段　数据处理阶段工作包括数据编码与录入、数据清洗、加权与扩样等内容，并应符合下列规定：应采用统一的编码规则对入库数据进行编码；位置信息转换为数字信息时宜优先考虑经纬度坐标编码，或采用相同的交通分区系统进行编码；同类数据统计应采用相同的量纲；统计分析结果应具有可重复性。

（5）数据分析阶段　数据分析阶段工作包括以下内容：数据校验、统计分析并形成调查成果。调查成果应包括调查数据库、调查统计分析报告以及中间过程的主要技术文件。

8.4.3　交通量预测

8.4.3 微课

交通量是确定风景区道路交通技术标准的重要依据，交通组成是荷载计算的重要依据。新建、改扩建道路线路必须进行交通调查，并进行交通量分析预测。

1）交通量预测步骤

交通量预测按下列步骤进行：

（1）旅游发展现状分析　对历年游客接待人次、社会经济资料进行统计分析。

（2）旅游发展规模预测　分别调查年均接待人数和节假日高峰旅游接待人数，以预测基年的旅游接待人数为基础，根据本地区及周边地区社会经济发展速度预测值对本区域游客规模进行预测。

（3）交通方式划分预测　根据调查的现有交通方式资料，对预测特征年份进行交通方式划分预测。

（4）交通需求预测　在交通方式划分的基础上，结合目前载运指标发展趋势的研究分析，对客车实载率进行预测，得到交通发展需求。

（5）交通量预测　结合旅游发展规模预测、交通方式划分预测、交通需求预测的结果，计算出交通量预测结果。

2）交通量预测方法

交通量的预测方法如下：

①收集当地社会经济历史资料确定未来经济发展情况；

②收集风景区规划、旅游资源分布、历年游客接待量、旅游交通方式及旅游客车实载率等基础资料作为分析旅游交通量的依据；

③收集未来旅游发展建设规划确定未来游客人次及旅游交通方式；

④收集类似已建成运营的旅游道路项目的交通量发展资料作为旅游交通量预测的参考；

⑤运用相关方法，如增长率法、类比法等对旅游交通量进行预测。

3）交通量预测成果

交通量预测成果包括：

（1）旅游发展现状分析　对历年游客接待量、社会经济资料进行统计分析；

（2）旅游交通量预测　以预测基年的旅游接待人数为基础，根据本地区及周边地区旅游和社会经济发展速度预测值对本区域旅游游客规模进行预测，结合前述调查的旅游交通运输方式分析预测旅游出行交通量，或者参照已有类似项目对本项目旅游交通量进行类比分析预测；

（3）非旅游出行交通量预测　通过对现状已有交通流量进行调查分析得出未来的交通量（包括车型构成），结合未来社会经济发展情况采用增长率法对此部分交通量进行预测；

（4）对交通量进行汇总后得出项目预测结果。

8.4.4　交通规划

1）对外交通规划

对外交通应快速便捷，布置于风景区以外或边缘地区，采用的交通方式可以是航空、铁路及公路、水运等，在风景区和主要客源地之间建设快速交通设施，减少游客到达景区的时间，既"旅要快"，同时增加舒适性。

2）内部交通规划

内部交通应方便可靠和适合风景区特点，并形成合理的网络系统。游客快速到达风景区的边缘后，进入景区的交通则体现出另一个特点来，就是与"旅要快"相对应的"游要慢"。内部交通要求适应风景区内游赏的需求，联系起风景区内的各个景区、景点及服务区，并且要考虑与游人量相协调。交通形式要多样化，为不同需求的游客提供差异的交通服务，满足不同游赏形式的需求。对于风景区内有大量居民的，要考虑居民的交通流与游客的交通流尽量相互分离、避免相互干扰。风景区内交通方式的选择除考虑舒适型和方便性外，还要重点考虑对环境的影响。

8.4.5　交通配套设施规划

风景区内主要的场站码头及其配套设施一般位于风景区的入口及主要景点附近，它们的位置尽量距离游客吸引点近，可以减少游客步行的距离，降低游客在游览中的体能消耗，也能增加景区的游客周转速度。但不是所有的站场都可以在景点附近，有的景点因为自然条件限制，无法在周边设置交通站场，就只能在较远的地方设施交通站场，让游客步行前往景点。

风景区停车场是为满足游览需要、方便游客使用而设置的，一般应设置在风景区出入口和交通转换处，主要景观区域和游览区域不应设置大型停车场。当风景区内的停车场规模不能满足需求时，应在风景区外结合出入口另行安排。

风景区停车场规划应综合考虑游客需求、环境保护、防灾减灾和应急避难等因素，应建设信息管理系统，提供停车位分布、规模、收费标准、交通组织、利用率等信息，可建设智能化管理和诱导标识系统，提升信息化服务水平。停车场应结合电动车辆发展需求、停车场规模及用地条件，预留充电设施建设条件，具备充电条件的停车位数量不宜小于停车位总数的10%。停车场应设置无障碍专用停车位和无障碍设施。

考虑到我国风景区种类众多，分布广泛，土地资源缺乏，旅游设施用地和交通用地规模受限等情况，风景区停车场规划应在停车需求预测的基础上合理控制停车位供给数量。停车场规模预测可以采用以下3种方法：

（1）根据景区面积预测　具体计算方法为：

市区的景区： $N = AA \times 0.8/100$

郊区的景区： $N = AA \times 0.12/100$

式中 N——景区车位数；

AA——景区占地面积，m^2。

（2）根据旅游人数预测 首先对景区未来接待游客数量进行预测，然后结合对未来接待游客的出行方式分析确定未来景区由旅游出行而引发的交通量规模，确定按各交通运输方式构成比率，并结合景区主要运输车辆的核定载量及实际载量进行抽样调查，确定各类车型实载率，最终参照以下计算公式得到未来景区由旅游出行引发的交通量规模。

$$M = A \times 32.48\% / (C_i \cdot P_i)$$
$$N = A \times 67.52\% / (C_i \cdot P_i)$$

式中 A——旅游人数；

C_i——第 i 种公路出行方式核定座数；

P_i——第 i 种公路出行方式实载率；

M——小车的车辆数；

N——大客车的车辆数。

（3）根据高峰期游人数计算 具体计算方法为：

停车场面积 = 高峰游人数×乘车率×单位规模/（每台车容纳人数×停车场利用率）

乘车率和停车场利用率均可取 80 %。

各类车的单位规模可参照表8.2。

表8.2 停车场单位停车面积指标

停车方式		单位停车面积/m²				
		Ⅰ	Ⅱ	Ⅲ	Ⅳ	Ⅴ
平行式	前进停车	21.3	33.6	73.0	92.0	132.0
斜列式	30° 前进停车	24.4	34.7	62.3	76.1	78.0
	45° 前进停车	20.0	28.8	54.4	67.5	89.2
	60° 前进停车	18.9	26.9	53.2	67.4	89.2
	60° 后退停车	18.2	26.1	50.2	62.9	85.2
垂直式	前进停车	18.7	30.1	51.5	68.3	99.8
	后退停车	16.4	25.2	50.8	68.3	99.8

注：表中Ⅰ类指微型汽车，Ⅱ类指小型汽车，Ⅲ类指中型汽车，Ⅳ类指大型汽车，Ⅴ类指铰接车。

8.5 案例

峨眉山风景区道路交通规划

一、对外道路交通规划

（一）构建大峨眉旅游路网，形成围绕风景名胜区，涉及峨眉山市、洪雅县、沙湾区三地，联系乐雅高速等公路干线的完善的旅游公路体系。

（二）在风景区东部外围建设交通集散中心，作为以外来社会车辆进行停靠中转，乘坐转运大巴进入风景区游览为主要功能的交通枢纽。

（三）新建川零公路，在管理上作为联系峨眉山和洪雅县的货运联系线，峨洪路未来不再接纳过境社会车辆通过。

（四）新建张沟旅游专用公路，连接张沟旅游镇、张沟口旅游村和峨眉山市中心城区，作为转运进入南部张沟和四季坪景区进行游览的交通要道。

（五）新建峨洪路——川零公路联系线，串联木瓜村、黑水村和川主乡的风景资源，同时作为高峰时期游客疏解的联系线。

（六）规划乐汉高速至张沟旅游村和张沟旅游公路的联系线。

（七）外围交通应做好提等改造，结合新建道路形成联系罗目古镇、峨秀湖、张沟旅游镇、报国寺、黄湾国际旅游度假区、大庙飞来殿的外围旅游交通环线。

二、内部道路交通规划

（一）建设 5 处风景区出入口，并在每个出入口设置风景区徽志。

（二）维护已有机动车游览路，建设张沟旅游公路，局部根据需要设置车行游览支路。

（三）建设完善北线、南线、低山和大坪 4 条登山路。

（四）建设完善万公山、洪椿坪、大沟、弓背山 4 条探险路。

（五）维护提升已有的步行游览路，沿路增加必要的观景和休憩服务设施，建设万年寺、白龙洞、善觉寺、萝峰庵、万佛顶等 5 条徒步游览路。

三、交通设施规划（图8.1）

（一）设置峨洪路线、金顶线、张沟线、S306 线 4 条旅游公交线路及站点。

（二）建设黄湾旅游镇汽车客运站和龙洞零公里汽车客运站，设置开往张沟、零公里等地的客运班车。

（三）改造提升雷洞坪客运站，完善安全、管理和停车设施。

（四）结合旅游镇、旅游村、旅游点建设 21 处旅游停车场，共 10 790 个车位。

（五）建设张沟至万佛顶索道；对金顶客货两用索道实施客货分离，提高客运能力；对中山的交通方式进行研究，必要时开展多种交通方式的论证研究。

四、道路及交通设施控制要求

（一）在峨洪路两端口设卡，禁止大型货运车辆通过峨洪路进出风景区，改由川零公路绕道行驶。

（二）在旅游高峰期不允许社会车辆进入风景区，应经黄湾旅游镇经公交转运后进入，缓解交通压力。

（三）旺季经过峨洪路下行的车辆应通过峨川公路经过木瓜村和川主乡下山，缓解交通压力。

（四）社区生产生活道路应该保持现状，根据旅游发展和社区改善需要，经过环境影响评价和景观影响评价，并得到主管部门同意后，方可提升道路质量和等级。

（五）任何游览车辆在抵达零公里后必须换乘管理部门的接驳车辆方可向上通行至雷洞坪。

（六）结合智慧景区建设，建设停车位信息公示栏，在全山显要位置告知来往自驾游客和公共交通驾驶员停车位信息。

（七）规范峨眉山市车辆租赁市场，通过政府特许经营的模式强化监管。

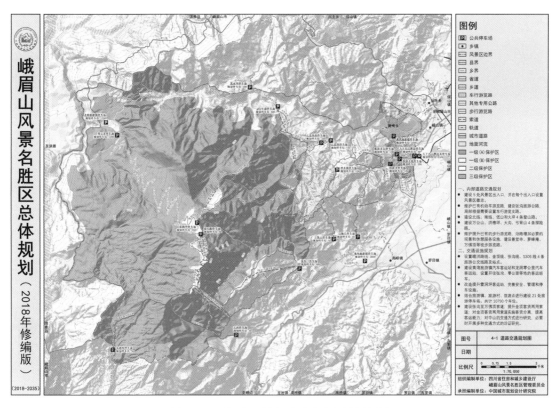

图8.1　峨眉山风景名胜区道路交通规划图

（资料来源：《峨眉山风景区总体规划》（2018—2035），中国城市规划设计研究院）。

思考与练习

图8.1 彩图

1. 风景名胜区道路交通规划包括哪些内容？
2. 风景名胜区道路交通规划应符合哪些规定？
3. 风景名胜区的道路规划应符合哪些规定？
4. 风景名胜区专用车行路设置应符合哪些规定？

9 基础工程规划

[本章导读]:本章首先介绍风景名胜区基础工程规划的内容、任务、原则,在此基础上,结合风景名胜区自身的特殊性,分别介绍风景名胜区给排水工程、电力工程、通信工程、环境卫生设施、综合防灾等的规划设计要点。通过学习,使学生掌握基础工程规划内容,明确基础工程规划原则,了解各类基础工程规划方法。

9.1 基础工程规划的内容、任务和原则

9.1.1 基础工程规划的内容和任务

9.1 微课

风景区的基础工程规划,应包括邮电通信、给水排水、供电、环境卫生等内容;根据实际需要,还可包括供热、燃气等内容。风景区内的旅游村、旅游镇、旅游城等服务基地的基础工程规划应按照现行的有关规划标准进行编制。

基础工程规划的主要任务是:依据风景名胜区规划发展目标以及对不同类型基础设施的具体要求,科学制定各项基础工程的规划建设方案,合理有效布局各项设施,制定相应的设施建设策略与保护措施。

1)给水工程规划的主要任务

根据风景名胜区及周边城镇的供水情况,以最大程度保护和利用水资源为目标,合理选取确定供水水源、供水指标和预测供水负荷,并进行必要的水源规划和水资源利用供需平衡工作;确定给水设施的规模、容量;科学布局供水设施和各级供水管网系统,满足风景名胜区内各类用户对供水水质、水量、水压的相应要求,同时制定或提出相应的供水水源保护措施。

2)排水工程规划的主要任务

根据风景名胜区自然环境和用水需求情况以及周边城镇的排水设施规划建设情况,合理确定规划期内的污水排放量、污水处理方式和处理设施规模、雨水排放方式和排放设施规模;科学布局污水处理厂(站、装置)等各种污水处理与回收设施和排涝泵站等雨水排放设施以及各级污水、雨水收集管网系统;制定或提出相应的水环境保护、污水治理和利用对策与措施等。

3)供电工程规划的主要任务

结合风景名胜区内部及周边城镇电力资源和供电设施供需情况,合理预测规划期内的用电量负荷,确定供电电源以及输、配电设施的规模、容量、电压等级;科学布局变电所(站)等变配电设施和配电网络;制定或提出各类供电设施和电力线路的具体保护措施。

4）通信工程规划的主要任务

结合周边城镇通信现状和发展趋势,确定规划期内通信发展目标,合理预测通信需求并确定规划期内邮政、电信、广播、电视等各种通信设施的规模和容量;科学布局各类通信设施和通信线路;制定或提出通信设施综合利用相关对策与措施以及通信线路的保护措施。

5）环境卫生设施规划的任务

依据风景名胜区发展目标和规划布局,结合周边城镇环卫设施建设现状和发展规划,制定环境卫生设施配置标准,合理预测规划期内各类生活垃圾产生量,确定垃圾收集、运输、处理方式;合理确定主要环境卫生设施的数量和规模;科学布局垃圾收集、转运设施和公共厕所等各种环境卫生设施;制定或提出环境卫生设施的隔离和防护措施并提出垃圾回收利用对策。

6）综合防灾避险规划的主要任务

根据风景名胜区自然环境特点、灾害区划和等级,确定各项防灾标准,合理确定各项防灾设施的等级、规模;科学布局各项具体防灾设施;充分考虑防灾设施与常用设施的有机结合,制定防灾设施统筹建设、综合利用、防治管理等的对策与措施。

9.1.2 基础工程规划的原则

基础工程规划是风景名胜区总体规划中必不可少的专业规划,其主要作用是为景区内的各项旅游观光、休闲娱乐活动、餐饮住宿等旅游服务设施正常运行提供必要的基础设施保障条件。与城市基础工程规划不同,风景名胜区基础工程规划特别强调设施与自然、人文风貌相和谐统一。因此,风景名胜区基础工程规划应遵循以下基本原则:

1）符合风景名胜区管理、利用、保护和发展要求

风景名胜区兼有恢复森林植被、保护动植物多样性、涵养水源、保持水土等功能,内部一般不允许有大范围的工程建设项目,且风景区管理中经常有封山育林期。因此,基础工程规划应遵守风景区保护等基本要求,配合实现相关功能,做到保护和发展并重。

2）适应风景区特点,降低环境影响

基础工程规划应同风景名胜区的特色、功能、级别和分区相适应,减少建设工程中和建成后对景观和环境的负影响。由于景区的级别有所不同,规划时应首先考虑量力而行,根据景区级别对旅游设施的要求设置精简适合的基础设施配套服务体系,避免过于奢华而影响景区整体风貌。

3）确定合理的近远期结合的发展目标,逐步实施

规划时应该充分考虑风景名胜区发展目标,做到近远期结合,根据景区发展需求逐步实施,避免重复改造建设。

4）充分调查和规划

风景名胜区级别和景观内容不同,每年接待的游人也有所不同。规划时应首先做好前期调查工作,计算好景区各种水、电、气、热等的需求量,计划好通信等管线需求,为后期规划打下良好基础。

5）做好专项论证

对现状环境干扰性较大的工程项目及其规划,应进行专项景观论证、生态与环境敏感性分

析,并提交环境影响评价报告。

在风景名胜区的基础工程规划中,一些大型工程或干扰性较大的工程项目常常引起各方关注和争议。景区自身应避免如铁路、桥梁等的建设对风景名胜区生态的影响,在外部交通需要建设铁路、公路等交通设施时,应本着保护风景名胜区完整统一和已有的生态环境的原则另行选线。水库、水坝、水渠、水电、河闸等水利工程的建设,有时直接威胁到景观资源的存亡,引起景物和景观的破坏、游赏方式改变或使游赏内容消失,造成环境质量下降和生态破坏,因此,对这类工程和项目必须进行专项景观论证和环境敏感性分析,提出环境保护方案和措施。

9.1.3 基础工程规划应符合的规定

风景名胜区基础工程规划应符合下列规定:

①应符合风景区保护、利用、管理的要求;

②应同风景区的特征、功能、级别和分区相适应,不得损坏景源、景观和风景环境;

③应确定合理的配套工程、发展目标和布局,并进行综合协调;

④工程设施的选址和布局应提出控制性建设要求;

⑤核心景区及景区景点范围内不应建设高速公路、铁路、水力发电站及区域性的供水、供电、通信、输气等工程。

9.2 主要基础工程规划

9.2.1 给水工程规划

9.2 微课

风景名胜区给水工程规划的目标是安全可靠、经济合理地供给风景名胜区所需的各项用水,满足各类用水对象对供水水量、水质和水压的要求。

1)用水量指标确定

风景名胜区内的用水类型,按照不同的用途可分为生活、养护、造景、消防4大类,其中生活用水包括旅游者用水、常住人口用水,如餐饮、洗涤及冲厕用水等;养护用水主要包括广场道路保洁用水、植物浇灌、车辆冲洗用水等;造景用水主要用于人工水景(如喷泉、瀑布、跌水等)以及景观河湖补水等;消防用水主要是指为保障一些重要或特殊建筑物等的防火安全所需的用水。风景名胜区总用水量是各类用水量的总和,各类用水量是根据用水量标准进行预测确定的。

用水量标准是指规划期内不同用水对象所采用的用水量定额,不同用水对象应采用不同的用水量标准,不同地区自然条件以及社会经济发展水平的差异,也会直接影响到用水量标准的大小。规划确定风景名胜区内不同用水对象的用水量指标,除参照国家现行《城市给水工程规划规范(GB 50282—2016)》《风景名胜区总体规划标准(GB/T 50298—2018)》等相关规范规定外,还应结合当地用水的实际情况和未来发展趋势,经综合考虑后再确定。为提高给水工程规划的适应性和指标的可操作性,用水量指标应保持一定的弹性,即指标值包含一定范围的变化幅度。

2)用水量预测

用水量预测是指采用一定的预测方法,对某一规划时期内的用水需求总量进行预测。用水量预测时限应与风景名胜区总体规划年限一致,一般分近期(5年左右)和远期(15~20年)。用水量预测应符合相关标准,具体见表9.1、表9.2。

表9.1 供水供电及床位用地标准

类别	供水/[L·(床·d)$^{-1}$]	供电/(W·床$^{-1}$)	用地/(m²·床$^{-1}$)	备注
简易旅馆	80~130	1 000~2 100	50以下	一级旅馆
一般旅馆	120~200	1 200~3 000	50~100	二级旅馆
中级旅馆	200~300	1 500~3 400	100~200	三级旅馆
高级旅馆	250~400	1 700~4 800	200~400	四五级旅馆
居民	60~150	150~900	—	—
散客	10~30	—	—	—

资料来源:风景名胜区总体规划标准(GB/T 50298—2018)。

表9.2 旅游服务设施和配套服务设施用水量指标

用水设施名称	单位	用水量指标	备注
宾馆客房 旅客 员工	L/(床·d) L/(床·d)	250~400 80~100	不包括餐厅、厨房、洗衣房、空调、采暖等用水;宾馆指各类高级旅馆、饭店、酒家、度假村等,客房内均有卫生间
普通旅馆、招待所、单身职工宿舍	L/(床·d)	80~200	不包括食堂、洗衣房、空调、采暖等用水
疗养院、休养所	L/(床·d)	200~300	指病房生活用水
商业场所	L/(m²·d)	5~8	
餐饮、休闲娱乐业 中餐、酒楼 快餐店、职工食堂 酒吧、咖啡馆、茶社 卡拉OK厅	L/(人·次) L/(人·次) L/(人·次)	40~60 20~25 5~15	
办公场所、游客服务中心	L/(人·班)	30~50	
道路浇洒用水	L/(m²·次)	1.0~1.5	浇洒次数按气候条件以2~3次/d计
绿化用水	L/(m²·d)	1.0~2.0	
洗车用水	L/(辆·次)	40~60	指轿车采用高压水枪冲洗方式
消防用水			按《建筑设计防火规范》(GB 50016—2006)规定确定
不可预见水量			含管网漏失水量,按上述用水量的15%~25%计算

资料来源:建筑给水排水设计规范[S](GB 50015—2019);室外给水设计规范[S](GB 50013—2018)。

3）供水水源选择

风景名胜区供水水源选择，根据规划期用水需求量预测情况，首先考虑是否具备能与邻近的城市（镇）共享共用供水设施的条件。不具备条件时，需要独立选择供水水源。供水水源选择会影响到风景名胜区总体布局和给水排水工程的布置，应认真进行深入的调查、踏勘，结合相关自然条件、水资源勘测、水质监测、水资源规划、水污染控制规划等进行分析和研究。优先考虑选用水量充沛、水质较好、距离较近、取水条件便利的地表水源作为供水水源，地下水源作为补充备用。不论是地表水，还是地下水，供水水源水质都应当符合相关标准要求。

4）给水工程规划

风景名胜区给水系统主要由供水工程、净水工程、输配水工程三部分组成。设置供水厂的目的是通过一系列的净水构筑物和净水处理工艺流程，去除原水中的悬浮物质、细菌、藻类等常规有害物质以及铁、锰、氟等金属离子和某些有机污染物，使净化后的水质能够满足各项用水水质要求。输配水管网是满足风景名胜区正常供水需求的重要设施，同时也与道路、排水等其他基础设施的规划布局密切相关，因此必须对其布置原则提出明确的要求。

（1）供水厂布置　根据风景名胜区总体规划所确定的各项旅游服务设施和配套服务设施用地布局规划方案，在风景区内选取邻近主要用水区域，特别是用水量最大区域的合适位置，规划建设风景区供水厂。供水厂的确定需要作多方面的比较，如风景区的工程地质、地形、人防、卫生、施工等方面的条件。水厂厂址应选在工程地质条件较好、不受洪水威胁、地下水位低、地基承载能力较大、湿陷性等级不高的地方，以降低工程造价，同时尽可能设在交通便利、供电安全可靠、生产废水处置方便、环境卫生良好、利于设立防护带的地段。

供水厂设计规模按风景名胜区最大用水需求量确定，并根据风景名胜区的规划期限，考虑近远期结合和分期实施的要求。

（2）供水管网系统布置　供水管网的布置形式，应根据总体规划方案、未来发展目标以及用户分布和对用水的要求等进行规划布局。通常在主要供水区采用环状管网，提高供水安全可靠性。在用户分散的边远地区或用水量不大且用水保证率要求不高的地区可采用枝状管网布置方式，节省投资。在旅游村镇和居民村镇宜采用集中给水系统，主要给水设施可安排在居民村镇及其附近。

9.2.2　排水工程规划

风景名胜区内除供水系统外，还必须有良好的排水系统，否则将造成风景名胜区的环境污染。排水工程规划即是对风景名胜区内产生的各种污水、雨水的达标处理和顺利排出进行全面系统的安排和布局。

1）排水体制选择

按照来源和性质，风景名胜区内需要排除的水可分为生活污水和雨水两大类。对生活污水、雨水采用不同的排除方式所形成的排水系统，称为排水体制。一般的排水体制分为雨污合流制和雨污分流制。合理选择排水体制关系到排水系统是否实用，是否能满足环境保护要求，也关系到排水工程的运营费用。由于风景名胜区对环境保护的要求一般较高，排水体制通常采用雨污分流制。雨水通过雨水管道或沟渠排放到附近自然水体，污水则经过污水管道的收集，运送到污水处理系统中进行处理，待处理达标后，直接排入自然水体或者重复利用。

2）污水工程规划

污水工程规划分为污水管道系统规划和污水处理设施(污水处理设备、站或厂)规划两部分。污水管道系统规划的主要任务包括预测污水排放量、划分排水区域、确定排水体制和进行排水系统布局等内容。污水处理厂规划主要是厂址的选择、用地规模确定以及污水处理工艺的选择等。

(1)污水量预测　污水量预测是确定风景名胜区污水处理设施规模的依据。由于风景名胜区内一般采用雨水污水分流体制,故需处理的污水主要是生活污水。风景名胜区污水产生量的预测可以通过综合用水量(平均日)乘以污水排放系数求得。污水排放系数是指在一定计量时间(年)内的污水排放量与用水量(平均日)的比值。由于风景区的用水主要是由各类生活用水组成,污水产量由综合用水量(平均日)乘以综合生活污水排放系数得到。相对城市而言,风景区给排水设施完善程度和排水设施规划普及率都应更高,污水排放系数可取 0.85~0.9,即污水产量可按综合用水量(平均日)的 85%~90% 进行估算预测。地下水位较高地区,还应适当考虑地下水的渗入量。

(2)污水管道系统布置　风景区污水管道系统布置应根据风景区总体规划,并结合竖向规划和道路布局、坡向以及污水受纳体和污水处理厂的位置进行划分和系统布局。平原宜避开土质松软地区、地震断裂带、沉陷区以及地下水位较高的不利地带;起伏较大的山区,应结合地形特点合理布置管线位置,并应避开滑坡危险地带和洪峰口。污水管道一般沿着现有或规划道路布置并与道路中心线平行,通常设置在污水量较大、地下管线较少的一侧。污水输送尽可能采用重力流式,顺坡敷设,尽量不设或少设中途提升泵站,以节省建设投资及日常运行管理与维护费用。若遇到翻越高地、穿越河流、软土地基、长距离输送污水等特殊情况,无法采用重力流或重力流不经济时,可采用压力流。

工程管道地下敷设时,在满足技术要求的情况下,最好采用最小覆土深度,主要是为了满足施工方便和经济节约的原则。管道最小覆土深度需根据当地的冻土深度、管道外部荷载、管材材质等进行分析,以保证在外部荷载下不损坏管道。当然,也一定要考虑施工过程中的荷载,特别是道路面层施工过程中压路机的荷载不能使管道受到破坏。设置在机动车道下的埋地塑料排水管道不应影响道路质量,最小覆土厚度不小于 0.7 m,在非车行道下其最小覆土厚度可以适当减小。通常情况下,污水管道为重力流,管道都有一定的坡度,在确定下游管段埋深时需考虑上游管段的要求。

污水管网系统规划必须正确预测远景发展规划,以近期建设为主,考虑远期发展需要,并在规划中明确分期建设安排,以免造成容量不足或过大,致使浪费或后期在管道附近再敷设地下管线,造成施工困难。

(3)污水处理设施规划　对于距离城市较近的风景名胜区,可以同周边城市共享污水处理设施,这样能大大降低污水处理的成本。对于远离城市的风景名胜区来说,只能独立设置污水处理设施。其次,应结合风景区的总体规划和用地布局方案以及各项旅游服务设施、配套服务设施的布设情况,规划设置风景区污水处理设施。

通常,污水处理设施的选择应满足下列要求:
①在景区相邻水系的下游并应符合供水水源防护要求;
②在当地夏季最小频率风向的上风侧;
③与景区内人群密集区域以及其他公共设施保持一定的卫生防护距离;

④靠近污水、污泥的排放和利用地；

⑤应有方便的交通、运输和水电条件。

风景名胜区内的排水除了污水外还有雨水，雨水排放规划比较简单，可根据当地的暴雨强度公式，确定雨水排水区域，进行雨水管渠的定线等工作。风景名胜区内的雨水管渠力求简短，依靠重力自流，将雨水排入附近的自然水体中。管道的埋设应参照《室外排水设计规范》。

9.2.3 电力工程规划

风景名胜区的电力工程规划应纳入所在地域的电网规划。在人口密度较低和经济社会不发达并远离电力网的地区，可考虑其他能源渠道，例如风能、地热、沼气、水能、太阳能、潮汐能等。

风景名胜区电力工程规划应充分考虑风景名胜区的用电特点，应提供供电及能源现状分析、负荷预测、供电电源点和电网规划三项基本内容，并应符合以下规定：

①在景点和景区内不得安排高压电缆和架空电线穿过；

②在景点和景区内不得布置大型供电设施；

③主要供电设施宜布置于居民村镇及其附近。

为确保风景名胜区内各项活动正常有序地开展，安全可靠的供电系统是必不可少的重要基础保障条件。特别是旺季，对电力系统要求更高，必须实现平稳、充足、可持续的电力供应需求。风景名胜区供电规划，应包括供电及能源现状分析、负荷预测、供电电源点和电网规划三项基本内容。

1）供电及能源现状分析

风景名胜区内现有供电和能源提供的状况，制约着将来的能源使用情况。根据风景名胜区的位置和开发条件，可分为以下两种类型，每种类型均有各自用电特征。

（1）城市附近的风景名胜区 这类风景名胜区距离城市近，依托城市基础设施，用电比较方便。

（2）远离城市的风景名胜区 这类风景名胜区现状用电很少，用电条件较差，未来开发时对电的使用必然有较大的投入。在建设初期可以考虑使用小型发电机来满足生产生活的需要。

2）用电负荷预测

风景名胜区的用电主要由宾馆、旅社、饭店、休闲娱乐活动场所、商业零售场所等旅游服务设施用电、行政管理办公场所等配套服务设施用电、照明用电等部分组成。

用电负荷指区域内所有用户在某一时刻实际耗用的有功功率的总和。用电负荷预测是供电工程规划的基础依据，供电规模、变配电站（所）容量、输配电线路的输电能力等均依据用电负荷预测结果来确定。若变配电站（所）和输配电线路的容量选择过大，会造成资源的浪费，过小则会影响各项活动的正常开展。为此，科学合理的用电负荷预测是供电系统规划的基础。用电负荷预测宜采用单位建筑面积负荷指标法，并应符合国家和当地的节能要求。

3）供电工程规划

（1）变配电所规划 风景名胜区供电电源通常引自相邻城镇变电所（站），变电所（站）电压等级一般为 110 kV、35 kV 和 10 kV。

根据风景名胜区用电量负荷预测情况和规划用地布局方案以及各项旅游服务设施和配套服务设施的布设情况，选择在靠近用地负荷中心区域的合适位置设置配电所及开关站，并从邻近城镇变电所(站)引入风景区供电电源。

风景名胜区变电所选址应符合下列要求：

①符合风景名胜区总体规划用地布局要求；

②靠近负荷中心，以减少输电费用；

③便于各级电压线路的引入和引出；

④交通运输方便，以便运输设备和建筑材料的运输；

⑤应考虑对周围环境和邻近工程设施的影响和协调，如风景区其他基础工程设施；

⑥应满足防洪标准要求：35～110 kV变电所的所址标高，宜高于洪水频率为2%的高水位；

⑦应满足抗震要求，具体参照《35～110 kV变电所设计规范》(GB 50059—2011)；

⑧应有良好的地质条件，避开断层、滑坡、塌陷区、溶洞地带、山区风口和易发生滚石场所等不良地质构造。

(2)配电网络规划　地下电缆线路的路径的选择，除应符合国家现行《电力工程电缆设计规范》(GB 50217—2007)的有关规定外，尚应根据道路网规划，与道路走向相结合，并应保证地下电缆线路与其他工程管线间的安全距离。风景名胜区配电网络一般采用放射式，负荷密集地区及电缆线路宜采用环式。不能中断的重要用电设施部位采用双电源供电，不具备双电源供电条件的，设置自备发电机组供应系统，提高供电安全可靠性，应对突发事故时满足室内应急疏散照明、消防等一级负荷用电需求。

9.2.4　通信工程规划

风景名胜区的通信设施包括邮政设施、通信设施、有线电视、广播等设施。随着技术的发展，越来越多的通信技术和设备将运用于风景名胜区的建设中。风景名胜区通信工程规划，需要遵循两个基本原则：一是满足风景名胜区的性质和规模及其规划布局的多种需求，二是满足迅速、准确、安全、方便的通信服务要求，并应符合以下规定：

①各级风景名胜区均配备能与国内联系的通信设施；

②国家级风景名胜区还应配备能与海外联系的现代化通信设施；

③在景点范围内，不得安排架空电线穿过，宜采用隐蔽工程。

由于人口规模和用地规模及其规划布局的差异，对邮电通信规划的需求也不相同。应依据风景名胜区规划布局和服务半径、服务人口、业务收入等基本因素，分别配置相应的一、二、三等邮电局、所，并形成邮电服务网点和信息传递系统。风景名胜区分散的旅游服务点按每处两门电话考虑。风景名胜区一般不单独设置电话局，新增的电话通常由周边城镇的电话局引入。

现在我国城市的无线通信系统发展十分迅速，城市及主要公路已经基本覆盖，能满足大多数风景名胜区的通信要求。个别风景名胜区内的部分地区因地形限制产生信号盲区，可以通过在适当地点增加基站的方式解决，但在基站位置的选择上要注意，不要影响风景名胜区的主要景观。

电话需求量宜采用单位建筑面积电话用户预测指标进行预测，并满足当地电信部门的规定和管理方要求。

线路是各电话局之间、电话局与用户之间的联系纽带，是电话通信系统最重要的设施，合理确定线路路由和线路容量是电话线路规划的两个重要因素。规划线路应留有足够的容量，在经济、技术允许的情况下，应优先选用通信光缆或同轴电缆等高容量线路，以提高安全性和可

靠性。

特别保护区域或有特殊使用要求时,应单独设置通信线路。线路宜采用埋地敷设方式,宜与有线电视、广播及其他弱电线路共同敷设。

监控系统设置应包括确定监控中心地点和主要摄像机位置、线路走向等,并应确定系统配置。

根据管理和游览服务需要,可另行编制安全防范、信息网络、数字化景区、智能管理和多媒体等专项规划。

9.2.5 环境卫生工程规划

环境卫生工程规划主要包括公共厕所和生活垃圾处理设施两类规划。公共厕所规划,以数量满足需要、布局合理、建设标准与风景区级别一致、建筑风格与周边环境相协调的原则进行布置。垃圾处理设施设置必须从整体上满足垃圾收集、运输、处理和处置等功能,贯彻垃圾处理无害化、减量化和资源化原则,实现生活垃圾的分类收集、分类运输、分类处理和分类处置。

1)公共厕所规划

公共厕所是人们比较敏感的环境卫生设施,其数量多少、布局是否合理、建设标准的高低以及建筑形式与外观色彩的选用,都直接影响到游人的游览舒适程度和景观环境视觉感受及环境卫生面貌。

风景名胜区公共厕所应按照统一规划、合理布局、美化环境、整洁卫生、方便使用的原则进行统筹规划。主要观光游览区、商业零售服务区、游客服务中心、休闲广场、停车场等公共场所区域应设置公共厕所。每座厕所的服务半径:在入口处、步行游览主路及景区人流密集处为150~300 m,在步行游览支路、人流较少的地区为300~500 m。

公共厕所位置应符合下列要求:

①设置在人流较多的道路沿线、大型公共建筑及公共活动场所附近;

②独立式公共厕所与相邻建筑物间宜设置不小于3 m宽的绿化隔离带;

③附属式公共厕所应不影响主体建筑的功能,并设置直接通至室外的单独出入口;

④公共厕所宜与其他环境卫生设施合建。

公共厕所建设与管理标准根据风景名胜区的性质与级别确定,并符合国家《旅游厕所质量等级的划分与评定》(GB/T 18973—2016)要求,一般不应低于二星级的等级标准要求,部分核心地段不低于三星级标准要求,并实行统一专人管理。

公共厕所建筑形式与外立面色彩力求与周边的景观环境、建筑风格相协调。

公共厕所的附近和入口处,应设置明显的统一标志;内部应空气流通,光线充足,以防止蚊虫、蝇鼠和臭气扩散。公共厕所的粪便应与风景名胜区或城镇生活污水一并统一收集、集中达标处理排放。没有污水管道的区域,应设立化粪池或贮粪池等排放系统。

2)生活垃圾处理设施规划

风景名胜区生活垃圾处理设施规划包括生活垃圾的收集、清运、处理、处置与利用等几个方面的内容,应方便公众使用,满足卫生环境和景观环境要求,其中生活垃圾收集点、垃圾箱的设置还应满足分类收集的要求,最终实现生活垃圾的减量化、无害化、资源化处理目标。

(1)垃圾产生量预测指标 风景名胜区生活垃圾的来源主要包括风景名胜区内游人和管理人员的日常生活垃圾、商业和公共旅游服务行业的商业垃圾、公共场所的清扫垃圾等。垃圾主要成分包括废纸制品、织物、废塑料制品、厨余废物、废弃蔬菜瓜果与废旧包装材料等。随着我国经济发展和生活水平的不断提高，风景区生活垃圾产生量增长不断加快，与城市一样，生活垃圾成分无机物减少，有机物增加，可燃物增多趋势明显。通常生活垃圾中除了易腐烂的有机物和灰土外，其他各种废品基本上都可以回收利用。

风景区生活垃圾规划预测时，应根据风景区所处的不同具体地区，参照城市生活垃圾产生量人均指标值，由人均指标乘以规划的游人容量则可得到风景区生活垃圾总量。

（2）垃圾处理设施规划

①生活垃圾的收集与运输：风景区生活垃圾的收集与清运，是指垃圾产生以后，由相关的容器将其收集起来，集中到垃圾收集站点后，用清运车辆将垃圾运送至垃圾转运站或处理场。垃圾收运系统是垃圾处理系统的重要环节，直接影响到垃圾的处理方式。

生活垃圾的收集方法从源头上可分为混合收集和分类收集两种。混合收集，是将产生的各种垃圾混在一起进行收集，该收集方法简单方便，对设施和运输的条件要求低，但不利于后期的无害化处理和资源的回收利用。分类收集，是将垃圾分为可回收物（如纸张类、塑料、织物、瓶罐等）、有害垃圾（如废弃电池、日用化学品等）和其他垃圾三类，通过设置不同颜色的回收容器进行分类回收。对于有回收利用价值的垃圾，应尽可能进行回收利用，实现资源化目标。对于有害垃圾，必须进行焚烧、填埋或特殊处理。对于其他垃圾可视具体情况进行焚烧或填埋处理。

生活垃圾的清运是从各垃圾收集站点把垃圾装运到转运站、处理厂的过程。垃圾清运力求快速、经济和卫生，要求日产、日收、日清。收集运输方式的选择，按照保护环境、高效合理、节省投资、为后续处理创造有利条件的原则进行。生活垃圾收集，原则上应采取容器化、密闭化的分类收集方式。垃圾袋装化后，投入设置于建筑物旁、道路、广场、停车场等处的垃圾收集箱内，垃圾袋装可避免清运过程中垃圾的散失，减少垃圾箱周围臭气和蚊蝇滋生。垃圾收集箱的设置间距根据道路功能、广场等公共设施性质与游人容量状况选取确定。人流密集区域或景点每隔30～50 m、主要游览道路100 m左右、一般游览道路每隔200～400 m，在道路两侧设置垃圾收集箱。垃圾箱应美观、卫生、耐用、防雨、阻燃，并力求与周围景观环境相协调。

②生活垃圾处理与处置：风景区生活垃圾无害化处理率应达到100％。当前，生活垃圾处理通常采用填埋、堆肥、焚烧及其他处理方法，其中处理技术比较成熟、操作管理简单、投资和运行费用较低的垃圾填埋方法，应用最为广泛。填埋是指将固体废物填入确定的谷地、平地或废矿坑等，然后用机械压实后覆土，使其发生物理、化学、生物等变化，分解有机物质，达到减容化和无害化的目的，但其占地面积大，垃圾渗滤液二次污染问题突出，填埋过程产生的沼气易爆炸或燃烧，场址选择受地形和水文地质条件限制大。随着资源节约型社会建设的不断推进和经济实力的不断提高，可以大量节约土地资源和最大限度实现垃圾处理再生资源回收利用目标的生活垃圾处理方法，将成为未来垃圾处理方式的必然选择，如采用堆肥与填埋相结合、焚烧与填埋相结合的垃圾综合处理方式，逐步开展垃圾处理综合利用，最终实现减量化、无害化、资源化处理目标。

风景名胜区内所产生的生活垃圾，要尽可能地利用周边城镇生活垃圾处理设施进行处理与处置，最大限度地发挥区域性基础设施的投资建设与处理效益。

9.2.6　综合防灾避险规划

综合防灾避险规划内容包括地质灾害、地震灾害、洪水灾害、森林火灾、生物灾害、气象灾害、海洋灾害和游览安全防护等。规划应按照"预防为主、防治结合、防救结合"的原则，确定防

灾目标或标准,提出防灾对策措施,布置防灾设施,并注重各灾种防抗系统的彼此协调、共同作用。

1)综合防灾避险规划的任务和原则

(1)规划任务　根据风景名胜区自然环境、灾害区划和发展定位,统筹防灾防御目标,确定风景区各项防灾标准,以风景游览区和旅游服务区为重点,梳理防灾避险空间布局,合理确定各项防灾设施、应急保障基础设施和应急服务设施的布局、等级、规模,明确地质灾害防治、防洪、森林防火等措施;充分考虑防灾避险设施与风景区常用设施的有机结合,制定防灾避险设施的统筹建设、综合利用、防护管理等对策与措施。

(2)规划原则　综合防灾避险规划应遵循以下原则:

①统筹防灾发展和防御目标,协调防灾标准和防灾体系,整合防灾资源。规划设防标准不应低于国家或地方制定的相关自然灾害防治条例或标准中的规定。

②遵循相关法律规范和标准。

③与风景区总体规划、详细规划及各专项规划相协调,应结合风景区规划用地布局,与其他专业设施规划相互协调。

④结合当地实际情况,根据所在城市和地区确定风景区的设防标准、制定防灾对策、合理布置各项防灾设施,做到近、远期规划结合。

⑤注重防灾工程设施的综合使用和有效管理。

⑥坚持平时功能和应急功能的协调共用,统筹规划,综合实施保障。

2)各类防灾避险规划

(1)消防规划　消防规划包括森林防火和建筑防火两个方面的内容,是综合防灾系统规划的重点。

①森林防火规划:森林火灾是森林最危险的敌人,也是林业最可怕的灾害,它会给森林带来最有害,最具有毁灭性的后果。风景区的森林防火规划应针对风景区的特点构建森林防火救灾体系,提出森林防火的管理措施。

风景名胜区森林防火措施主要包括:在山林入口处建立森林防火站,对进山游客进行防火宣传教育和防火安全检查,禁止游客将易燃易爆品带入山上;森林防火期内,禁止在森林防火区野外用火;因防治病虫鼠害、冻害等特殊情况确需野外用火的,应当经县级以上人民政府批准,并按照要求采取防火措施,严防失火;森林高火险期内,进入森林高火险区的,应当经县级以上地方人民政府批准,严格按照批准的时间、地点、范围活动;建立各级森林防火指挥系统,组建专业、半专业扑火队伍和群众义务防火队;购置专业扑火设备和扑火工具;建立畅通无阻的森林防火通信网络;建立森林防火监控体系,实行森林防火地面巡护和监管制度;在最高峰设立小型防火瞭望塔,实现森林防火瞭望覆盖率达到 100 %;必要时建设森林防火阻隔网络,充分利用河流、道路和抗火的经济林、杂阔林以及人工林,把林区分成各自独立封闭又有联系的防火网络;加强河、湖、库、塘水体的保护与治理,在作为景观水体的同时,充分利用其作为补充消防供水水源。

②建筑物防火规划:风景名胜区内除了为游人服务的公共建筑,古建筑作为观赏游览对象,是国家重要的历史文化遗产,是国家文明的重要标志。

风景名胜区建筑物防火措施主要包括:建设用地规划力求合理布局,民用液化气贮配站点、加油站点等特殊危险设施用地选址应严格;遵循相关的规范、标准要求,特别是要保持规范要求的安全防火间距,减少火灾发生隐患。

凡古建筑的管理、使用单位,必须严格对一切火源、电源和各种易燃易爆物品的管理;禁止在古建筑保护范围内堆存柴草、木料等易燃可燃物品;严禁将煤气、液化石油气等引入古建筑物内;禁止利用古建筑当旅店、食堂、招待所或职工宿舍;禁止在古建筑的主要殿屋进行生产、生活用火;在厢房、走廊、庭院等处需设置生产用火时,必须有防火安全措施,并报请上级文物管理部门和当地公安机关批准,否则一律取缔;在重点要害场所,应设置"禁止烟火"的明显标志;指定为宗教活动场所的古建筑,如要点灯、烧纸、焚香时,必须在指定地点,具有防火设施,并有专人看管或采取值班巡查等措施;凡与古建筑毗连的其他房屋,应有防火分隔墙或开辟消防通道;古建筑保护区的通道、出入口必须保持畅通,不得堵塞和侵占;为预防雷击引起火灾,在高大的古建筑物上,应视地形地物需要,安装避雷设施,并在每年雷雨季节前进行检测维修,保证完好有效。

若涉及古村落或古建筑改造保护,相邻建筑物之间必须留出规定的消防间距和消防通道,满足消防车通行需要。参照城市消防规划要求,两建筑物之间的防火间距:一、二级耐火等级之间的距离最少采用 6 m,三级与三级耐火等级之间的距离采用 8 m,四级与四级耐火等级之间的距离采用 12 m。消防通道宽度应不小于 4 m,净空高度不小于 4 m,尽端式消防通道的回车场尺寸应不小于 15 m×15 m。同时,较为常见的砖木结构古建筑在更新改造过程中,应采用防火建筑装饰材料或对建材进行防火阻燃处理,提高建筑物的防火、耐火等级。各类建筑和设施的消防规划应按现行国家标准《建筑设计防火规范》[GB 50016—2014(2018 版)]执行。

(2)防洪规划 风景区规划范围内或邻近周边存在河流、湖泊等易发生洪涝灾害水体时,会因为降水无法及时排除而引发洪涝灾害。风景区的防洪规划应收集洪水信息,确立防洪标准,提出风景区水系清理、整治的措施,提出洪水防范的技术措施。

风景区防洪的具体措施如下:

①重视水土保持、植被保护工作,加强水土流失治理,控制地表径流和泥沙;

②加强水库、湖泊、堰塘的安全维护,充分利用现有水库、湖泊、堰塘、洼地的拦蓄或滞蓄功能,提高洪水调蓄能力,消减洪峰流量;

③加强河道、沟渠的疏浚治理工作,并考虑景观要求,设置必要的堤防、护岸、截(排)洪沟等防洪设施,临水建筑与河道保持一定的防护距离。

地势低洼处,应采取相应的防涝措施,如修建排涝泵站等。截(排)洪沟的布置,根据山坡径流、坡度、土质及排出口位置等因素综合考虑,因地制宜,因势利导,就近排放,截(排)洪沟走向宜沿等高线布置,选择山坡缓、土质较好的坡段,并尽可能与园林绿化、水土保持、河湖水系规划相结合。

风景名胜区防洪标准的确定,根据其等级、旅游价值、知名度、保护对象和受淹损失程度,参照国家《防洪标准》(GB 50201)等相关标准确定。

(3)地质灾害防治规划 地质灾害包括自然因素或者人为活动引发的危害人民生命和财产安全的山体崩塌、滑坡、泥石流、地面塌陷、地裂缝、地面沉降等与地质作用有关的灾害。风景名胜区的地质灾害防治规划应调查研究地质灾害类型,分析地质灾害的危害情况,提出地质灾害防治的技术措施。

我国的许多风景名胜区都位于山区,以陡、峻、险、奇而闻名的诸多风景名胜区或景点,是自然地质作用的产物,也往往是存在崩塌、滑坡、泥石流等地质灾害隐患的危险区或危险点。

通常情况下,风景名胜区内低山地区的岩石,经过长期的自然风化、剥蚀和侵蚀,其风化壳

厚度可达十多米,甚至几十米,当遭遇暴雨和山洪时,极易形成滑坡、崩塌、泥石流等地质灾害,对游人的游览活动和建筑物、财产安全造成一定的潜在危险和危害。

风景名胜区滑坡、崩塌、泥石流等地质灾害易发生的区域地段,应采取工程措施和非工程措施(生物措施)相结合的防治方式,进行灾害预防和抗御,包括修筑人工护坡、截排洪沟、导流堤、陡槽;固定坡面,使坡面保持稳定,必要时在滑坡、塌方处设置挡构筑物;加强植被覆盖保护,控制水土流失,防止冲刷;同时,要加强工程地质勘察工作,避免在滑坡体、塌陷区、断裂带等易发生地质灾害的地段规划建设各类建设工程项目。

地质灾害防治规划一般包括:

①地质灾害现状与发展趋势预测;

②指导思想、基本原则和目标;

③主要任务;

④防治分区划分和评价,包括地质灾害易发区、重点防治区及地质灾害防治重点项目;

⑤防治方案;

⑥防治实施安排和保障措施等。

(4)森林病虫害防治规划 森林病虫害防治,是指对森林、林木、林木种苗及木材、竹材的病害和虫害的预防和除治。为有效防治森林病虫害,保护森林资源,维护自然生态平衡,对于拥有良好森林资源条件的风景区,加强森林病虫害防治工作十分必要。由于全球气候变化和自然生态环境受到污染破坏,诸如近年来在广大南方地区所发生的松材线虫病,流行速度很快,风景名胜区植物一旦遭受侵害,将有可能对森林资源造成毁灭性的破坏危害,必须引起高度重视,并积极采取各种有效的防治措施。森林病虫害防治实行"预防为主,综合治理"的方针。

①风景名胜区森林病虫害防治措施,主要包括:

a. 在风景名胜区入口处设立检疫检查站,严禁各类带有或易传播病虫害的木材产品进入林区,发现新传入的危险性病虫害,应当及时采取严密封锁、扑灭措施,不得将危险性病虫害传出。

b. 采取有效措施,保护好风景区内的各种有益生物,并有计划地进行繁殖和培养,发挥生物防治作用。

c. 积极采用人工防治、诱捕防治、化学防治和飞机喷洒等多种综合性防治措施,逐步改变森林生态环境,提高森林抗御自然灾害的能力。

d. 针对纯林易发生病虫害的特点,推广采用林相改造、林下植树等方式,促使纯林改变为混交林,提高林分抗病虫害能力。

e. 对古树名木采取逐株综合保护措施,防虫去病,提高其生长力,施药必须遵守有关规定,防止污染环境,减少杀伤有益生物。

②森林病虫害防治规划内容包括:

a. 林分状况:树种、郁闭度、树龄、树高;

b. 虫情、病情:病虫种类、虫态虫龄、虫口密度(感病指数)、天敌种类数量;

c. 防治方法:施药方式、用药种类、防治时间;

d. 防治地点:乡、村、面积;

e. 效益预测:经费预算、效益预估。

(5)游览安全防护规划 游览安全防护系统包括安全救护系统和安全管理系统。

① 安全救护系统:

a. 建立专门避灾防险救护机构。在入口区建立救援中心,在景区内服务中心设救护点。

b. 制定旅游安全救护应急预案,成立快速救援队伍,遇有意外,在第一时间做出快速反应,及时处理。

②安全管理系统:

a. 设立安全管理机构。景区、景点设立安全岗位流动观察哨,观察和监督防灾、减灾工作。及时检查交通车辆、索道、道路、护栏、险塞景点及可疑人员是防治灾害发生的有力手段。建设监察队伍,严厉查处违法违规行为。

b. 健全安全管理法规体系。制定景区安全管理条例,对游人实施灾害意识教育,以法律手段保护资源和环境。

c. 完善安全标识系统。旅游线路中雄险陡峭地段,设置警示标志,划定游人活动区和限制区,严禁攀折树木、采集标本植物,增强人们安全防范心理意识。

d. 建立环境容量控制系统。科学测定旅游区环境容量及旅游景点的安全系数,采取空间和时间上的分流及控制门票出售量等途径来进行调控。

e. 建立数字景区和管理信息系统。建立景区视频监控系统、网络服务平台,实现景区游览、森林防火、交通治安和规划建设等景区管理工作 24 小时监控。

9.3 案例

峨眉山风景名胜区基础设施规划

一、供水系统规划

1. 供水设施规划

(1)扩建现状报国水厂,主要供水范围为黄湾镇的黄湾村、张坝村、报国村以及报国寺景区。

(2)新建龙洞水厂(小楔头水厂),水源为地表水,供应龙洞村和零公里。

(3)新建张沟旅游镇水厂,水源为地表水,供应张沟旅游镇。

(4)在各保留村建设供水站,分别供应各村居民以及附近旅游点生活用水和消防用水。

(5)在清音阁、万年寺各设 1 处供水站,分别供应对应风景区生活用水和消防用水。其余景区内规划有接待床位的旅游点和寺庙均应建小型供水设施。

(6)各景点和村庄均可采用小型蓄水池等储水设施,就近收集储存山溪泉水作为日常生活用水主水源或者备用水源。

2. 供水管网规划

(1)管道埋地铺设,根据实际用水点分布情况采用枝状与环状相结合的方式布置供水管网。

(2)报国、黄湾和张坝旅游镇主要采用环状管网,各村庄、景区内部采用枝状管网。

二、排水系统规划

1. 污水系统规划

(1)在龙洞村、张沟旅游镇、万年寺景区、金顶景区、清音阁景区设若干座污水处理站,收集周边生活污水,处理达标后排放。

(2)未建设集中污水处理设施的区域,生活污水和公厕粪便采用分散处理方式;生活区产生的生活污水就近排入景点附近的沼气池、化粪池和小型污水处理站,达标处理后排入外围树林中,用作游人不及处的森林植被和寺庙自留菜地等施肥。

(3)各景点独立旅游服务公厕可因地制宜采用生态环保厕所,粪便污水送入附近旅游接待点处理;或就近排入化粪池,达标处理后排入外围树林中,用作森林植被施肥。

(4)污水处理设施的处理工艺要求采用技术先进、成熟、占地面积小、建设费用和运行费都比较低的处理方式,可采用成套污水一体化处理设备。

(5)宣传节约用水,控制普通洗衣粉的使用,提倡使用无磷洗衣粉和洗涤剂,使污水处理设施的运行高效低耗。

2.雨水系统规划

(1)雨水排放按照高水高排、低水低排、就近排放的原则,采用道路边沟、明渠与管道相结合的排水方式。

(2)对于地势相对平坦、人工建筑较密的地区,如黄湾旅游镇、龙洞旅游镇等可采用管道排水,地形坡度较大,以植被为主的地区,可结合自然排水沟和新建排水明渠排水。

三、供电规划

(1)保留北部110 kV线路(罗目站—洪雅七里坪站)和35 kV线路,保留高山区雷洞坪35 kV变电站,继续建设黄湾110 kV变电站(2×40 MVA)。

(2)将现状曾板沱水电站和峨山水电站分别改建为两座35 kV变电站(峨山变电站、中山变电站)。

(3)改造景区内35 kV、10 kV线路,景区内10 kV配电网络建设,中压配电网络以单联络接线为主,不具备环网条件的地区可采用单辐射接线,有条件时可逐步形成两分段及以上联络接线。

四、通信规划

(1)通信以有线通信与无线通信相结合,固定电话根据旅游服务基地及村庄设置通信模块,通过数字光纤线路接入峨眉山市城区固定通信系统。

(2)在洗象池景区、清音阁景区、神水阁景区、四季坪景区、万年寺景区新设电信、移动和联通共享的移动电话基站,覆盖大部分景点。

(3)通信线缆采用埋地敷设,主要沿公路和主游道敷设,仅在不影响景观的地段可以采用架空方式。

五、邮政系统规划

新设龙洞邮电所,在峨眉山金顶设置1处景区邮政服务点,在旅游镇、旅游村设置邮政代办点,在景区内设置"旅人邮亭"。

六、环卫工程规划

(1)实现生活垃圾袋装化,在居住用地及旅游服务区内设置垃圾收集点及垃圾中转站。

(2)景点、游道、街道等处按间距不大于100 m设置废物箱。所有生活垃圾运往风景区以外处理。在黄湾、龙门、龙洞设置三个垃圾压缩站。

(3)在居住用地及旅游服务区内设置公共厕所,厕所风貌要与环境相协调。

(4)没有集中污水处理设施区域,粪便可以排入沼气池,发酵后作农林基肥,禁止粪便直接排入水体。

七、防灾减灾规划

(1)在龙洞旅游镇建设二级普通消防站一处,占地2 500 m²,主要责任区为龙洞旅游村及雷洞坪。

（2）新建工程必须按国家颁布《建筑抗震设计规范》（GB 50011—2010）所规定的抗震设防烈度为Ⅶ度的建筑抗震设防分类和设防标准进行抗震设计和建设。

（3）地质灾害防治必须认真贯彻实施《地质灾害防治条例》《四川省地质环境管理条例》等法律法规，依法行政，提高管理水平。

（资料来源：《峨眉山风景名胜区总体规划（2018—2035）》，中国城市规划设计研究院）

思考与练习

1. 简述风景名胜区基础工程规划的主要内容和任务。
2. 风景名胜区基础工程规划应符合哪些规定？
3. 风景名胜区综合防灾避险规划包括哪些内容？
4. 风景名胜区地质灾害防治规划包括哪些内容？
5. 风景名胜区建筑物防火措施主要包括哪些？
6. 请详细描述风景名胜区森林病虫害防治措施。

10 居民社会调控和 经济发展引导规划

[本章导读]本章介绍风景名胜区居民社会调控规划的基本要求、原则及内容;针对风景名胜区的经济发展问题提出具体的要求与目标,特别针对经济发展涉及的空间布局引导以及结构优化问题提出框架性的指导措施。通过学习,使学生掌握居民社会调控和经济发展引导规划的内容和原则,解居民社会调控和经济发展引导规划的基本方法。

10.1 居民社会调控规划

10.1.1 概述

早在风景名胜区建立之前,当地的人口和民族分布格局就已形成,风景区的原住居民以其自身固有的生产生活方式生存繁衍。风景区的建立,使原住居民及其利用的土地被划入风景区范围内,风景区用地与原住居民的村落、农田、牧场及集体山林等交错在一起,在为风景区的保护及原住居民的发展带来机遇的同时,也增加了风景区的保护管理难度,同时也在一定程度对原住居民的生产和生活产生影响,保护与发展之间的矛盾成为实现风景区可持续发展面临的重要问题。

风景区社区居民对风景区保护和发展造成的问题主要表现在以下几个方面:

①社区居民住宅建设和社区内旅游服务设施建设规模过大,对风景区视觉景观和生态环境造成不良影响;

②社区建筑及其他设施的形式、色彩和体量对风景区的视觉景观造成影响,社区风貌与当地的地域文化特色产生冲突,影响社区历史和美学价值的保护;

③社区居民多,人口密度大,生产生活方式落后,对环境带来一系列不良影响;

④居民砍伐森林、开山取石、狩猎等不合适的资源利用形式及自发经营的旅游服务活动对风景区风貌、环境和经营秩序造成影响;

⑤工业企业造成的环境污染问题、企事业单位用地规模和建设风貌对风景区环境和景观造成影响。

风景区社区居民对风景区保护和发展的积极作用表现为:居民建筑、生产活动、民俗风情等作为风景区风景名胜资源的重要组成部分,为风景区的景观增添了丰富的人文内涵,延续着风景区的历史文化传承;居民作为传统村落的居住者和守护者,其适当的生产生活活动为风景区带来生机和活力;居民作为风景区环境的维护者和管理的参与者,有助于风景区的保护和管理工作。

在风景区居民社会调控中,国外的国家公园社区管理经验值得借鉴。以英、美为例,19世纪后期大量的原住居民随着国家公园的建设和扩张被迫离开世居地,政策不平等、资金不完善等因素使移民的后续生计成为难题。随着国家公园管理水平的提高及原住居民与国家公园之间的共生价值得到认可,通过公众参与、协议共管等机制让原住居民参与国家公园的保护管理工作成为更普遍的做法。

为加强我国风景名胜区的保护和管理工作,同时为风景区的居民营造可持续的生产生活条件,参照国外国家公园管理经验,结合我国国情,《风景名胜区总体规划标准》(GB/T 50298—2018)明确了风景区居民社会调控规划的基本要求、原则和内容。

10.1.2　居民社会调控规划的基本要求

凡含有居民点的风景区,应编制居民点调控规划;凡含有一个乡或镇以上的风景区,必须编制居民社会系统规划。

编制城市、镇规划,规划范围与风景区存在交叉或重合的,应将风景区总体规划中的保护要求纳入城市、镇规划。编制乡、村规划,规划范围与风景区存在交叉或重合的,应符合风景区总体规划。风景区外围保护地带内的城乡建设和发展应与风景区总体规划的要求相协调。

10.1.3　居民社会调控规划的原则

风景区的居民社会调控规划应遵循以下原则:

①应建立适合风景区特点的社会运转机制,应保证居民生产生活及相应利益。应在对风景区社区居民生产生活现状调研的基础上,在满足风景区保护要求的前提下,充分考虑居民的生产生活及相应利益,科学制定适合风景区特点的社会运转机制。

②以风景名胜资源保护为前提,优化居民社会的空间格局,条件许可时应进行生态移民。居民社会的空间格局应以风景资源保护为前提,宜疏解则疏解,宜控制则控制,宜发展则发展。

③科学引导居民社会的产业发展,促进风景区永续利用。在产业发展规划中,应科学确定产业结构和劳动力结构,推广生态农业和对土地依赖性不强的非农业生产形式,如无污染的工业和旅游服务业等,促进风景区永续利用。

10.1.4　居民社会调控规划的内容

风景区居民社会调控规划应包括以下内容:现状、特征与趋势分析;人口发展规模与分布;经营管理与社会组织;居民点性质、职能、动因特征和分布;用地方向与规划布局;产业和劳力发展规划等。

1)风景名胜区常住人口发展规模限定与控制

居民社会调控规划应科学预测和严格限定各种常住人口规模及其分布的控制性指标;应根据风景名胜区需要划定无居民区、居民衰减区和居民控制区。

风景名胜区常住人口包括当地居民和职工人口,职工人口又分为直接服务人口和维护管理人口。在规划中控制景区常住人口的具体操作方法是:在风景区中分别划定无居住区、居民衰减区和居民控制区。在无居住区,禁止常住人口落户;在衰减区,要分阶段地逐步减少常住人口的数量;在控制区,要详细制定允许居民数量的控制性纲要。

2)制定风景区居民点系统规划

在居民社会因素比较丰富的风景名胜区应制定比较完整的居民点系统规划。居民点系规划应与风景区所在地域的城市规划和村镇规划相互协调,应从地域相关因素出发,在与风景名胜区内外的居民点规划相互协调的基础上,对已有的城镇和村落从风景资源保护、利用、管理的角度提出调控要求;对规划中拟建的旅游基地等,要提出相应的控制性规划纲要;对风景区内的历史文化名城、名镇、名村和特色风貌村点等应提出规划引导与保护措施。

我国风景名胜区内的居民点主要有以下4类情况:

(1)城市建成区、建制镇、非建制镇等人口密集区 城市建成区一般指实际已成片开发建设、市政公用设施和公共设施基本具备的地区,含市政府、县政府所在地;建制镇指经省、自治区、直辖市人民政府批准设立的镇;非建制镇一般指集镇,是指乡、民族乡人民政府所在地和经县级人民政府由集市发展而成的作为农村一定区域经济、文化和生活服务中心,介于乡村和城市之间的过渡性居民点。

(2)行政村 行政村是国家按照法律规定而设立的农村基层管理单位,可以由多个自然村构成,也可能一个大的自然村分为若干个行政村。

(3)自然村 以家族、户族、氏族或其他原因自然形成的居民聚居的村落称自然村,是与行政村相对而言的。自然村隶属于行政村,几个相邻的自然村可以构成一个大的行政村。我国的自然村落多不规则散落在风景名胜区内,尤其是少数民族村落很多是典型的山地民族,如佤族、瑶族等依山而居,呈现出大分散,小集中的特点,居住文化有明显的地域特色。

(4)零星分布的原住居民 对于不同类型的居民点,应在现状调研的基础上,以风景资源保护为前提,研究确定这些居民点的性质规模,科学选择产业发展方向,合理进行居民点的空间布局和景观风貌规划建设,促进居民点建设与风景名胜区的协调发展,实现风景资源保护与居民社会的"双赢"。

居民社会调控规划中,对居民点的具体调控方法,尤其在农村居民点调控体系中,要根据资源保护和新农村建设发展需要,按人口导向趋势,分别划出疏解型、控制型和发展型三种基本类型,分别制定其规模、布局和建设管理措施。

(1)疏解型 位于生存条件恶劣、地质灾害频发的区域,或位于核心保护区内的行政村、自然村和零散居民点,可结合国家精准扶贫、生态扶贫等政策,一次性搬迁;对零星分布、对保护价值影响小、确实无法退出的核心区内的自然村落和零散居民点,严格控制村镇聚落空间扩展,同时通过外围聚集型居民点的吸引、引导青壮年异地就业并提供相应的社会保障等措施,使其人口渐趋衰减。

(2)控制型 对于具有保护价值、积淀着深厚地方文化、具有重要历史价值、文化价值的自然村落等,可以保留并划入保护地的一般控制区,通过协调当地国民经济发展规划、国土空间规划等,保障原住居民的合法权利,但必须严格控制发展规模,禁止外来人口迁入。

(3)发展型 通过政策和经济上的鼓励,在景区外面的非风景地段有规划地改造或新建少数居民点,使它们比景区内居民点有更多的就业机会和更好的生产与生活条件,成为吸引景区内居民的场所。

3)居民社会用地方向及用地布局规划

严禁在景点和景区内安排工业项目、城镇建设和其他企事业单位用地,不得在风景区内安排有污染的工副业和有碍风景资源保护的农业生产用地,不得破坏生态环境而安排建设项目。

10.2 经济发展引导规划

经济发展是指一个国家和地区随着经济增长而出现的经济、社会和政治的整体演进和改善。一般来说,经济发展包括三层含义:一是经济量的增长,即一个国家或地区产品和劳务的增加,,它构成了经济发展的物质基础;二是经济结构的改进和优化,即一个国家或地区的技术结构、产业结构、收入分配结构、消费结构以及人口结构等经济结构的变化;三是经济质量的改善和提高,即一个国家和地区经济效益的提高、经济稳定程度、卫生健康状况的改善、自然环境和生态平衡以及政治、文化和人的现代化进程。

10.2.1　风景名胜区经济的特点

风景区的经济发展,是与风景区有关的经济活动引起的,通常包括管理机构和管理职工对各种资源的维护、利用、管理等活动;当地居民的生活和生产活动;外来游人的旅游活动等。

风景区经济是一种与风景区有着内在联系并且不损害风景的特有经济,虽然具有明显的有限性、依赖性、服务性、限制性的特点,但也是国家和地区的国民经济与社会发展的组成部分,对地方经济振兴起着重要作用,因而,国家经济社会政策和计划也是风景区经济社会发展的基本依据。

就基本国情和现实看,风景区需要有独具特征的经济实力,需要有自我生存和持续发展的经济条件。国民经济和社会发展计划确定的有关建设项目,其选址与布局应符合风景区规划的要求;风景区规划所确定的旅游设施和基础工程项目以及用地规划,也应分批纳入国民经济和社会发展的计划,这就加强了风景区规划与国民经济和社会发展之间的关系,为此,风景区规划应有相应的经济发展引导规划与之有机配合。

风景区是人与自然协调发展的典型地区,其经济社会发展不同于常规乡村和城市空间,因而,风景区规划中的经济发展专项规划,也不同于常规的城乡经济发展规划,这个规划重在引导,把常规经济政策和计划同风景区的具体经济条件和性质结合起来,形成独具风景区特征的经济发展方向和条件。

风景名胜区的经济不同于一般的城市经济和农村经济,也不等同于单纯的旅游经济。风景名胜区的经济是与风景名胜区有着内在联系并且不损害风景的特有经济。具体地说,风景名胜区的经济具有以下4个特点:

1)特有性

风景名胜区是一种主要满足人们精神文化需要的特殊区域,这就决定了风景名胜区经济与一般区域的经济有根本的区别。例如在一般区域的经济中往往以第二、第三产业为主体,而在风景名胜区往往受到较为严格的限制,形成在特殊区域中特有的经济系统。

2)依赖性

风景区经济对风景资源有着依赖性。因为风景资源是风景名胜区经济发展的客观载体,所以一旦风景资源遭到破坏,风景名胜区经济就失去了依赖的基础,必将随之衰败;如果风景名胜区不存在了,景区经济也就无从谈起。

3)服务性

风景名胜区提供的服务包括交通运输服务、饮食服务、住宿服务、导游服务、旅游商品供应服务以及各种其他与旅游直接或间接相关的服务,这种服务不仅是一种为风景名胜区的发展提供直接服务的经济行为,而且还影响着风景名胜区第三产业的发展以及风景名胜区相关设施的结构与布局。

4）限制性

风景名胜区的建设与发展必须建立在风景资源保护的基础上,这是由风景名胜区的性质决定的。风景资源保护使得风景名胜区在产业部门选择和产业空间的布局等方面都会因此而受到诸多方面的限制,如对风景名胜区内产生"三废"污染的工业发展的限制,旅游服务设施建设规模的控制等。

充分了解风景名胜区经济的这些特点对科学制定风景名胜区经济发展方向和政策具有十分重要的作用。

10.2.2 风景区经济的分类

根据风景区经济的分布区域,将风景区经济分为三类:门内经济、门外经济、域外经济。

1）门内经济

指风景区界限范围以内的经济尤其是由旅游活动直接引起的经济活动,也包括少量为旅游业间接服务的农业生产等活动,它与门外经济有清楚的地域界限,狭义的风景区经济即指门内经济。

2）门外经济

指分布在风景区界限外缘的城(镇)或个别风景区界域以内的原有城(镇),作为风景区高级别服务中心或基地而提供的第三产业为主的经济,它们均与旅游业相关,如商业、娱乐、餐饮、旅馆等服务行业,另外也可能有少量第一产业、第二产业的存在。门外经济没有明确的外围界限,它可能分布在风景区的外围保护范围也可能在保护范围之外。门外经济与门内经济共同构成风景区域经济,即广义的风景区经济。

3）域外经济

指行政地区除去风景区域外的经济部分,它与门外经济并无明确的地域界限但至少在风景区外围保护带以外。其功能主要为整个地区的国民经济服务,因而是多种产业部门尤其是第一、第二产业发展的主要场所,同时也为风景区提供部分建设资金、生活生产用品及旅游纪念品,因而是风景区的"生产基地"。域外经济与风景区域经济共同构成地区经济。在研讨经济布局合理化时,要重视以上三者间的差异及关系。

目前,我国风景区内仍有较多的经济部门和复杂的经济结构,但是随着生产力水平的提高,国民经济的全面发展和科学文化事业的发展,风景区的经济学属性应越向外越强越向内越弱,在空间结构上应逐步依照"门内消,门外长"的规律去发展,也就是说,逐步减小"门内经济"的比重,以充分体现风景区是自然保护地和国民接受自然环境教育以及旅游的特殊地域的宗旨,而为风景区服务的大量设施则放在门外。

10.2.3 风景区经济发展引导规划的内容及要求

风景区的经济发展引导规划,应以国民经济和社会发展规划、风景与旅游发展战略为基本依据,形成独具风景区特征的经济运行模式。

风景区的经济发展引导规划应包括以下内容:经济现状调查与分析、经济发展的引导方向、产业结构及其调整、空间布局及其控制、促进经济合理发展的措施等。

1）风景区经济引导方向

风景区的经济发展面临的问题主要有:保护与发展的矛盾突出、地域差异大、缺乏相关的政策引导和法规措施等。

　　风景区的经济发展,应以风景区的风景资源保护和可持续利用为前提,以经济结构和空间布局的合理化结合为原则,提出适合风景区经济发展的模式及保障经济可持续发展的步骤和措施。风景区经济发展引导方向,一方面要通过经济资源的宏观配置,形成良好的产业组合,实现最大的整体效益;另一方面要把生产要素按地域优化组合,以促进生产力发展。为使前者的经济结构和后者的空间布局两者合理结合起来,就需要正确分析和把握影响经济发展的各种因素,例如资源、交通、市场、劳力、集散、季节、经济技术、社会政策等,提出适合本风景区经济发展的权重排序和对策,确保经济的持续、稳步发展。

2）风景区产业结构及其调整

　　风景区的产业结构调整应包括下列内容:
　　①明确经济发展应有利于风景区的保护、建设和管理。
　　②明确风景区内的产业结构与引导方向,主要产业的发展策略。
　　③明确旅游产业、生态农业等风景区特色产业的合理发展途径。

　　风景区的产业结构合理化,要以风景资源保护为前提,合理利用经济资源,确定主导产业与一般产业组合,追求规模与效益的统一,充分发挥旅游经济和催化作用,形成独具特征的风景区经济结构。

　　在探讨经济结构合理化时,要重视风景区职能结构对其经济结构的重要作用。例如,"单一型"结构的风景区中,一般仅允许第一产业的适度发展,禁止第二产业发展,第三产业也只能是有限制的发展;在"复合型"结构的风景区中,其产业结构的权重排序,很可能是旅→贸→农→工副等;在"综合型"结构的风景区中,其产业结构的变化较多,虽然总体上可能仍然是鼓励"三产"、控制"一产"、限制"二产"的产业顺序,但在各级旅游基地或各类生产基地中的轻重缓急变化应视实际情况而定。

3）风景区经济的空间布局

　　风景区经济的空间布局合理化应包括下列内容:
　　①明确风景区与所处区域的空间关系,促进风景区与区域的协调发展。
　　②优化风景区内部的产业结构布局和管控措施。
　　③合理建构风景名胜资源保护区划、风景游览区划、旅游服务基地与相关产业布局的关系。

　　风景区经济的空间布局合理化,要以风景资源永续利用和风景品位提高为前提,把生产要素结构优化组合,合理促进和有效控制各区经济的有序发展,追求经济与环境的统一,充分争取生产用地景观化,形成经济能持续发展、"生产图画"与自然风景协调整合的经济布局。

　　在研讨经济布局合理化时,要加强风景区与周边地区、所在地域的关联研究,以区域协调和共享发展为指导,优化风景区与周边的整体产业格局,促进风景区所在地经济的绿色发展。一般来说,在风景区内控制优化"一产"和"三产"、严格限制"二产",在风景区周边鼓励"三产"、控制"一产"、限制"二产",鼓励并引导风景区所在地城市发展旅游服务和现代服务业,推进风景区与所在地城市协调发展。

　　风景区产业布局应统筹考虑风景资源保护区划、风景游赏区划和旅游基地布局的关系,并以此为基础引导各区的产业发展定位、重点发展产业,以及限制与禁止发展的产业。

10.3 案例

峨眉山风景区居民社会调控规划

1)居民点调控类型

风景区内行政村分为缩减型、聚居型、搬迁型 3 类(表 10.1,图 10.1),调控类型措施如下:

①缩减型行政村应逐步缩小规模,超量人口和新增人口按生态移民方式向周边安置点转移。

②聚居型行政村应通过集中建设方式改善村民生活水平,但应控制建设用地规模和建设风貌。

③搬迁型行政村村民应进行外迁,遗留宅基地、民居、集体土地进行统一规划。

表 10.1 峨眉山风景名胜区行政村调控类型一览表

行政村名	位置	调控类型
报国村	风景区内	缩减型
茶场村	风景区内	缩减型
茶地村	风景区内	缩减型
大峨村	风景区内	缩减型
黑水村	风景区外	缩减型
龙门村	风景区内	缩减型
木瓜村	风景区外	缩减型
万年村	风景区内	缩减型
桅杆村	风景区内	缩减型
新桥村	风景区外	缩减型
黄湾村	风景区内	聚居型
龙洞村	风景区内	聚居型
张坝村	风景区内	聚居型
雷岩村	风景区外	搬迁型
梁坎村	风景区外	搬迁型
张山村	风景区外	搬迁型

2)居民点调控措施

(1)人口规模调控 风景区内常住总人口(不含西南交大)控制在 11 250 人。禁止迁入和安置风景区外人口。

(2)居民点建设要求

①居民点各项建设应纳入峨眉山市规划管理部门统一管理,严格审核审批,统一执法。

②房屋建筑按照当地民居传统风貌进行控制和改造,采用乡土建筑材料。新建住宅高度以

图 10.1 彩图

2 层或以下为宜,不得超过 3 层,并以坡屋顶形式为主。

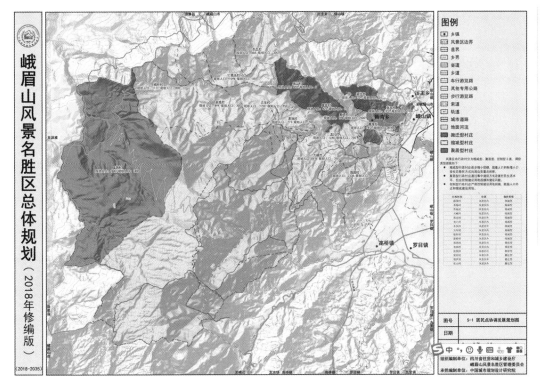

图 10.1　峨眉山风景名胜区居民点协调发展规划图

(资料来源:《峨眉山风景区总体规划(2018—2035)》,中国城市规划设计研究院)

③房屋建设因地制宜、顺应地形,保护村庄古树名木和大树,严禁毁林开荒,并加强村庄乔木绿化和垂直绿化,达到绿树掩映的效果。

④应对居民点人居环境进行提升,完善生活配套设施,降低生活污水污物对自然环境的不良影响。

⑤搬迁型和缩减型村庄不再允许房屋新建和扩建,被拆除的建筑基址用于生态恢复。

⑥保留的房屋可以探索以村集体合作经营的方式统一经营农家乐,但不应超过现有建设床位、建筑面积和用地规模。农房改造总量不超过现状合法建设量的 50%。

⑦通过违法建设整治、接待设施特许经营等方式严格控制农家乐的接待床位数量。

⑧缩减型和聚居型村庄应鼓励零散分布的居民点进行搬迁合并向中心村集中或向风景区外所属城镇搬迁。

(3)未搬迁居民点建设引导

①严格控制保留人口的规模、经营规模和后续房屋建设,严格禁止个人和集体新建农家乐设施。

②通过政策措施解决新增人口宅基地,实现增量全部在风景区外解决。

③未搬迁居民必须在进行建筑风貌整治、违章建筑整治和污水处理设施配套建设后,方可在景区内继续经营。

④每户旅游床位数不超过 12 床,否则需缴纳风景资源有偿使用费。

⑤建立完善的环境监测机制,谁污染谁治理,污水处理达标后方可排放,生活垃圾应分类收集、集中处理。

⑥探索通过收取污水排放费、垃圾清运费、特许经营费等方式控制居民自建行为。

思考与练习

1.居民社会调控规划的内容有哪些？规划时应遵循哪些原则？

2.风景名胜区经济有哪些特点？其发展应遵循哪些方针？

3.风景名胜区经济发展引导规划包括哪些内容？

11 土地利用协调规划

[本章导读]本章基于风景名胜区用地的特殊性,分别介绍了风景名胜区土地类型、土地资源分析评估、土地利用现状分析、土地利用协调规划的内容和方法。通过学习,使学生掌握土地利用协调规划的方法,理解风景名胜区土地分类,了解风景名胜区土地的属性和特点。

11.1　土地的基本概念

11.1.1　土地的定义

11.1 微课

狭义的土地,指地球陆地表层,它是自然历史的产物,是由土壤、植被、地表水等要素组成的自然综合体。广义的土地,指陆地部分以及空气、光、热、海洋等部分。英国经济学家马歇尔指出:"土地是指大自然为了帮助人类,在陆地、海上、空气、光和热各方面所赠与的物质和力量",美国经济学者伊利认为:"……土地这个词……它的意义不仅指土地的表面,因为它还包括地面上下的东西。"1975 年,联合国在《土地评价纲要》中对土地的定义是:"土地是指地球表面的一个特定地区,包含着此地面以上和以下垂直的生物圈中一切比较稳定或周期循环的要素,如大气、土壤、水文、动植物密度,人类过去和现在活动及相互作用的结果,对人类和将来的土地利用都会产生深远影响。"

对于我国土地情况来说,人均土地少和人均风景区面积小,这是基本国情,必须充分合理利用土地和风景区用地,必须综合协调、有效控制各种土地利用方式。为此,风景区土地利用规划更加重视其协调作用,应突出体现风景区土地的特有价值,一般包括三方面主要内容,即现状分析、用地评估、土地利用规划等。

11.1.2　土地资源的特性

土地资源的特性是指作为人类的基本生产资料和生活资料的土地所固有、区别于其他生产资料和生活资料的特殊属性。一般认为,这是由土地资源的两重性(土地既是特殊的生产资料,又是构成土地关系的客体)决定了土地资源有两种属性,即自然属性和经济属性。

1)自然特性

(1)土地资源的不可再生性和效用的永续性　土地的不可再生性是指从总体上来说,土地资源不能像其他生产要素那样通过人类劳动生产出来。土地资源的不可再生性引起土地利用的高度紧张。人口不断增加,土地相对减少是一个世界性的普遍现象,而这个问题在我国尤为突出,人均用地远远低于世界平均。风景名胜区的土地更非一般的土地,其地表上下时常负载

着自然与文化遗产,连带着宝贵的风景资源,一旦遭受破坏,要恢复更加困难。

(2)土地位置的固定性和质量的差异性　土地位置的固定性是指土地相互之间具有固定的相对位置和空间关系,这种相对位置和空间关系不以人的意志为转移。土地位置的固定性是土地具有经济意义的主要自然特性。土地的位置不同,资源质量和特色不同,景源的分布、环境质量和容量不同,造成了土地之间存在自然差异性。

2)经济特性

土地的经济特性是指土地供给的稀缺性和土地效益的级差性。土地的稀缺性是土地的重要经济特性,是指土地供给相对于土地需求的稀缺。稀缺性是经济学中的一个重要概念,正因为稀缺性的存在,土地才有价格。人口的增加,相对地使土地更为稀少,土地价格不断上涨,这就是所谓的经济财物,也就是有偿物,使用者必须付出代价才能享用。土地效益的级差性指由于土地质量的差异性而使不同土地的生产力不同,从而在经济效益上具有级差性。

3)社会特性

今天的地球表面,极大部分的土地已有了明确的隶属,这样使得土地必然依附于一定的拥有地权的社会权力,特别是在我国土地公有制的条件下,明显反映出土地的社会属性。风景区土地的地表上下负载着自然与文化遗产,应当属于国家。

4)法律特性

在商品经济条件下,风景区土地是一项资产。由于它不可移动的自然特性,而归之于不动产的资产类别,同时土地地权的社会隶属(如我国实行的土地使用权有偿转让等),都经过立法程序而得到法律的认可与支持,因此使土地具有法律特性。

11.1.3　土地资源与土地利用的关系

土地利用是指由土地质量特性和社会需求协调所决定的土地功能过程。土地利用包含人类根据土地质量特性开发利用土地,创造财富以满足人类生产和生活的需要和利用土地,改善环境以满足人类的生存需要两方面的含义。

1)土地的自然特性与土地利用的关系

土地是自然形成的,它的产生与人类是否对土地利用没有必然的联系,但是却从根本上影响着人类对土地的利用。基于此总结出土地自然性与土地利用的四点关系。

土地位置的固定性要求人们就地利用各种土地。由于大陆漂移、岛屿隐现等对陆地面积和位置的影响不仅十分有限,而且在几百年间也微不足道,这些变化不能真正改变土地位置的固定性,对人类的生产活动并没有很大的实际意义,所以土地的空间位置是固定不能移动的。

土地面积的有限性迫使人们在利用土地时必须节约、集约地利用土地资源。地球是自然形成的,人类可以改变土地质量,甚至可以少量填海造地或填湖造地扩大土地面积,但不能无限扩大土地面积,因此总体上看地球陆地面积具有不可再生性。

土地的自然差异性要求人们合理利用各类土地资源,合理确定土地利用结构与方式,以取得土地利用的最佳综合效益。土地自身条件、气候条件存在差异,造成土地的巨大自然差异性,并且随着生产力水平的不断提高和人类对土地利用范围的不断增大,这种差异性将逐渐扩大。

土地的功能永久性为人类合理利用和保护土地提出了客观要求与可能。在合理使用和保护的情况下,农用地的肥力可不断提高,非农用地可反复利用。

2）土地的经济特性与土地利用的关系

土地的经济特性与人类对土地的利用有着必然的联系,它是以土地自然特性为基础,在人类对土地的利用中产生的,人类对土地的利用决定了土地的经济特性。基于此总结出土地经济性与土地利用的三点关系。

（1）人类对土地的利用产生土地供给稀缺的经济特性 土地是有限的,而人类的利用需求,特别是由于人口的增加和社会经济文化的发展对土地需求的日益扩大,产生了土地供给的稀缺性。不仅如此,由于土地位置固定性的质量差异性也造成某些地区和某种土地供给的特别稀缺。土地供给的稀缺,会迫使人们节约土地、集约用地。

（2）土地利用方式和方向的相对分散造成土地用途多样的经济特性 土地位置的固定性和自然差异性,要求人们在利用土地时要因地制宜进行区位用途选择,且人们在土地经投入某一用途之后,欲改变其利用方向势必造成一定的经济损失,这一特性要求人们在规划利用土地时,必须科学慎重地决策,选择最恰当的利用方向去利用土地。

（3）在土地利用过程中可能存在土地报酬（收入）递减的经济特性 从"土地报酬递减规律"来看,在一定条件下（如技术条件不变）,对单位土地面积的投入超过边际投入临界值后,每追加一单位投入的报酬增加量就会递减,这就要求人们在利用土地时,确定适当的投资结构,不断改进技术,提高土地报酬由递增转为递减的临界限。

11.2 土地利用现状的调查、分析及评估

11.2.1 土地利用现状调查

11.2 微课

1）土地利用现状调查的概念

土地利用现状调查是指以一定行政区域或自然区域（或流域）为单位,查清区内各种土地利用类型面积、分布和利用状况,并自下而上、逐级汇总为省级、全国的土地总面积及土地利用分类面积而进行的调查。土地利用现状调查是土地资源调查中最为基础的调查,可以分为详细调查和变更调查两种。土地利用现状详细调查指对区域内的全部土地资源利用现状进行完整、全面和细致的"卷地毯式"的彻底普查,详细调查可以获得全面、完整、真实、准确的土地利用现状资料,但需要周密细致的准备,耗费巨大的人力、物力。土地利用现状变更调查是在上次土地利用现状详细调查基础上,对上次详查以来土地利用的变化情况进行调查,并将变更调查结果与上次详查结果结合,得到现时的土地利用现状。变更调查花费小得多,而且只要能经常及时地对土地利用变化情况进行备案登记,积累完整的变更资料,也能得到较高精度的土地利用现状调查结果。土地利用现状调查的技术手段不断变化,经历了从手工测绘到航空测绘、再到卫星遥感的过程。随着遥感技术的进步,摄影分辨率和图像清晰度不断提高,加上计算机技术的发展,遥感与地理信息系统和全球卫星定位技术结合在一起,使得土地利用现状调查的精度越来越高,结果的处理分析越来越快,所得到的信息越来越准确及时,这一切将极大地提高土地利用现状调查水平,从而为土地利用总体规划奠定更稳固的基础。

2）土地利用现状调查的内容

①查清各土地权属单位之间的土地权属界线和各级行政辖区范围界线;

②查清土地利用类型及分布,并量算出各类土地面积;

③按土地权属单位及行政辖区范围汇总出土地总面积和各类土地面积;

④编制县、乡两级土地利用现状图和分幅土地权属界线图;

⑤编写调查报告,总结分析土地利用的经验和教训,提出合理利用土地的建议。

11.2.2 土地利用现状分析

1)土地利用现状分析的概念

土地利用现状分析是在经过土地利用现状调查后对土地利用现状特征、风景用地与生产生活用地之间关系、土地资源演变、保护、利用和管理存在的问题进行合理分析。它是土地利用总体规划的基础,只有深入分析土地利用现状,才能发现问题,做出合乎当地实际的规划。

2)土地利用现状分析的内容

土地利用现状分析的内容包括以下几个方面:土地利用基本情况描述、土地利用分析、土地质量和土地利用生态效益分析、土地利用率分析、土地产出率分析、土地利用的社会效益分析。

(1)土地利用基本情况描述 根据土地利用现状详查资料及区域的自然、经济、社会的状况资料,简单描述区域的基本状况,即围绕有关土地利用各个方面,对本区域作大致说明。

自然条件是指区域所处地理位置、地貌、水系、气候、土壤、植被、水文地质等;经济条件是指当地国民经济发展战略和计划、经济发展水平、经营管理水平、交通运输、城镇分布状况、乡镇企业、农村居民点分布情况等;生态条件是指森林覆盖率、水土流失情况、土壤污染情况、草原退化情况、土地沙化情况、土地盐碱化情况、土地受灾情况等。

(2)土地利用分析 土地利用分析可以从以下几个方面并结合相应指标进行:

①土地利用结构和布局分析:分析耕地、园地、林地、草地、居民点及独立工矿用地、交通用地、水域、未利用地等占总土地面积的比例,上述各类用地内部的现状比例。人均耕地、园地、林地、草地面积,森林覆盖率,人均城镇用地面积,人均及户均农村居民点用地面积。各类用地的缺余状况。各类用地开发利用状况和地域分布状况,区位差异及产生这些差异的原因。各类用地发展的制约因素和存在问题。各类未利用土地的布局。

②土地质量和土地利用生态效益分析。耕地质量从耕地的水土流失情况、坡度大小、洪涝等灾害、低产田数量和分布、耕地生产力水平和集约化程度等方面分析。林地质量从林地结构、林种、蓄积量、生产率等方面分析。草地质量从植被类型、产草量、草原退化程度、草原沙化程度等方面分析。土地利用生态效益分析主要是研究土地利用是否充分利用了自然环境条件,是否改善了环境条件。从某种意义上说,土地的质量状况也是土地利用生态情况的反映,可通过一系列指标进行分析,如水土流失面积指数、水土沙化面积指数、土地盐渍化面积指数、氮及有机质含量等。

③土地利用率分析。土地利用率是指土地利用的开发程度。它反映土地利用是否充分、科学、合理,可以通过一系列指标来分析土地利用结构和布局的合理程度。这些指标包括:土地利用率、各业用地占用率、用于直接生产的农用地占全部农用地的比率、农用地利用率、非农建设用地利用率、垦殖系数、复种指数、水面利用率、渔业资源利用率、草场载畜量指数等。

④土地产出率分析。土地产出率是指在现状土地利用水平下土地的生产能力,反映土地利用状况的经济效益。可通过下列指标进行计算分析:土地产出率、单位播种面积产量(产值)、单位耕地面积产量(产值)、单位草场面积产量(产值)、单位水面产量(产值)、单位园地面积产量(产值)、单位农业用地面积产值、单位建设用地面积产值、单位乡镇企业用地面积产值等。

⑤土地利用的社会效益分析。土地利用的社会效益分析包括人均土地面积、人均各业用地面积、人均绿地面积、人均水资源产量、人均农产品产量、人均总收入、纯收入、产量、产值、商品总产量、人均上交税额、利润额等。

11.2.3 土地利用评估

土地利用评估是对土地资源的特点、数量、质量与潜力进行综合评估或专项评估。

根据评估的方法可以将土地评估分为定性评估与定量评估。定性评估是指在评估的过程中采用定性的语言进行描述、逻辑判断进行推理,其结论也是用定性的术语表示,定性评估一般用于小比例尺的土地的评估,它可以根据土地的自然条件和社会经济条件对社会、环境以及经济等方面的效益进行评价。定量评估指在评估过程中采用定量的数据,用数学的方法进行推算,一般用于大比例尺的土地评估。

根据土地评估目标的综合性程度可以分为专项评估和综合评估。专项评估也叫单目标评估,是以某一种专项的用途或利益为出发点,例如分等评估、价值评估,因素评估等;综合评估也叫多目标评估,是以所有可能的用途和利益为出发点,在一系列自然和人文因素方面,对用地进行可比的规划评估。

土地的适宜性评估可以分为当前适宜性评估和潜在适宜性评估。当前土地适宜性的分类涉及不经大型改良而处于当前状态下的土地的好坏,进行当前适宜性评估时可以假定存在小的改良,这种改良是风景区土地利用类型规范的一个组成部分。潜在的适宜性分类则涉及如果经过大型改良之后在将来某个时候土地的好坏。

11.3 土地利用协调规划

风景名胜区的土地利用协调规划,是在土地利用现状分析、土地资源评估的基础上,根据规划的目标和任务,对各种用地进行需求预测和反复平衡,拟定各种用地指标,编制规划方案和编绘规划图纸。

风景名胜区土地作为特殊的土地类型,具有游憩、景观、生态等功能,其资源的自然特征和经济特性是影响风景名胜区土地利用协调规划的重要因素。

土地的所有权也影响着土地利用协调规划。由于风景名胜区地域宽广,景区分散,常常跨多个行政区域,往往伴随着管理体制的变更,土地权属变更问题很难理顺,风景名胜区管理委员会未必真正拥有景区土地的所有权和使用权。在土地利用的过程中,土地利用方向的改变往往具有较大的困难,如果决策失误,会造成较大的损失,甚至难以挽回。风景名胜区实行土地国有化,对于加强规划、开发、管理和整治及风景名胜区的合理发展和土地的合理利用具有重大的实际意义,它可以保证国家按照整体利益支配、使用、管理好风景名胜区土地,做到"地尽其用",克服土地利用上的短视性、盲目性,保证风景名胜区规划与国土空间规划及其他相关规划相互协调。

11.3.1 土地利用协调规划的内容

风景区的土地利用协调规划应包括土地资源分析评估、土地利用现状分析及其汇总表、土地利用规划及其汇总表等。

(1)土地资源分析评估 包括对土地资源的特点、数量、质量与潜力进行综合评估或专项

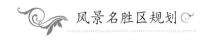

评估。

（2）土地利用现状分析　表明土地利用现状特征,风景用地与生产生活用地之间的关系,土地资源演变、保护、利用和管理存在的问题。

（3）土地利用规划　在土地利用需求预测与协调平衡的基础上,明确土地利用规划分区及其用地范围。

11.3.2　土地利用协调规划的原则

风景区土地利用协调规划应遵循下列基本原则:

①突出风景区土地利用的重点与特点,扩大风景用地;

②保护风景游赏地、林地、水源地和优良耕地;

③因地制宜地合理调整土地利用,发展符合风景区特征的土地利用方式与结构。

11.3.3　风景名胜区用地分类

风景名胜区用地分类首先以风景名胜区内用地特征和作用及规划管理需求为基本依据,同时还要考虑全国土地利用现状分类和相关专业用地分类等常用方法。风景名胜区用地分类应依照土地的主导用途进行划分和归类。风景名胜区用地具体分类如表 11.1 所示。

表 11.1　风景名胜区用地分类表

类别代号			用地名称	范围	规划限定
大类	中类	小类			
甲			风景游赏用地	游览欣赏对象集中区的用地。向游人开放	▲
	甲1		风景点建设用地	各级风景结构单元(如景物、景点、景群、园院、景区等)的用地	▲
	甲2		风景保护用地	独立于景点以外的自然景观、史迹、生态等保护区用地	▲
	甲3		风景恢复用地	独立于景点以外的需要重点恢复、培育、涵养和保持的对象用地	▲
	甲4		野外游憩用地	独立于景点之外,人工设施较少的大型自然露天游憩场所	▲
	甲5		其他观光用地	独立于上述四类用地之外的风景游赏用地。如宗教、风景林地等	△

续表

类别代号			用地名称	范　围	规划限定
大类	中类	小类			
乙			游览设施用地	直接为游人服务而又独立于景点之外的旅行游览接待服务设施用地	▲
	乙1		旅游点建设用地	独立设置的各级旅游基地(如部、点、村、镇、城等)的用地	▲
	乙2		游娱文体用地	独立于旅游点外的游戏娱乐、文化体育、艺术表演用地	▲
	乙3		休养保健用地	独立设置的避暑避寒、休养、疗养、医疗、保健、康复等用地	▲
	乙4		购物商贸用地	独立设置的商贸、金融保险、集贸市场、食宿服务等设施用地	△
	乙5		其他游览设施用地	上述四类之外,独立设置的游览设施用地,如公共浴场等用地	△
丙			居民社会用地	间接为游人服务而又独立设置的居民社会、生产管理等用地	△
	丙1		居民点建设用地	独立设置的各级居民点(如组点、村、镇、城等)的用地	△
	丙2		管理机构用地	独立设置的风景区管理机构、行政机构用地	▲
	丙3		科技教育用地	独立地段的科技教育用地。如观测科研、广播、职教等用地	△
	丙4		工副业生产用地	为风景区服务而独立设置的各种工副业及附属设施用地	△
	丙5		其他居民社会用地	如殡葬设施等	
丁			交通与工程用地	风景区自身需求的对外、内部交通通信与独立的基础工程用地	▲
	丁1		对外交通通信用地	风景区人口同外部沟通的交通用地,位于风景区外缘	▲
	丁2		内部交通通信用地	独立于风景点旅游点、居民点之外的风景区内部联系交通	▲
	丁3		供应工程用地	独立设置的水、电、气、热等工程及其附属设施用地	△
	丁4		环境工程用地	独立设置的环保、环卫、水保、垃圾、污物处理设施用地	△
	丁5		其他工程用地	如防洪水利、消防防灾、工程施工、养护管理设施等工程用地	△

续表

类别代号			用地 名称	范　围	规划 限定
大类	中类	小类			
戊			林地	生长乔木、竹类、灌木、沿海红树林等林木的土地,风景林 不包括在内	△
	戊1		成林地	有林地,郁闭度大于30%的林地	△
	戊2		灌木林	覆盖度大于40%的灌木林地	△
	戊3		苗圃	固定的育苗地	△
	戊4		竹林	生长竹类的林地	△
	戊5		其他林地	如迹地、未成林造林地、郁闭度小于30%的林地	△
己			园地	种植以采集果、叶、根、茎为主的集约经营的多年生作物	△
	己1		果园	种植果树的园地	△
	己2		桑园	种植桑树的园地	△
	己3		茶园	种植茶园的园地	○
	己4		胶园	种植橡胶树的园地	△
	己5		其他园地	如花圃苗圃、热作园地及其他多年生作物园地	○
庚			耕地	种植农作物的土地	○
	庚1		菜地	种植蔬菜为主的耕地	○
	庚2		水浇地	指水田菜地以外,一般年景能正常灌溉的耕地	○
	庚3		水田	种植水生作物的耕地	○
	庚4		旱地	无灌溉设施、靠降水生长作物的耕地	○
	庚5		其他耕地	如季节性、一次性使用的耕地、望天田等	○
辛			草地	生长各种草本植物为主的土地	△
	辛1		天然牧草地	用于放牧或割草的草地、花草地	○
	辛2		改良牧草地	采用灌排水、施肥、松耙、补植进行改良的草地	○
	辛3		人工牧草地	人工种植牧草的草地	○
	辛4		人工草地	人工种植铺装的草地、草坪、花草地	△
	辛5		其他草地	如荒草地、杂草地	△
壬			水域		△
	壬1		江、河		△
	壬2		湖泊、水库	包括坑塘	△
	壬3		海域	海湾	△
	壬4		滩涂	包括沼泽、水中苇地	△
	壬5		其他水域用地	冰川及永久积雪地、沟渠水工建筑地	△

类别代号			用地名称	范　围	规划限定
大类	中类	小类			
癸			滞留用地	非风景区需求,但滞留在风景区内的各项用地	×
	癸1		滞留工厂仓储用地		×
	癸2		滞留事业单位用地		×
	癸3		滞留交通工程用地		×
	癸4		未利用地	因各种原因尚未使用的土地	○
	癸5		其他滞留用地		×

注:规划限定说明:应该设置▲;可以设置△;可保留不宜新置○;禁止设置×。

资料来源:风景名胜区总体规划标准(GB/T 50298—2018)。

11.3.4　风景名胜区各类用地数量的计算及其平衡

风景名胜区用地的计算分3个步骤:第一步,根据风景名胜区实际调查(现状图上度量和实地测量)的资料,计算出各项用地的构成和总用地;第二步,确定近期和远期的用地指标,并计算出规划期的总用地;第三步,在最后定案的土地规划总平面图上量出各类用地的面积,进行技术经济分析,经过调整后,编制用地平衡表(表11.2)。

表11.2　风景名胜区用地平衡表

序号	用地代号	用地名称	面积/km²		占总用地%		人均/(m²·人⁻¹)		备注
			现状	规划	现状	规划	现状	规划	
00	合计	风景区规划用地	100	100					
01	甲	风景游赏用地							
02	乙	游览设施用地							
03	丙	城乡建设用地							
04	丁	交通与工程用地							
05	戊	林地							
06	己	园地							
07	庚	耕地							
08	辛	草地							

续表

序号	用地代号	用地名称	面积/km²		占总用地%		人均/(m²·人⁻¹)		备注
			现状	规划	现状	规划	现状	规划	
09	壬	水域							
10	癸	滞留用地							
备注	_____年,现状总人口_____万人。其中:(1)游人_____ (2)职工_____ (3)居民_____ _____年,规划总人口_____万人。其中:(1)游人_____ (2)职工_____ (3)居民_____ _____年,现状林地面积_____ km²;_____年,规划林地面积_____ km²,其中风景游赏用地中的林地_____ km²。								

资料来源:风景名胜区总体规划标准(GB/T 50298—2018)。

　　风景名胜区各类用地的增减变化,应依据风景名胜区的性质和当地条件,因地制宜实事求是地处理。通常应尽可能地扩展甲类用地,配置相应的乙类用地,控制丙类、丁类、庚类用地,缩减癸类用地,这样可以更加充分地利用风景名胜区的土地潜力,表达风景名胜区用地特征,增强风景名胜区的主导效益。

11.4　案例

徐州市云龙湖风景名胜区土地利用规划

　　云龙湖风景名胜区的土地利用规划应落实《中华人民共和国土地管理法》等相关规定,做好与徐州市及各级土地利用总体规划的实施协调,严格保护生态用地,适当增加风景游赏用地,控制建设用地规模(表 11.3、图 11.1)。

表 11.3　徐州市云龙湖风景名胜区土地利用调控表

用地类型	现状		规划	
	面积/km²	百分比/%	面积/km²	百分比/%
风景游赏用地	9.42	5.92	13.8	30.9
游览设施用地	1.24	2.79	1.75	3.92
城乡建设用地	2.99	6.67	2.03	4.55
交通工程用地	0.84	1.88	2.05	4.59
林地	17.44	40.94	15.86	35.51
园地	0.23	0.52	0.12	0.27
耕地	4.8	24.05	1.94	4.34
水域	6.47	14.47	6.63	14.85
滞留用地	1.23	2.75	0.48	1.07

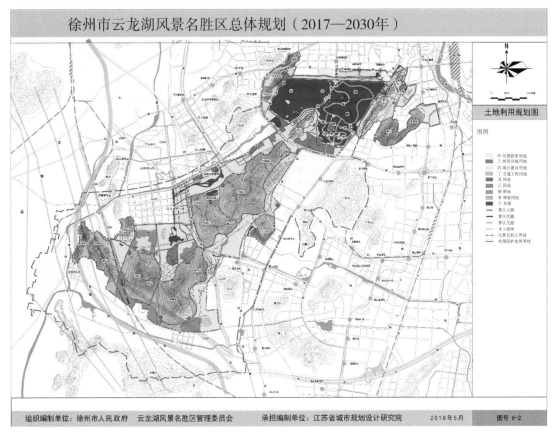

图11.1　云龙湖风景名胜区土地利用规划图

（资料来源：《徐州市云龙湖风景名胜区（2017—2030）》，江苏省城市规划设计研究院）

思考与练习

图11.1 彩图

1. 风景名胜区土地利用现状调查包括哪些内容？
2. 风景名胜区土地利用协调规划包括哪些内容？
3. 风景名胜区土地可分为哪些类型？

12 风景名胜区详细规划

[本章导读]本章首先介绍了风景名胜区详细规划的概念、内容和成果要求,在此基础上,具体介绍了风景名胜区控制性详细规划和修建性详细规划的主要内容。通过学习,使学生掌握风景名胜区详细规划的概念、内容,明确详细规划的成果要求。

12.1 详细规划概述

12.1.1 详细规划的概念和范围

风景名胜区详细规划是为落实风景区总体规划要求,满足风景区保护、利用、建设等需要,在风景区一定用地范围内,对各空间要素进行多种功能的具体安排和详细布置的活动。风景区详细规划是风景区总体规划的下位规划,为风景区的建设管理、设施布局和游赏利用提供依据和指导。风景名胜区详细规划可分为控制性详细规划和修建性详细规划。

在风景名胜区内一般重点针对涉及建设活动的区域编制详细规划。主要包括以下5类区域:入口区、旅游服务设施集中区(一般为旅游服务基地)、旅游服务村镇、景区(游线)、重要人文景点。

(1)入口区 主要功能包括景区管理、游客服务、收售票、交通转换、人流集散等,大型综合性入口的扩展功能包括商业、餐饮、住宿等。其主要规划内容包括:总体规划要求分析、现状综合分析、功能布局、土地利用规划、景观保护与利用规划、旅游服务设施规划、游览交通规划、建筑布局规划、竖向规划、基础工程设施规划等,其他内容根据入口区具体情况增加。规划深度一般为修建性深度。

(2)旅游服务设施集中区 主要功能包括景区管理、游客服务、商业、餐饮、住宿等,扩展功能包括收售票、交通转换、人流集散等。其主要规划内容包括:总体规划要求分析、现状综合分析、功能布局、土地利用与用地控制规划、景观保护与利用规划、旅游服务设施规划、交通规划、建筑布局规划、基础工程设施规划等,其他内容根据具体情况增加。规划深度一般为控制性与修建性深度相结合。

(3)旅游服务村镇 主要功能包括居住、商业、产业、公共服务等,扩展功能包括资源保护、交通停靠、人流集散等。其主要规划内容包括:总体规划要求分析、现状综合分析、功能布局、人口规划、产业发展规划、土地利用与用地控制规划、景观保护与利用规划、交通规划、建筑布局规划、基础工程设施规划等,其他内容根据具体情况增加。规划深度一般为控制性与修建性深度相结合。

(4)景区(游线) 主要功能包括资源保护、风景展示、游览、交通、饮食、卫生等。其主要规划内容包括:总体规划要求分析、现状综合分析、功能布局、景源评价、保护培育规划、风景游赏规划、景观保护与利用规划、旅游服务设施建设规划、土地利用与用地控制规划、游览交通规划、建筑布局规划、基础工程设施规划等,包含居民点的应编制居民点建设规划。规划深度一般为控制性与修建性深度相结合。

(5)重要人文景点 主要功能包括风景展示游览、交通等,扩展功能包括饮食、卫生等。其主要规划内容包括:总体规划要求分析、现状综合分析、功能布局、建筑布局规划、景观保护与利用规划、游览交通规划、竖向规划、基础工程设施规划等。规划深度一般为修建性深度。

12.1.2 详细规划的基本原则

①应树立生态文明理念,按照严格保护、统筹规划、因地制宜、突出特色、低碳节能的总体要求,严格保护风景资源及构成空间,挖掘自然和文化风景资源,突出景源特色,提升风景价值。

②应按风景区总体规划,综合考虑景观、生态、文化、人口、管理等各项要素,恰当安排各项设施建设,完善服务功能,提升服务水平。

③各项设施建设选址应避开地质灾害易发地段、生态和景观敏感区域,建筑宜藏不宜露,宜散不宜聚,宜低不宜高,宜淡不宜浓,宜中不宜洋,建筑景观应与自然景观环境及地方传统建筑风貌相协调。

12.1.3 详细规划内容

风景名胜区详细规划包括以下内容:
①总体规划要求分析;
②现状综合分析;
③功能布局;
④土地利用规划;
⑤景观保护与利用规划;
⑥旅游服务设施规划;
⑦游览交通规划;
⑧基础工程设施规划;
⑨建筑布局规划;
⑩根据详细规划区特点,可增加景源评价、保护培育、居民点建设、建设分期与投资估算等规划内容。

12.1.4 详细规划成果规定

风景名胜区详细规划成果应包括:规划文本、规划图纸、规划说明书、遥感影像图等。专题研究报告可作为规划说明书的附录内容。

规划文本应以法规条文方式,直接叙述规划主要内容的规定性要求,用词应简练准确。

规划制图应使用规范、准确、标准的地形图底和标准比例尺,采用先进技术绘制。规划图纸应做到要素齐全、坐标准确、清晰易辨、图文相符、图例一致,并应在图纸的明显处标明项目名称、图名、图例、风玫瑰、比例尺、编制日期、编制单位等内容,便于数据共享、项目审批、监测监管。

详细规划成果应做到文本格式统一、制图标准统一、空间坐标(经纬度、三维坐标等)统一。

主要图纸的基本内容应符合表12.1规定。

规划说明书应分析现状,论证规划目标,规划技术路线,解释说明规划文本和规划内容。

表12.1 详细规划图纸规定

图纸资料名称	比例尺			图纸基本内容
	规划面积/km²			
	10 以下	10～30	30 以上	
*1. 现状图	1:1 000 ～ 1:2 000	1:2 000 ～ 1:5 000	1:5 000 ～ 1:10 000	现状风景资源、居民点与人口、旅游服务基地与设施、综合交通与设施、工程设施、用地、建筑分布与面积、功能区划、保护分区等内容
*2. 总平面图	1:1 000 ～ 1:2 000	1:2 000 ～ 1:5 000	1:5 000 ～ 1:10 000	风景资源、旅游服务设施、居民点、综合交通与设施、建设项目等内容
*3. 区位分析图	1:1 000 ～ 1:25 000	1:25 000 ～ 1:50 000	1:50 000 ～ 1:100 000	在风景区的位置、周边交通分析、景区与游览关系分析等内容
*4. 用地分析图	1:1 000 ～ 1:2 000	1:2 000 ～ 1:5 000	1:5 000 ～ 1:10 000	遥感GIS分析、用地评价、适建性分析等内容
5. 景点规划图	1:1 000	1:1 000	1:1 000	景物、保护范围、控制范围、观赏序列等内容
6. 风景游赏规划图	1:1 000 ～ 1:2 000	1:2 000 ～ 1:5 000	1:5 000 ～ 1:10 000	景区景群景点、游览路线、活动项目、游线组织、观赏序列等内容
7. 保护培育规划图	1:1 000 ～ 1:2 000	1:2 000 ～ 1:5 000	1:1 000 ～ 1:10 000	保护对象、保护范围与边界、保护等级或类别、保护设施等
8. 竖向规划图	1:1 000 ～ 1:2 000	1:2 000 ～ 1:5 000	1:5 000 ～ 1:10 000	地形、地貌景观、高程、最高高程、最低高程、主要建筑底层和室外地坪,地下工程管线及地下构筑物的埋深等
*9. 游览交通规划图	1:1 000 ～ 1:2 000	1:2 000 ～ 1:5 000	1:5 000 ～ 1:10 000	出入口、车行游览道路、步行游览道路、木栈道、自行车道、路桥、汀步、旅游码头、停车站场等交通设施内容
10. 植物规划图	1:1 000 ～ 1:2 000	1:2 000 ～ 1:5 000	1:5 000 ～ 1:10 000	植物景观、植物群落或植被生态修复等
*11. 基础工程规划图	1:2 000 ～ 1:5 000	1:5 000 ～ 1:10 000	1:10 000 ～ 1:20 000	给水、排水、电力、电信等内容
*12. 土地利用规划图	1:2 000 ～ 1:5 000	1:5 000 ～ 1:10 000	1:10 000 ～ 1:20 000	划分用地分类以中类为主、小类为辅
13. 重要节点	1:2 000 ～ 1:5 000	1:5 000 ～ 1:10 000	1:10 000 ～ 1:20 000	功能布局、建筑、竖向、道路、小品、种植、工程等规划内容

续表

图纸资料名称	比例尺			图纸基本内容
	规划面积/km²			
	10 以下	10 ~ 30	30 以上	
14. 重要节点平面图	1:1 000 ~ 1:2 000	1:1 000 ~ 1:2 000	1:2 000 ~ 1:5 000	俯视或人视效果示意
15. 建筑方案示意图	1:200 ~ 1:500	1:200 ~ 1:500	1:200 ~ 1:500	建筑布局、建筑效果示意

注:标注的"＊"的表示必备图纸。

资料来源:《风景名胜区详细规划标准》(GB/T 51294—2018)。

12.2　控制性详细规划

12.2.1　控制性详细规划概述

风景名胜区控制性详细规划,是在总体规划或者分区规划的基础上,对风景区重点发展地段的土地使用性质、保护和控制要求、景观和环境要求、开发利用强度、基础工程和设施建设等做出管理规定。

12.2.2　控制性详细规划产生的背景及其作用和特点

1)控制性详细规划产生的背景

控制性详细规划这一名称正式出现在原建设部 1991 年颁布的《城市规划编制办法》中。控制性详细规划的产生与我国改革开放以及经济体制转型的人背景密切相关。风景名胜区控制性详细规划产生的背景可以分为以下 3 个方面:

(1)土地使用制度的改革　改革开放以来,中国计划经济体制逐渐向市场经济体制过渡,投资主体由国家主导转向多元利益主体主导。在市场经济的原则下,相关部门将风景名胜资源等同于特种市场商品,"价高者得"为风景名胜区带来了最高利益,但却使风景名胜资源遭到了永久性的破坏。

(2)投资主体的多元化　我国的风景名胜区存在着多头管理、各自为政、乱批建设项目、乱分地、乱占地、乱建房等混乱现象,有些管理部门为了获得更高利益,甚至允许房地产商在风景名胜区内盖别墅,这一切的行为给风景名胜区带来了毁灭性的破坏。

(3)规划管理及规划设计工作的要求　随着风景名胜区管理工作从依靠行政指令为主转向依靠法治为主,以建设为导向转向以管理控制为导向,作为风景名胜区规划管理重要依据的规划形式与内容必然要发生根本性的变化。这种变化主要体现在:

①必须适应规划管理工作的需求,能够为规划管理、控制提供权威性的依据;

②规划的形式不必是终极蓝图,但要对开发建设提出明确的要求和指导性意见,并在执行过程中具有一定的灵活性(即规划要有弹性);

③规划内容不但要符合风景名胜区总体规划的方针、政策和原则,同时还要体现风景资源特色。

2)控制性详细规划的作用和特点

(1)控制性详细规划的作用　控制性详细规划是风景名胜区总体规划和修建性详细规划的有效衔接。控制性详细规划在风景名胜区规划与管理中的作用主要体现在:

①落实风景名胜区总体规划的意图。我国规划界倾向将控制性详细规划看作是一个规划层次,起到连接粗线条的作为框架规划的总体规划与作为小范围建设活动的修建性详细规划的作用,即上承总体规划所表达的方针、政策,将总体规划的宏观、平面、定性的规划内容体现为微观、立体、定量的控制指标,下启修建性详细规划,作为其编制的依据。

②提供管理依据,引导开发建设。控制性详细规划作为一种规划技术手段和规划编制阶段,已成为规划和管理的结合点。控制性详细规划重视规划的可操作性,使风景名胜区规划管理工作做到有章可循。

(2)控制性详细规划的特点　控制性详细规划上承总体规划、分区规划的构思,并进一步将其深化、完善,为修建性详细规划作指导。其特点主要有以下几点:

①定性和定量相结合。在控制性详细规划中,不仅要控制每块土地的使用性质类型,还要控制每类土地的规划面积、容积率、绿地率、建筑密度、建筑高度、建筑形式与色彩等。

②规定性和弹性。一方面,控制性详细规划必须具备规定性,才能为规划管理服务;另一方面,面对快速发展的经济和瞬息万变的社会,灵活性或弹性又是必不可少的。

③复杂性。风景名胜区类型多样,功能各异,土地利用类型多,这些决定了控制性规划的复杂性,因此,控制性详细规划的控制性要求及控制方式必然是多样的。

12.2.3　控制性详细规划的目的

对风景名胜区进行控制性详细规划,是根据国家《风景名胜区条例》等有关要求,旨在通过规划控制范围,规定土地使用性质与开发强度,对其兼容性等用地功能控制做出要求,确立建筑、基础设施、公共服务设施等控制指标;确定容积率、建筑高度、建筑密度、绿地率等用地指标;确定公共安全设施的用地规模、范围及具体控制要求,地下管线、基础设施用地的控制界线(黄线)、各类绿地范围的控制线(绿线)、历史文化街区和历史建筑的保护范围界线(紫线)、地表水体保护和控制的地域界线(蓝线)等"四线"的控制要求,实施对风景区的有效保护,开发风景区的游赏与休闲功能,使风景区在保护与利用的过程中得到可持续发展。

12.2.4　控制性详细规划的要求

风景名胜区控制性详细规划首先必须遵循《风景名胜区总体规划标准》《风景名胜区详细规划标准》要求,同时因在编制体系上仍属于城乡规划范畴,也应符合《中华人民共和国城乡规划法》《城市规划编制办法》的相关要求。规划要通过规划意图和目标控制,体现风景资源保护利用的排他性,实现风景资源保护利用和土地使用的规划控制。

规划以总体规划为依据,衔接、细化与落实总体规划的规定及相关要求,在合理划分编制单元及地块的基础上,通过功能布局、保护与控制、景源利用、游赏组织、用地协调、设施配套等内容规划,协调好保护、利用、建设、管理等关系,进一步明确各地块范围内的强制性和引导性内容。为强化保护要求,风景区内的任何建设活动,不管是综合开发还是个体建设,都应该进行控制。为此,从以下几个方面建构控制性详细规划体系:景观保护与利用、土地利用控制、建筑建设控制、道路交通控制、游客容量控制、游赏组织控制、旅游服务设施与管理服务设施控制、基础设施控制、环境保护控制、安全防灾规划、居民调控规划。

12.2.5　控制性详细规划的内容

风景名胜区控制性详细规划应当包括下列主要内容：

①确定规划用地的范围、性质、界线及周围关系；

②分析规划用地的现状特点和发展矛盾，确定规划原则和布局；

③确定规划用地的细化分区或地块划分性质与面积及其发展要求；

④规定各地块的控制点坐标与标高、风景要素与环境要求、建筑高度与容积率、建筑功能与色彩及风格、绿地率、植被覆盖率、乔灌草比例、主要树种等控制指标；

⑤确定规划区的道路交通与设施布局、道路红线和断面、出入口与停车泊位；

⑥确定各项工程管线的走向、管径及其设施用地的控制指标；

⑦制定相应的土地使用与建设管理规定。

12.2.6　控制性详细规划的原则

1）保护原则

严格保护风景区自然与文化遗产，处理好保护与利用、核心景区与非核心景区的关系，加强地被和植物景观培育，维护生物多样性和生态良性循环，保护水质，防止污染和其他公害；延续历史文化元素，充分尊重自然和人文环境特征，保护地方传统文化。

2）发展原则

充分利用风景区内的自然和人文资源，通过科学、积极有效的开发，凸现风景区游览休闲特色，在保护自然风景、挖掘地方传统文化、发展旅游产业的过程中，增加地方财政收入，改善居民生活质量；统筹兼顾风景名胜区整体与局部的关系，保障公共利益，实现环境效益、经济效益和社会效益的和谐发展。

3）人本原则

科学处理风景区各建设项目的空间关系，刚性规定与弹性控制相结合，在水陆交通、公共场所、休闲娱乐、饭店餐饮等休闲服务设施配置方面，强调人的舒适感和愉悦感，充分体现风景区建设以人为本的宗旨。

12.2.7　控制性详细规划的具体要求

1）景观保护与利用

景观保护与利用规划是为保护景观与生态资源、丰富游赏内容、强化风景价值、增强游赏体验而开展的规划，以景观保护为前提，以景观利用为手段，目的是充分展示风景区的资源特色。

凡含有风景资源、珍稀动植物资源、特色生物群落及其他特别保护区域的详细规划区，应编制景观与生态保护培育规划：首先应评估保护现状，确定保护对象，划定保护培育小区，在此基础上深化、细化总体规划的保护规定和要求。主要包括以下内容：

（1）自然景观保护　包括划定其本体及环境的保护范围，提出具体的保护措施或要求，对保护设施和旅游服务设施提出规定性或指导性要求。

（2）人文景观保护　包括结合周边空间环境特征提出防护方式和保护措施，划定保护及景

观协调范围,提出景观协调要求。

(3)珍稀动物栖息地保护 包括根据珍稀动物的特定保护要求,限定游人活动空间、线路、时段与方式,隐蔽设置游人通道和旅游服务设施。

(4)古树名木、珍稀植物保护 包括划定有效保护范围,保持其原生环境不受破坏,可采取防护、复壮、监测等措施,作为景物进行游览时应控制游人对其根部土壤的踩踏,可设置架空步道或防护设施。

(5)具有地域特色的原生植物群落保护 包括划定保护范围,对现状树种单一的次生林可进行定向抚育改良,培育本地域建群树种,加快现有植被向结构稳定的地带性群落演替,在重要景观游览区,可顺应自然条件,选择配置乡土观赏树木,定向培育风景林。

(6)在受到外来生物侵害威胁的濒危物种、特殊生物群落及环境区域 划定保护范围,建立隔离、阻截防护带,在入口处设置清洗、清除设施,已受外来物种侵害的环境,提出清除、控制的规划措施与计划。

(7)受到破坏、退化的自然生态系统 应进行恢复,科学提出生态修复、水源涵养、植被抚育、水土保持等措施,提出退耕还林、还湖、还草及限牧育草的生态保护措施。

(8)在生态敏感、游人集中及其他特别防护区域 应设置动植物保护、环境保护、科研监测等设施以及游人安全等防护设施。

景观特征分析和景象展示构思应遵循景观多样化和突出景观特色的原则,对各类景观景物的种类、数量、特点、空间关系、意趣展示及其观赏方式等进行具体分析。应对观赏点选择及其视点、视角、视距、视线、视域和游赏组织进行规划分析和安排。应注重历史文化挖掘,并通过时空序列组织,系统展示文化景观的价值和内涵。

2)土地利用控制规划

土地利用控制规划应包括用地现状分析、用地区划、用地布局、用地分类、用地适建性与兼容性等内容。

(1)用地现状分析 用地现状分析应包括土地利用现状特征、风景游赏与生产生活等各类用地的结构和关系、土地资源保护利用存在的问题和矛盾等,并应汇总土地利用现状一览表,提出土地利用调整的对策和目标。

(2)用地区划 用地区划应依据用地适宜性评价和风景区总体规划要求划定建设边界,明确建设条件。

(3)用地布局 用地布局应符合的规定:

①应保护风景游赏用地、林地、水源地和优良耕地等,将未利用的废弃地等纳入规划优先利用;

②应优先扩展风景游赏用地,严格控制旅游设施用地、居民社会用地、交通与工程用地、耕地、缩减滞留用地;

③应综合考虑文物古迹保护、古树名木保护、城乡建设的"五线"控制、视廊及景观空间形态控制等要求;

④应根据各专项规划要求,明确用地配置的规划安排,列出规划土地利用统计表。

(4)建设用地控制 建设用地控制性规定应包括地块划分、土地使用、设施配套、景观环境等,并应符合下列规定:

①应根据生态敏感性和景观敏感性,进行资源保护和土地使用的分类控制;

②应尊重土地自然特征,维护原有地貌特征和大地景观环境,降低地表改变率,营造空间特色;

③应明确具体地块不同的保护、建设与功能等控制要求;

④应统筹安排地形利用、工程补救、水系疏理、生态修复、表土回用、地被更新和景观恢复等各项技术措施。

土地使用控制应对用地的基本内容和建设强度进行控制。设施配套控制应对管理服务设施、基础工程设施、保护设施和交通设施等进行控制。景观环境控制应对建筑景观和自然景观等进行控制。控制指标应符合表12.2的规定。

表12.2　建设用地控制指标

指标体系分类			控制指标名称	建设用地指标使用
1	土地使用	基本内容控制	用地面积	▲
			用地性质	▲
			后退红线	▲
			出入口方位	▲
			配建车位	▲
			用地使用兼容	△
		建设强度控制	建筑密度	▲
			容积率	▲
			建筑总量	▲
			绿地率	▲
2	设施配套	管理服务设施控制	管理办公设施	△
			安全设施	▲
			医药卫生设施	△
		基础工程设施控制	基础工程设施	△
		保护设施控制	保护设施(监测站、瞭望塔、防火设施等)	▲
		交通设施控制	交通设施(旅游码头、换乘枢纽、停车站)	△

续表

指标体系分类			控制指标名称	建设用地指标使用
3	景观环境	建筑景观控制	建筑限高	▲
			建筑体量	△
			建筑形式	△
			建筑色彩	△
			建筑材料	△
			建筑屋顶	△
		自然景观控制	植被覆盖率	△
			古树名木保护	△
			驳岸景观	△

注：▲强制性控制指标，△指导性指标。

资料来源：《风景名胜区详细规划标准》(GB/T 51294—2018)。

3) 建筑控制性详细规划

(1)规划内容　建筑控制性详细规划是为了维持良好环境条件,对建设用地上的建筑物布置和建筑物之间的群体关系做出必要的技术规定,其主要控制内容有容积率、建筑密度、建筑高度、绿地率、建筑形式及色彩、环境景观等。

①容积率:指地块内建筑总面积与该地块用地面积之比。容积率取值与地块区位、用地性质、现状条件、开发经济效益、政策等因素有关。

②建筑密度:指建筑物基底面积与该地块用地面积之比(%)。建筑密度的确定与用地性质、区位条件、环境质量要求、现状条件等因素有关。

③建筑高度:指建筑物室外入口处地坪标高至建筑物屋脊的高度。建筑控制高度指允许的建筑高度最大值。

④绿地率:指地块中绿化用地面积与地块总面积之比(%)。绿地率指标与用地性质、环境质量要求、建筑密度等因素有关。

(2)布局规划　在风景区的出入口、旅游服务设施集中区、文化设施与文化娱乐项目集中区和重要交通换乘区等进行建筑布局规划时,建设基址选择应利于建设,利于保护、游览与交通组织。

风景区内建筑建设应充分利用现状条件,满足功能要求,同时还需考虑其建设后的景观空间审美效果,避开重要风景视点、视廊、观赏面等景观区域,以此确定建设项目的用地范围、建筑布局、建筑高度等内容,使建(构)筑物融于风景环境或成为自然风景的点缀。

建筑布局内容包括立意、功能、建筑、道路、景观环境、工程设施、地形与竖向等,需综合布局,详细明确各项建设要求。应充分考虑生态环境保护、景观风貌协调的要求,建筑本身应具有景观性,符合审美要求。

4) 专项规划控制

专项规划控制包括道路交通规划、游客容量规划、风景游赏组织规划、旅游服务设施规划、基础工程规划、环境保护规划、安全防灾规划、居民社会调控等基本层面的控制性规划。

（1）道路交通规划 道路交通控制性规划一般包括出入口方位及数量、交通方式、道路红线控制等,具体的控制指标有各类型道路长度及红线宽度、建筑后退、道路平曲线设置、道路交叉口处机动车道转弯半径、主要出入口方位、停车场等。道路交通控制性规划要符合风景资源保护、利用、管理的要求,深化总体规划确定的对外交通和内部交通组织,根据服务功能和游赏组织,明确各类道路的形式、线型和控制要求。明确停车设施数量、规模、位置和布局并对各类道路交通设施提出景观控制要求。

（2）旅游服务设施规划 旅游服务设施规划应根据游人容量和游赏组织,配置相应种类、等级和规模的设施,并采用定性与定量相结合的方式,对相应设施的布局、建筑物形式和风格提出控制要求。具体要求为:

①依据风景区总体规划确定的各级旅游服务基地进行分类设置。主要旅游服务设施应结合自然地形与环境设置,并满足无障碍设计要求和不同人群游览需要。

②游客中心可分为综合游客中心和专类游客中心,基本功能应包含信息咨询、展示陈列、科普教育、旅游服务等主要内容。

③风景区徽志、解说标志牌、导览标志牌、指示标志牌和安全警示标志牌等应进行系统规划,统一形式,规范设置,构建具有特色的解说系统。风景区的徽志应结合风景区主次入口、游客中心等设置在明显位置。

④餐饮、住宿设施应体现当地餐饮文化与居住文化特色,符合规划定位,满足游人用餐和住宿需求,营造各具特色的设施环境。

⑤娱乐设施应结合旅游村以上级别的旅游服务基地设施进行建设。特色露天表演场所等设施可结合游赏需求和详细规划区功能设置。

⑥文化设施的展览内容应与历史文化相结合,满足不同游人的文化需求。文化设施可与娱乐设施相结合设置。

⑦门票售卖、应急救援、治安管理、医疗救护等功能设施,宜结合游客中心或入口设施区集中设置。

⑧旅游服务设施配置及建设规模应根据游人规模、场地条件、景观环境等确定。风景区内的旅游服务设施规模应严格控制,其建设总量和设置类别应符合风景区总体规划和表12.3的规定。

（3）基础工程规划 基础工程规划主要包括给水工程、排水工程、电力工程、电信工程、环境卫生、综合防灾等内容。

①给水工程。给水工程规划应符合下列规定:

a.应对总体规划确定的水源进行论证,确定给水设施的规模,位置,布置给水管线。

b.用水量应根据游人数量、旅游服务设施的建筑物性质和用水指标进行预测。散客用水量指标应为 $10 \sim 30$ L/(人·d),其他用水指标应按照现行国家标准《建筑给水排水设计规范》（GB 50015）执行。管网漏失水量与未预见水量之和宜按最高日用水量的 $10\% \sim 15\%$ 计。

c.给水系统布置应满足用水要求和安全需要,并应在对地形、设施布局、景观要求、技术经济等因素进行综合评价后确定。

d.供水水质应符合现行国家标准《生活饮用水卫生标准》（GB 5749）的规定,当水质达不到要求时,应设置给水处理设施。给水处理设施应靠近主要用水设施,不受洪水威胁,工程地质条件及卫生环境应良好,当水压、水量不能保证洪水要求和安全时,应设提升泵站和蓄水设施。

表 12.3　旅游服务设施配置指标

设施类型	设施项目	配置指标和要求
旅行	邮电通信	邮电所面积以 30 ~ 100 m² 为宜
	道路交通	见道路交通规划要求
游览	卫生公厕	①单座厕所的总面积为 30 ~ 120 m²，平均 3 ~ 5 m² 设一个厕位(包括大便厕位和小便厕位)，每个厕位服务 300 ~ 400 人； ②每座厕所的服务半径：在入口处、步行游览主路及景区人流密集处，服务半径为 150 ~ 300 m，在步行游览支路、人流较少的地方，服务半径为 300 ~ 500 m； ③入口处必须设置厕所； ④男女厕位比例(含男用小便位)不大于 2:3
	游客中心	总面积控制在 150 ~ 500 m²，其中信息咨询 20 ~ 50 m²，展示陈列 50 ~ 200 m²，视听 50 ~ 200 m²，讲解服务 10 ~ 30 m²
	座椅桌	步行游览主、次路及行人交通量较大的道沿线 300 ~ 500 m；步行游览支路、人行道 100 ~ 200 m；登山园路 50 ~ 100 m
	风雨亭、休憩点	结合公共厕所，步行游览主、次路及行人交通量较大的道路沿线 500 ~ 1 000 m；步行游览支路、人行道 800 ~ 1 000m
餐饮	饮食点、饮食店	每座使用面积：2 ~ 4 m²
	餐厅	每座使用面积：3 ~ 6 m²
住宿	营地(帐篷或拖车及小汽车)	综合平均建筑面积：90 ~ 150 m²/单元（每单元平均接待 4 人)
	简易旅宿点	综合平均建筑面积：50 ~ 60 m²/间
	一般旅馆	综合平均建筑面积：60 ~ 75 m²/间
	中级旅馆	综合平均建筑面积：75 ~ 85 m²/间
	高级旅馆	综合平均建筑面积：85 ~ 100 m²/间
购物	市摊集市、商店、银行、金融	单体建筑面积不宜超过 5 000 m²
	小卖部、商亭	30 ~ 100 m² 为宜
娱乐	艺术表演、游戏娱乐、康体运动、其他游娱文体活动	小型表演剧场：500 座以下；主题剧场：800 ~ 1 200 座；观众厅面积在 0.6 m ~ 0.8 m²/座为宜
文化	文化馆、博物馆、展览馆、纪念馆及文化活动场地	每个展览厅的使用面积不宜小于 65 m²

续表

设施类型	设施项目	配置指标和要求
其他	治安机构	面积以 30～80 m² 为宜
	医疗救护点	面积以 30～80 m² 为宜,高原等特别地区,可根据情况增设医疗救护设施

资料来源:《风景名胜区详细规划标准》(GB/T 51294—2018)。

e.给水管线布置应经济合理,避开不良地质构造,宜沿道路埋地敷设。当埋地敷设困难、工程量大时,应选择安全可靠、施工方便的给水管材,并应满足景观、安全供水、巡线检修、防冻等要求。供水管道埋深,需根据当地气候、水文、地形、地质条件以及地面荷载情况确定。一般来说,在满足供水要求的前提下,优先考虑选用性价比高、易施工并且维修便利的新型供水管道管材,如新型塑料给水管或玻璃钢管。

②排水工程。排水工程规划应符合下列规定:

a.排水体制应采取雨污分流。

b.应确定排水设施规模、管线布置、污水处理工艺及排放标准。

c.生活污水量预测应按日平均用水量的 85%～90% 计算。

d.雨水设计重现期宜采用 1～3 年。

e.排水系统应以重力流为主,不设或少设排水泵站。

f.排水管渠应根据当地水文、地质、气象及施工条件确定材质、构造基础、管道接口和埋深。

g.污水不得随意排放。当无法接入市政污水管网时应设污水收集处理系统。污水处理设施宜集中与分散相结合设置,处理程度和工艺应根据受纳水体,再生利用要求确定。

③电力工程。电力工程规划应符合下列规定:

a.应对总体规划确定的电源进行论证和确认,当旅游服务设施分散且规模较小、设置供电线路不经济时,可根据当地条件利用太阳能、风能、地热、水能、沼气生物能等能源,但不得破坏风景区景观环境质量和自然生态系统。

b.用电负荷预测宜采用单位建筑面积负荷指标法,应符合表 12.4 规定,并应符合国家和当地的节能要求。

c.应确定配变电所的位置与容量,变压器宜与其他建筑物合建,当用电负荷小且分散时宜选用户外箱式变电站。

d.在游览道路和游人活动区域,供电线路应沿道路埋地敷设,在其他区域不影响景观情况下可架空明设。

表 12.4 风景区单位建筑面积用电负荷指标

建筑类别	用电指标/(W·m⁻²)	建筑类别	用电指标/(W·m⁻²)
旅馆	30～50	办公	40～80
商业	一般:40～80	医疗点	40～70
	大中型:70～130	展览建筑	50～80

资料来源:《风景名胜区详细规划标准》(GB/T 51294—2018)。

④电信工程规划。电信工程规划应符合下列规定：

a. 通信网络应覆盖详细规划区范围；移动、宽带普及率应为100%。比较集中的服务设施应设置远端模块或程控交换机，当用户数较少且有线无法接入或有线接入不经济时，应采用无线接入方式。移动通信基站不得影响景观。

b. 电话需求量宜采用单位建筑面积电话用户预测指标进行预测，应符合表12.5规定，并满足当地电信部门的规定和管理方要求；主要游览道路和景点宜设置公用电话。

c. 特别保护区域或有特殊使用要求时，应单独设置通信线路。

d. 线路宜采用埋地敷设方式，宜与有线电视、广播及其他弱电线路共同敷设。

e. 监控系统设置应包括确定监控中心地点和主要摄像机位置、线路走向等，并应确定系统配置。

f. 根据管理和游览服务需要，可另行编制安全防范、信息 网络、数字化景区、智能管理和多媒体等专项规划。

表12.5　每对电话主线所服务的建筑面积

建筑类别	每对电话主线所服务的建筑面积/m²	备注
宾馆	20～30	每单间客房1对，每套间客房2对
服务中心	40～50	—
商业	30～40	—
办公	25～30	—
休闲娱乐场所	100～120	—

资料来源：《风景名胜区详细规划标准》（GB/T 51294—2018）。

⑤环境卫生工程规划。环境卫生工程规划应符合下列规定：

a. 详细规划区内不宜设置垃圾处理设施，可将垃圾收集、转运至城镇垃圾处理厂。

b. 生活垃圾应采用分类收集方式，医疗垃圾应单独收集、处理，主要游览道路100 m左右、一般游览道路200～400 m应设置一处垃圾废物箱。

c. 在主要服务建筑附近应设置小型垃圾转运站，用地面积不宜大于200 m²。

d. 公厕可设在服务建筑内，在给水管道不能到达区域应设置环保生态的免水冲厕所。

⑥安全防灾规划。安全防灾规划应符合以下要求：

a. 各类建筑和设施的消防规划应按现行国家标准《建筑设计防火规范》（GB 50016）执行。森林型景区入口处应设置防火检查站。风景区应配备消防器具和防火通信网络，设立防火瞭望塔。

b. 游览活动区域的防洪规划应提出预警、防范等安全措施。村镇、服务设施等防洪措施应按现行国家标准《防洪标准》（GB 50201）执行，必要时应设截（排）洪沟。

c. 对难以避让的滑坡、崩塌、泥石流、塌陷等地质灾害应提出工程措施和生态措施相结合的防治方式。

d. 海滨海岛风景区的详细规划区应针对海洋灾害提出预警、防范等安全措施，服务设施应避开海洋灾害易发生区域,必要时应规划设置防浪、防风设施,海滨浴场应划定安全区域和配备安全设施。

e. 建设抗震应符合现行国家标准《中国地震动参数区划图》(GB 18306)和《建筑抗震设计规范》(GB 50011)的规定,供水、供电、通信等生命线工程设施的抗震设防标准应提高一级。

f. 游览区域应设置安全防护设施保证游人游览安全;存在地质灾害、自然灾害等安全隐患区应选择合理的游赏方式与线路避让,难以避让的安全隐患区可限定游览安全时段,应提出游人安全防护、游览管控和应急救助等措施。

g. 防灾避难场所及相应设施应设置在较平坦、安全地段,并应符合现行国家标准《防灾避难场所设计规范》(GB 51143)的规定。

⑦居民社会调控规划。详细规划区内的城市、村镇等居民点建设规划应突出风景及环境特点,符合环境承载力要求以及城乡规划编制的基本要求,并应符合下列规定:

a. 应深化和完善风景区总体规划中关于居民社会调控与经济发展引导规划的内容。

b. 应保护风景资源与生态环境,居民点建设风貌应与当地文化特色及自然景观环境相协调。

c. 应优先发展旅游产业及与之相关的农副产业,严禁设置污染环境的工矿企业。

d. 应根据居民人口、服务设施的实际需要和实际用地条件,按照适量、适建原则,合理确定居民点建设用地范围、规模与标准。

e. 对于历史文化名城名镇名村和传统村落,规划应符合国家和地方相关保护与规划要求。

f. 城市居民点的开发边界、建设强度和建筑体量应严格控制,严禁向景区、景点延伸发展,建设用地不宜过度集中、连片发展,应合理控制建筑高度,提高绿地率,保持中心城区绿地与风景区自然环境互通。

g. 村镇居民点建设应符合下列规定:

• 建筑布局应顺应地形,并应保护山、水、林、田、湖、草等自然要素与景源,营造具有自然特色的村镇景观格局;

• 应体现密度低、强度低、高度低、绿化覆盖率高的建设要求,突出地域特征,协调自然环境,形成整体建筑景观风貌;

• 应建设公共设施、美化环境,增加公共活动空间;

• 具有旅游服务功能的村镇居民点,宜结合居民建筑开展旅游服务活动,新建旅游服务设施应与村镇整体景观风貌相协调;

• 景点类的村镇居民点应保持原有景观格局和建筑风貌,保护文物建筑与历史建筑,保护特色文化,改善景观环境;

• 建筑改扩建应遵循原址原风貌的原则,新增建筑宜另择址建设。

12.3　修建性详细规划

风景名胜区的修建性详细规划主要是针对明确的建设项目而言,主要包括建设条件分析和综合技术经济论证、建筑和绿地的空间布局、景观规划设计、道路系统规划设计、工程管线规划设计、竖向规划设计、工程量估算和总造价、投资效益分析等。

12.3.1 修建性详细规划的任务和特点

1）修建性详细规划的任务

修建性详细规划是按照风景名胜区总体规划、分区规划以及控制性详细规划的指导、控制和要求，以风景名胜区中准备实施开发建设的待建地区为对象，对其中的各项物质要素，如建筑物的用途、面积、体形、外观形象、各级道路、基础设施等进行统一的空间布局。编制修建性详细规划的依据主要来自两个方面：一个是风景名胜区总体规划、控制性详细规划对该地区的规划要求以及控制指标，另一个是开发项目本身的要求。修建性详细规划要综合考虑这两方面的要求。

2）修建性详细规划的特点

相对于控制性详细规划，修建性详细规划具有以下特点：
① 以具体、详细的建设项目为依据，计划性较强；
② 是风景名胜区空间形象与环境的形象表达；
③ 有多元化的编制主体；
④ 是建筑设计的重要依据。

12.3.2 修建性详细规划的编制

1）修建性详细规划的编制原则

（1）把握文化主脉络，突出主题　在编制修建性详细规划时，要依据总体规划，认真分析风景名胜区的主要文化脉络，对现有资源有所取舍，形成特色鲜明的文化主题，并与整个风景名胜区的主题相协调。

（2）建筑景观要与周围环境相融合　建筑物和构筑物的布局与风格设计，是修建性详细规划的工作重点之一。在确定建筑物或构筑物的空间位置、体量和风格时，要切忌盲目求新、求奇的审美取向，注意与周围环境密切结合，使建筑景观和周围的自然景观有机融为一体。

（3）构建动静有序的时空关系　在研究平面布局时，要根据风景名胜区资源特点，结合游客游览时经过的路线，合理安排景物、游览活动项目以及游客服务内容，宜动则动，宜静则静，形成动静结合、和谐有序的时空关系。

（4）与有关专项规划相协调　风景名胜区是一个空间综合体，可能涉及林业、水利、文物、农业、宗教和环境保护等多个领域，在规划对象空间范围内存在多种资源和专项设施时，修建性详细规划应注意与其他专项规划衔接。

2）修建性详细规划的内容

修建性详细规划应包括下列主要内容：
① 分析规划区的建设条件及技术经济条件，提出可持续发展的相应措施；
② 确定山水与地形、植物与动物、景观与景点、建筑与各工程要素的具体项目配置及其总平面布置；
③ 以组织健康优美的风景环境为重点，制定竖向、道路、绿地、工程管线等相关专业的规划或初步设计；
④ 列出主要经济技术指标，并估算工程量、拆迁量、总造价及投资效益分析。

3)修建性详细规划的编制程序

修建性详细规划的编制通常分为以下几个阶段：

①基础资料收集；

②方案构思比较；

③规划设计成果编制。

4)修建性详细规划编制的技术方法

（1）综合现状与建设条件分析　一般应从工程地质条件、气象、地下埋藏物、植被、建筑物与构筑物、道路、管线等方面入手，分析规划范围综合现状与建设条件。

（2）平面布局及原则　平面布局规划涉及建筑、道路、绿地、小品等要素，是修建性详细规划诸多内容中最为重要的内容。布局原则如下：

①平面布局要服从功能需要。在编制风景名胜总体规划时，对主要景点的功能和建设要点都有一些具体的界定或建议。在研究平面布局方案时，首先要充分研究这些界定或建议，确保建设方案能满足整个风景名胜区对该景点提出的功能要求。

②先确定整体结构，再确定局部布局方案。当一个景点具有一种以上功能时，需要先对该景点功能分区进行细化研究，确定整体结构，再分功能区确定布局方案。

③注重自然与文化背景，切忌盲目贪新求奇。我国在五千年文明发展过程中，各地区形成了各具特色的建筑布局和建造风格。近些年，随着对外交往的增多，域外建筑风格也逐渐为越来越多的人所认识，但是对大多数风景名胜区来说，在研究其建设方案时，无论是一个建筑群的布局，还是一个建筑单体的建造风格与体量，都要注意传承当地文化脉络，并与周围环境融为一体，应切忌盲目追求新奇，甚至盲目追求全国第一、世界之最。

④结合用地竖向规划要求，注重平面布局的工程技术合理性。如果规划范围内自然地形起伏较大，在确定平面布局方案时，要充分考虑用地竖向规划要求。

（3）建筑布局常用方法　编制修建性详细规划，需要对建筑物、植物、道路、开敞空间等诸多要素进行部署，其中最为关键的是建筑物的布局。借鉴城市规划与设计技术方法，常用的建筑规划布局手法有行列式、周边式、组团式、点群式、自由式、混合式等。

（4）景观系统　景观系统规划主要包括以下内容：

①对规划对象范围内的景观节点或轴线进行详细部署。

②确定景观主题。景观主题是设计景观系统的基础。旅游景点的景观主题要与该景点的功能相结合，依托现有资源条件，可以分别以文化、建筑、地形、植物等要素作为景观主题。由于需要编制修建性详细规划的景点空间范围一般都比较小，总的景观主题应该只有一个，并贯穿于整个景点中。但是对于空间范围较大的景点，或者资源条件特殊的景点，可以根据具体情况设置几个居于次要地位的副主题。

③景观系统构建方法。构建景观系统时，可利用的构景要素主要包括自然地形地貌、建筑、山石、水体、植被、小品等。在一个特定的景点，各种景物之间有主景与配景之分。主景是一个景点的核心，往往通过它来体现这个景点的功能与主题，在艺术上富有较强的感染力。主景是各种景物中需要特别强调的对象，一般在位置、体量、形状、色彩等方面予以突出。常用的突出主景的方法有：主体升高、运用轴线和风景视线的焦点、动势向心、形成空间构图重心等。

④道路交通系统。为保持与外界有良好的交通联系，并考虑发生紧急情况时能迅速疏散游客，景区一般应有两条以上对外交通道路。许多旅游景点为了营造游览氛围，禁止各种车辆进

入景点内部,但是在进行对外交通规划时,不仅要考虑景点正常运行时的游客交通需要,还要考虑施工、维修和营运过程中管理服务对交通的要求。在规划内部交通路线时,要重点研究游客游览时的交通流向,许多景观层次和时空序列是依靠道路组织渐次展开的。常用的道路路线形式有串联式、并联式、环形式、放射式、综合式。串联式即将各个景物串联在一条道路上,游客在游览时必须经过每一处景物。并联式指将各个景物并联到道路上,游客可以选择参观游览目标。环形式即构建旅游环线。放射式指要形成一个中心点,各个景物布设在其周围,通过放射型道路连接。为丰富沿路景观,局部路段可以将游廊、花架作为步行道路形式。随着文明程度的提高,有条件的景点应该建设为特殊群体服务的无障碍交通设施。

(5)绿地系统 要尽量保护已有植被,尤其是树龄较长,或者在当地比较罕见的植物;绿地布局要服从所在景点主题的要求,如以参观、学习、瞻仰、感悟、静思为主要活动内容的景点,绿地布局与树种选择要有利于营造静谧的氛围,供游客参与的游乐性景点,绿地布局与树种选择要有利于烘托欢快祥和的气氛。绿地系统常用布局方法主要有规则式、自由式和混合式3种形式。树木种植的基本形式有孤植、对植、丛植、群植、列植、林植、绿篱与绿墙等。

(6)用地竖向规划 合理利用地形、地貌,以满足景观构建需要和工程技术要求,同时充分发挥土地利用潜力,减少土石方及防护工程量,降低建造成本,达到安全、适用、经济、美观的效果。

5)修建性详细规划成果要求

修建性详细规划成果主要由规划说明书和规划图纸组成。

(1)规划说明书 规划说明书由以下部分组成:

①现状条件分析;

②规划原则和总体构思;

③用地布局;

④空间组织和景观特色要求;

⑤道路规划;

⑥各项专业工程规划及管网综合;

⑦竖向规划;

⑧主要技术经济指标;

⑨工程量及投资估算。

(2)图纸 图纸主要包括:

①规划地段位置图;

②规划地段现状图;

③规划总平面图;

④道路交通规划图;

⑤竖向规划图;

⑥单项或综合工程管网规划图等。

12.3.3   案例

仙都景区西入口修建性详细规划

1）区域概况

仙都景区位于浙江省缙云县五云镇东北角,是国家重点风景名胜区——仙都风景区的主景区,一条九曲练溪如银色玉带自东北流向西南,构成景区的中心轴线,主要的自然景观、人文景观均分布在练溪两岸,景区旅游主干道（现为五壶公路）随练溪而行。

2）规划要求

规划在入口区截留游览车,安排停车场及公交换乘站,并设置旅游服务配套设施,如游人中心、餐饮、娱乐、住宿等。还应处理好入口标志性景观,做好现状开采迹地的整理与修复,排好景观序列的缔造。

3）规划布局与景观设计

规划用地由三大区块组成,依次为入口区、停车区、宾馆区,由闹转静,由一条主路贯穿。用地西面还有一个山谷,可作为发展备用地。

（1）入口区

入口区的规划包括来客方向的景观处理（即入口形象）,去客方向的景观处理,及游客中心商业街、集散广场、换乘车站。

入口处两座采石剩下的山头是本次景观处理的重点,这两个山头高度接近,创面较新,均朝东,紧临五壶公路,作为去客方向的对景十分扎眼。其西面植被茂密,作为来客方向的对景相当合适。规划暂将紧邻公路的称作迎客岩,较内的称作方形岩。

在发展备用地的南面,由五壶公路分出岔路,从迎客岩与方形岩之间的山谷引入本入口区,在道路上立牌坊提示为景区入口。因这两座山体量适中,成为天然之门阙,再对山体植被作适当梳理,增补一些春花和秋色叶树,使其从一片葱翠的环境中跃然而出,与牌坊结合在一起,构成人工景观与自然景观相辅相成的经典的入口景观形象（见图 12.1—图 12.4）。

图 12.1   入口处原貌

图 12.2   入口处改造后景观

图 12.3   入口裸岩原貌

图 12.4   入口裸岩改造后景观

（2）停车区

商业街北端与停车场相接,如果乘客在停车场下车,需经此街到达换乘点。规划为林荫停车场,地面草坪铺装,有两个车行出入口。

（3）宾馆区

停车区以北是宾馆区,宾馆区建筑依山而建,结合自然山形采用分散布局,1~3层高低错落,共同围绕一面湖水,湖中一道长石堤将湖面分为大、小两半,要求采用缙云传统的石堤形式。湖南面的建筑,与停车场相邻,停车后沿着潺潺跌落的溪流拾级而上,即可到达,其辅助用房藏在东侧废石岙中,主要房间与亲水平台占据湖面最佳景观视点,可以观瀑。湖西面的建筑,采用民居式合院,是观赏舅轿岩的最佳处,经过长堤或曲廊到达北面建筑群,其与里湖相伴,与瀑布相邻,背山面水,景观颇佳。

东面是采石余下的废石岙,此处山岩独具特色,纹路黑白相间,规划利用其间丰富的地形变化,应用植被、岩体、水体等要素建成岩石娱乐园,一方面以各种岩生植物作生态恢复,形成丰富植物景观;另一方面将地形作适当整理,设置室外活动项目,如室外表演场、球类活动场等,可充分利用岩石的良好回声效果,独具特色。也可将娱乐的嘈杂圈在此石岙内,保留外面湖水的宁静。

思考与练习

1. 简述我国风景名胜区详细规划的内容。
2. 我国风景名胜区详细规划的规划成果包括哪些?
3. 风景名胜区控制性详细规划的作用和内容有哪些?
4. 风景名胜区修建性详细规划的内容和原则有哪些?

13 现代技术与风景名胜区规划

[本章导读]风景名胜区规划涉及到的现代技术是一个动态变化的集合,既包括已广泛应用的 CAD 计算机辅助设计等技术,也包括近年来逐步兴起的"3S"技术、BIM/LIM 技术、大数据技术、虚拟现实等技术。本章重点介绍以 GIS 为代表的"3S"技术在风景名胜区规划中的应用。通过学习,使学生了解现代技术在风景名胜区规划中的应用方法。①

13.1 "3S"技术在风景名胜区规划中的应用

第 13 章微课

13.1.1 "3S"技术简介

"3S"技术是遥感(Remote Sensing,简称 RS)、地理信息系统(Geographic Information System,简称 GIS)和全球定位系统(Global Positioning System,简称 GPS)的统称,属于多学科高度集成的现代信息技术,以空间技术、传感器技术、卫星定位与导航技术和计算机技术、通信技术相结合,对空间信息进行采集、处理、管理、分析、表达、传播和应用。

遥感(RS)是非接触式、远距离的探测技术,一般指运用传感器/遥感器对物体电磁波的辐射、反射特性进行探测。作为一门对地观测的综合性技术,遥感不仅可以进行大面积同步观测,而且获取信息的手段多、速度快、周期短,获取的数据具有综合、丰富、宏观、动态、多源的特点。对于某些人类难以到达的地方,采用不受地面条件限制的遥感技术,可方便及时地获取各种宝贵资料,具有其他技术手段无法比拟的优势。

地理信息系统(GIS)又被称为"地学信息系统",既是一门跨地球科学、空间科学和信息科学的应用基础学科,又是一门以地学原理为依托,在计算机软硬件支持下,对地球表层(包括大气层)相关地理分布数据进行采集、处理、存储、管理、分析、建模、显示和传播的应用技术。随着时代发展,"GIS"的"S"也从"系统"(system)这一技术层面的内涵,逐渐扩大到"科学"(science)和"服务"(service)多重内涵。但是为了避免混淆,一般还是用"GIS"表示地理信息技术,用"GIScience"或"GISci"表示地理信息科学,用"GIService"或"GISer"表示地理信息服务。

全球定位系统(GPS)由美国国防部开发维护,包含军用和民用两种信号,二者精度不在一个量级。该系统始于 1958 年美国的军方项目,1964 年投入使用,目前保持 32 颗卫星在轨工作,其精密定位技术已经渗透到了经济建设和科学技术的多个领域。中国北斗卫星导航系统(BeiDou Navigation Satellite System,简称 BDS)是中国自行研制的全球卫星导航系统,也是继美国 GPS、俄罗斯 GLONASS 之后的第三个成熟的卫星导航系统。2020 年 7 月 31 日,北斗三号全

---

① 注:本章未注明出处的插图均为编者自绘。

球卫星导航系统正式开通,可在全球范围内全天候、全天时为各类用户提供高精度、高可靠定位、导航、授时服务,并且具备短报文通信能力。

13.1.2　应用概况

20世纪八九十年代,我国开始将"3S"技术应用于风景名胜区规划的探索。早期主要是基于遥感信息的初步利用,例如,同济大学刘滨谊教授在江西三清山和福建太姥山风景名胜区的规划中,利用遥感图像对地形空间、视觉质量指标、自然景象美景度和风景旷奥度进行计算;北京大学遥感与GIS研究所采用TM遥感影像,经处理后合成彩色图像,作为风景区空间信息采集的底图,并采用GPS进行风景资源定位,进而将相关信息存储在GIS中,用于规划决策和计算机制图表达。

21世纪以来,在第四次工业革命悄然兴起的时代背景下,风景园林行业面临更多的挑战,也从新技术中获得很大的支持。其中,"3S"技术在风景名胜区规划与管理决策的应用范围越来越广泛,如风景名胜区的自然灾害监测与评价、景观资源评价、用地适宜性评价、开发项目的环境影响评价、生态敏感性分析与生态风险评价、索道及道路选址、总体规划、植被规划、土地利用变化分析、景观格局动态变化分析等。

13.2　GIS技术在风景名胜区规划中的应用

作为"3S"技术的重要组成,GIS起源于20世纪60年代,然而受到软、硬件的限制,早期的应用十分有限。随着传统地理科学与现代计算机技术、信息科学的不断融合发展,GIS逐渐发展成为集RS、GPS、互联网等技术于一体的综合性学科。20世纪末,"数字地球"概念的提出更是促进了GIS在规划、建设、管理等领域的应用。

在风景区规划的前期调查阶段,GIS技术主要应用于数据管理;中期规划形成阶段,GIS主要用于相关信息的查询与分析,也可以建立一些预测模型,如游客容量预测、景区污染情况预测等;后期实施阶段,GIS还可以用于景区的各项管理与宣传,例如可以在GIS数据库基础上制作景区管理系统及旅游服务信息系统。由此可见,GIS在风景区规划有着广泛的应用前景。这些应用都离不开GIS的组成要素和基本功能。

13.2.1　GIS的组成要素和基本功能

1)组成要素

从人-机系统来看,GIS由硬件系统、软件系统、空间数据、模型方法和应用人员几大要素组成(图13.1)。硬件系统、软件系统为GIS提供运行环境,空间数据反映GIS的地理内容,地学模型为GIS提供解决方案,应用人员影响和协调其他要素。近年来,硬件和软件的提升使得GIS功能愈发强大。

(1)硬件系统　GIS的硬件系统主要包括输入设备、处理设备、存储设备和输出设备四大部分。输入设备既包括数字化仪、扫描仪、键盘鼠标等常规设备,也包括空间数据采集的专用设备,如GPS、全站仪、数字摄影测量仪等。GIS的处理、存储和输出的设备与一般信息系统类似。

(2)软件系统　GIS软件系统通常包括三大类,即支撑软件、平台软件、应用软件。支撑软件指GIS运行所必需的各种软件环境,如操作系统、数据库处理系统、图形处理系统等;平台软件包括实现 GIS 功能所必需的各种处理软件和扩展开发包;应用软件一般是在 GIS 平台软件基础上,二次开发形成的具体应用软件,主要是面向应用部门。通常所说的 GIS 软件属于平台软件,如国外的 ArcGIS、MapInfo、MGE、QGIS 等,国产的 MapGIS、SuperMap 等。

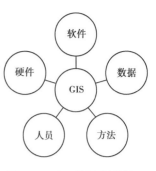

图 13.1　GIS 的组成要素

2)基本功能

GIS 的基本功能包括空间数据的采集、处理、存储、管理、分析和表达,其中最为核心的是分析功能。基于这些功能,GIS 可以通过地理对象的模拟重建和空间分析,对位置、条件、趋势、模式和模拟这 5 个问题进行求解。

（1）位置问题　即"某个地方有什么?"通过地理对象的位置信息(如建筑物的坐标)进行定位,然后查询其性质(如建筑物的名称、年限等)。位置问题是地学领域最基本的问题,使用 GIS 的空间查询功能即可解决该问题。

（2）条件问题　即"符合条件的地理对象在哪里?"通过地理对象的属性信息列出条件表达式,然后查询满足条件的地理对象的空间分布情况。相对而言,条件问题涉及的是较为复杂的 GIS 查询功能。

（3）趋势问题　即"某位置的某事件随时间的变化过程是怎样的?"GIS 可以根据历史数据和现状数据,对现象的变化过程做出判断,既可回溯过去,也可预测未来。

（4）模式问题　即"地理对象和某现象的分布存在哪些空间模式、聚类特征、依存关系?"例如,可以通过 GIS 分析风景名胜区的功能分区与游人分布的关系等模式问题。

（5）模拟问题　即"某位置如果具备某条件会发生什么情况?"通过 GIS 在模式和趋势的基础上,建立现象和因素之间的模型关系,从而发现普遍规律,辅助预测和决策。

13.2.2　GIS 用于风景区规划的数据管理

风景名胜区规划需要根据风景区的类型、特征进行大量的基础资料调查。这项工作不仅涉及气象、地质、水文、土壤、植被、资源等自然对象,历史、人口、区划、社会经济等人文条件,还涉及基础工程、建(构)筑物、设施等内容,调查数据类型多样,数量庞大。传统方法进行数据的采集、处理和存储颇为耗时耗力,一般的数据库管理系统也难以满足规划过程所需的多种分析的需求,GIS 在数据管理方面的显著优势,可以大大提高风景区规划相关数据的管理效率,提高规划的科学性。

1)GIS 用于风景区数据管理的优势

GIS 在数据管理方面具有海量存储、实时更新、查询便捷等特点。它使用不同的图层来管理数据(图 13.2),图层及图层之间进行变换、旋转、叠加等运算,有助于洞悉并描述数据之间的内在联系。使用 GIS 软件对包含风景区不同信息的图层进行叠加,可以得到多重属性的新层,通过叠加制作各种专题图层,可以更好地理解数据的意义,从而进行相关的分析与评价。这是 GIS 用于风景区数据管理的优势。

2)风景区 GIS 数据与数据库的建立

GIS 使用数据来描述真实世界,将 GIS 应用于风景区规划的第一步就是要建立相应的数据库。GIS 的数据结构有矢量和栅格两种。矢量数据结构通过坐标、点线面来描述地理实体,空间位置精度高,数据存储量小,但结构复杂,数学模拟较难。栅格数据结构以规则的像元阵列来

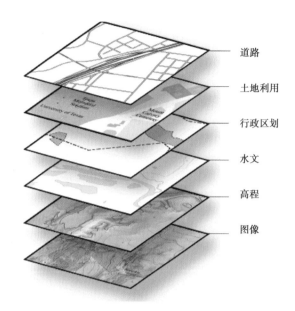

道路

土地利用

行政区划

水文

高程

图像

图 13.2　GIS 使用图层管理数据

(图片来源：ArcGIS 官方网站)

表示地物或现象，结构简单，叠加分析方便，但空间位置精度不如前者，数据存储量相对较大。两种数据结构各具特点和适用性，风景区规划都会涉及，使用 GIS 软件可以进行两种数据的相互转换。

　　GIS 数据从测量方式看，有定类、定序、定距、定比 4 种，从来源看，有一手和二手的区别。GIS 具体的数据类别，又有空间数据和属性数据两类，前者描述地理位置和空间关系，是 GIS 特有的数据，后者表达与地理实体相关联的其他信息。建立风景区 GIS 数据库需要采集不同来源、不同类型的数据，进行数字化处理组织到 GIS 当中，并对空间数据和相应的属性数据进行关联。

　　(1)风景区 GIS 数据库的空间数据采集　　多以地形图、遥感图像为数据源，既有矢量数据，也有栅格数据。属于栅格数据的遥感图像的精度能高达米级，甚至可能提高到分米级。风景区 GIS 数据库应该有不同比例尺的基本地形图数据，空间数据应包括测量控制点、居住地、水系及附属设施、境界、地貌、植被等要素，以及部分专题现状信息，如道路、建筑、旅游资源、基础设施的分布图等。将这些空间数据的相关文件统一到同一个公共目录下，即构建起风景区整个 GIS 数据库的基础内容。

　　(2)风景区 GIS 数据库的属性数据采集　　一般可通过调查、统计等方式采集。属性数据来源多样，如相关部门的观测、测量数据，各类统计数据、专题调查数据、文献资料数据、遥感图像解译等。风景区规划涉及旅游资源、道路系统、基础设施、植物资源等多个类别的属性数据，其中，旅游资源数据包括景点的名称、位置、海拔、开发年限等信息，道路系统数据包括道路的名称、起止点、长度、宽度、路面等级、路面性质、最大车速、最大承载等信息，基础设施数据包括设施的名称、位置、年限、权属等，植物资源数据包括林班号、小班号、面积、林种、权属等信息。风景区规划实际需要的属性数据远不只这些，为了顺利地获得所需数据，更好地服务规划，应制定周密的调查计划，对属性数据进行合理分类和适当取舍，进而在 GIS 数据库中与空间数据建立起连接。

13.2.3　GIS 用于风景区规划的分析与表达

GIS 具有强大的空间和属性分析能力,并且可以将各种分析结果以可视化的形式直观地表达出来,便于规划人员的研判以及与相关人员的交流。

以 ArcGIS 软件为例,可以通过"叠加分析"(Overlay Analysis)工具回答"什么在什么上"的问题,例如,"风景区的什么土地利用方式在什么土壤类型上?"也可以使用"邻域分析"(Proximity Analysis)工具回答"什么在什么附近"的问题,例如,"风景区某条溪流 1 000 米范围内是否有道路通过?"还可以使用"表面创建与分析"(Surface Creation and Analysis)工具对连续变化的数据进行分析,例如,风景区的高程、坡度、降雨、温度分析等。除此,ArcGIS 软件还有"表分析与表管理""统计分析""选择和提取数据"等多种分析工具。

综合运用 GIS 各种分析工具,结合专业人员的经验,可以方便地从复杂的数据集中提取有用的信息用于景点选址、保护范围划定、游览路线选择、游览设施布置等,从而使风景区规划更加高效、科学。以下简要介绍风景区规划中几种常见的 GIS 分析。

1)地形分析与表达

风景区规划可以使用 GIS 进行高程、坡度、坡向等与地形相关的分析,其核心是数字高程模型(Digital Elevation Model,简称 DEM)。

使用 GIS 软件可以将风景区 CAD 等高线或高程点转换为矢量化的 TIN(Triangulated Irregular Network,不规则三角网)数据(图 13.3),利用 TIN 数据可以进行高程、坡度、坡向的可视化表达,也可以将矢量化的 TIN 数据进一步转换为栅格化的 DEM 数据(图 13.4),进行地形分析。下面以 ArcGIS 软件为例,简要介绍由 CAD 数据转换为 TIN 数据进而转换为 DEM 数据的基本步骤:

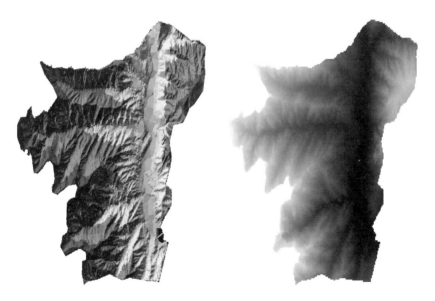

图 13.3　某风景区 TIN 数据　　　　图 13.4　某风景区 DEM 数据

①运行 ArcMap,添加整理好的带有高程属性的风景区 CAD 等高线或高程点;

②使用 ArcToolbox→分析工具→提取分析→筛选,将导入的 CAD 等高线或高程点数据转换

为 Shapefile 高程数据；

③右键点击 Shapefile 图层,选择"打开属性表",进一步整理、检查、修正高程数据；

④使用 ArcToolbox→3D Analyst 工具→数据管理→TIN→创建 TIN,将整理好的 Shapefile 高程数据转换为 TIN 数据；

⑤使用 ArcToolbox→3D Analyst 工具→转换→由 TIN 转出→TIN 转栅格,将 TIN 数据转换为 DEM 数据。

除了上述方法,通过其他渠道也可以获得栅格化的 DEM 数据。例如,可以从"地理空间数据云""图新地球""Open Topography"等平台直接获取风景区所在区域的相关 DEM 数据。使用栅格化的 DEM 数据可以便捷地对高程、坡度、坡向等地形特征进行分析,并进行可视化表达。下面以 ArcGIS 软件为例,简要介绍使用栅格化的 DEM 数据进行高程分析的基本步骤：

①运行 ArcMap,加载风景区 DEM 数据,双击该图层或者右键调出"图层属性"对话框；

②在"符号系统"选项卡中按照一定的方式对高程进行分类,并选择需要的色带(图 13.5),得到彩色高程图层；

③基于 DEM 数据,通过 ArcToolbox 相关工具生成山体阴影图层(图 13.6)；

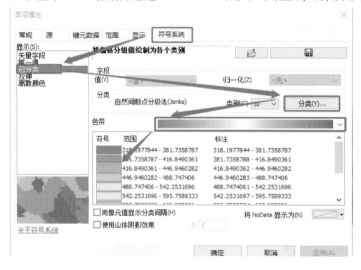 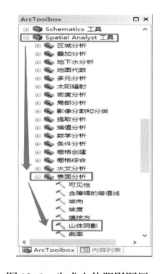

图 13.5　在图层属性对话框进行高程的彩色表达　　　　图 13.6　生成山体阴影图层

④在彩色高程图层"图层属性"对话框的"显示"选项卡中设置图层透明度,然后将山体阴影图层调整到该图层下方；

⑤进入布局视图,添加图名、指北针、比例尺、图例等信息,排版导出最终的高程分析图(图 13.7)。

添加山体阴影图层的目的是增加高程分析图的立体感,可以根据需要来决定是否显示该图层。坡度、坡向分析可以参照山体阴影图层的生成方法,使用 ArcToolbox→表面分析→坡度(坡向)工具得到相应图层,然后参照上述高程分析的方法,打开相应"图层属性"对话框进行相关设置,并在布局中进行排版,最终得到坡度、坡向分析图(图 13.8、图 13.9)。

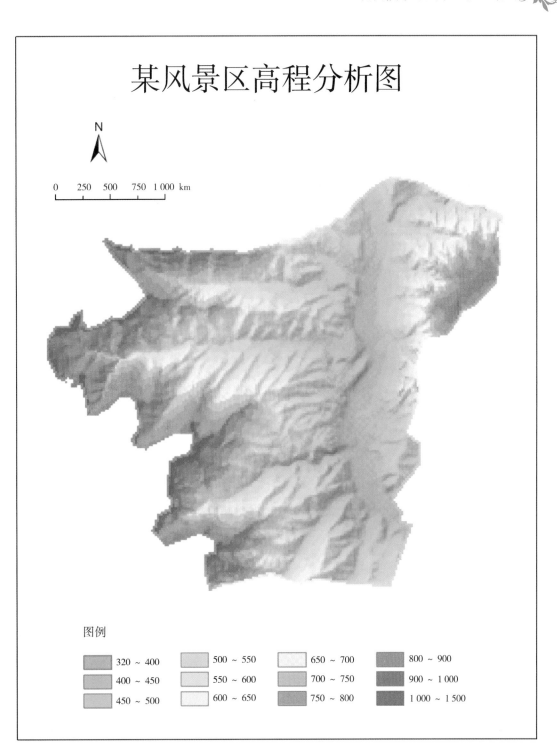

图13.7　某风景区高程分析图

2）水文分析与表达

使用 GIS 还可以进行风景区水文分析与表达,其基本思路与地形分析与表达类似,下面以 ArcGIS 软件为例,简要介绍基本操作:

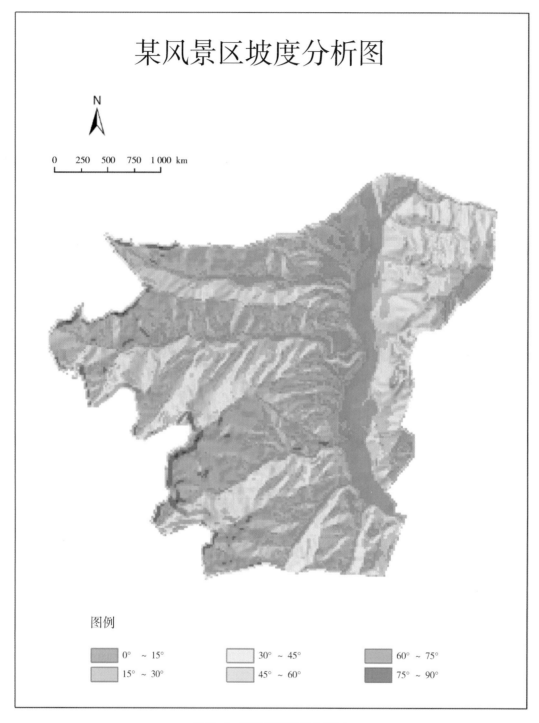

图13.8　某风景区坡度分析图

①运行 ArcMap，加载风景区 DEM 数据，使用 ArcToolbox → Spatial Analyst 工具 →水文分析→填洼工具对 DEM 数据进行修正；

②基于填洼修正后的数据，使用 ArcToolbox→Spatial Analyst 工具→水文分析→流向工具进行流向分析（图 13.10）；

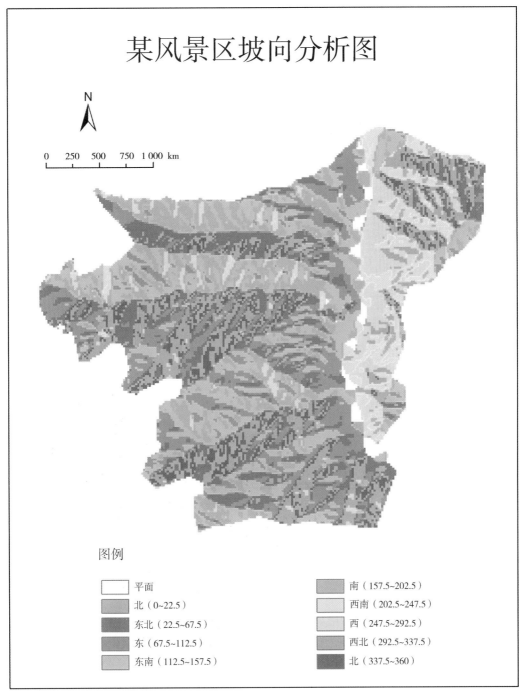

图13.9　某风景区坡向分析图

　　③基于流向栅格数据,使用 ArcToolbox→Spatial Analyst 工具→水文分析→流量工具进行流量分析(图13.11);

　　④基于流量栅格数据,使用 ArcToolbox→地图代数→栅格计算器生成河流网络,再使用 ArcToolbox→Spatial Analyst 工具→水文分析→河网分级工具对河网进行分级(图13.12);

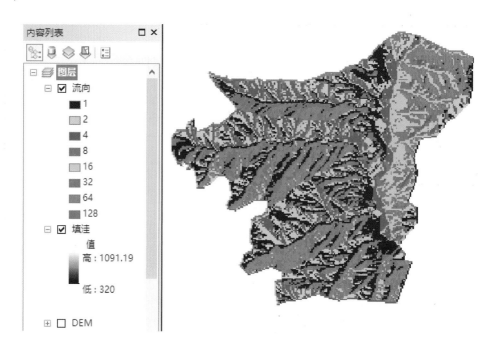

图 13.10　某风景区流向分析

图 13.11　某风景区流量分析

⑤使用 ArcToolbox→Spatial Analyst 工具→水文分析→栅格河网矢量化工具生成河网的矢量数据(图 13.13)；

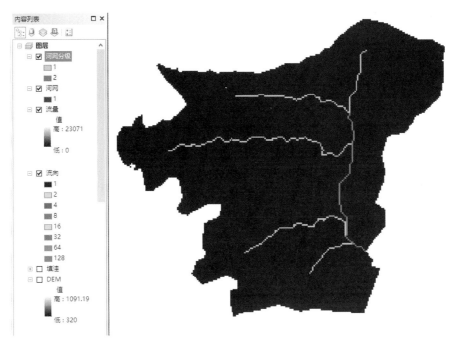

图 13.12　某风景区河网分级

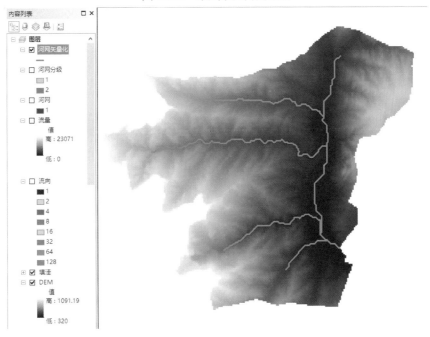

图 13.13　某风景区河网矢量化

⑥使用 ArcToolbox→Spatial Analyst 工具→水文分析→盆域分析工具进行流域分析（图 13.14）。

以上分析步骤均生成独立的图层，可单独或叠加后提供有用的信息，分析结果可以通过布局排版，输出为相关分析图件。

图 13.14　某风景区流域分析

3)可视性分析与表达

游赏视线分析是风景区规划的一项重要内容。通过 GIS 进行可视性分析,可以帮助规划人员更好地了解观景点、观景线的可视状况,辅助景观评价、道路选线、设施选址等规划工作。

下面以 ArcGIS 软件为例,介绍最简单的两点间视线分析的基本步骤:

①运行 ArcMap,加载风景区 DEM 数据;

②启动 3D Analyst 工具条→选中风景区 DEM 数据图层→点击"创建视线"工具→在"通视分析"对话框进行设置,例如将"观察点偏移"设置为 1.5,表示观察点从地面抬高 1.5 m,大约为人眼的高度;

③在观察点和目标点之间拉一条视线,黑点为观察点,绿色部分为可见区域,红色部分为不可见区域,视线在蓝点位置被挡(图 13.15)。

风景区规划中,使用 ArcGIS 进行观景点的可视范围分析,有助于找出合适的观景点。观景点可视范围分析与表达的主要步骤如下:

①运行 ArcMap,加载风景区 DEM 数据和观景点图层;

②右键点击观景点图层→选择"打开属性表"→点击"表选项"图标→添加字段,通过添加名为"SPOT"和"OFFSETA"(或命名为其他名称)的双精度字段,分别用于指定观景点的地面高程以及观景点实际视点与地面的垂直距离;

③调出"编辑器"工具条,进入编辑状态,用"识别"工具获得各观景点的地面高程,打开观景点图层的属性表,在"SPOT"字段输入相应的地面高程,"OFFSETA"字段则根据实际视点与地面的垂直距离来赋值,如 1.5 m、4.5 m 等。完成赋值后,停止并保存编辑内容。

④打开 ArcToolbox→3D Analyst 工具→可见性→视点分析工具,便可以根据风景区 DEM 数据和编辑后的观景点要素,生成观景点可视范围分析(图 13.16)。

⑤打开观景点可视范围分析图层的属性表,观景点字段的数值为"1"表示可视,"0"表示不

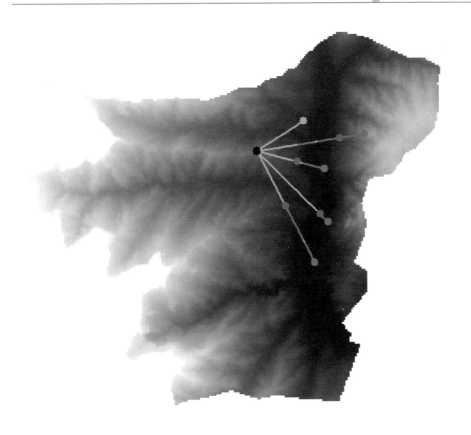

图 13.15　**某风景区两点间视线分析**

可视,选中一行或多行,可以在图上将相应的范围突出显示出来(图 13.17)。

　　⑥打开观景点可视范围分析图层的"图层属性"对话框→符号系统→唯一值→选择某个观景点字段,可以专门针对某个观景点的可视和不可视范围进行图示表达(图 13.18)。

　　除了使用视点分析工具,还可以使用 ArcToolbox→3D Analyst 工具→可见性→视域分析工具进行可视范围的分析。该工具与上述视点分析工具不同之处在于结果仅区分可视与不可视,默认以绿色显示可视范围,以红色显示不可视范围(图 13.19),通过符号系统可以选用其他颜色表达。

　　使用视域分析工具还可以对指定观景线路进行视域分析,其原理是将观景线路多段线的折点作为视点进行分析。在视域分析前可以先使用 ArcToolbox→编辑→增密工具为线路等距离增加折点,使得沿线视点均匀分布。

13.2.4　GIS 在风景区规划中的应用前景

　　在风景区规划的实际工作中,GIS 还有更多的应用场景。例如,使用 GIS 软件分别对风景区坡度、地形起伏度、植被、水体、农田、水域、生态红线等单因子进行分级赋值评价,然后根据单因子的权重系数将多因子叠加求和,最后通过结果的重分类即可得到风景区生态敏感性评价。使用 GIS 软件还可以辅助开展风景区的路线选取、服务设施布局优化等诸多工作。

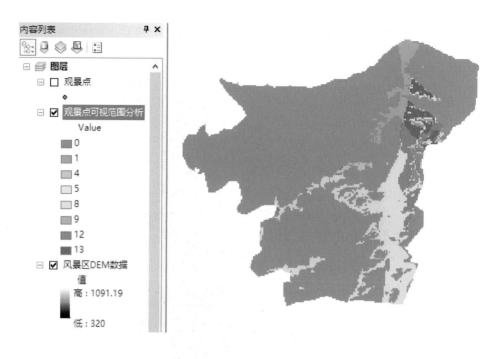

图13.16 某风景区观景点可视范围分析

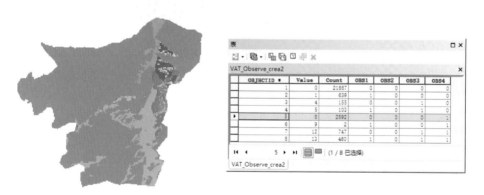

图13.17 观景点可视范围分析图层属性表的单行选取

GIS的功能非常强大,可以很好地帮助风景区规划人员进行数据管理和分析表达,具有广阔的发展前景。在风景区规划中普及GIS技术,应注意以下方面:首先,GIS作为先进的工具应该与专家系统紧密结合,规划工作基于专业人士的知识、经验,辅以GIS的便捷、客观,而不是使工具成为决策者;其次,须加强GIS基础数据的共享,将风景区规划与国土空间规划有机衔接,避免基础数据的重复录入和资源浪费,使数据在规划、管理等相关部门间互通;再者,还需要加快风景区规划人员GIS技能的提高,目前来看,GIS在风景区规划方面的应用还较多停留在一些常规基础操作,未来尚有很大的发展和提升空间。

图 13.18 专门针对 OBS4 单个观景点可视范围的图示表达

图 13.19 某风景区观景点视域分析

思考与练习

1. GIS 技术在风景名胜区规划中有哪些优势？

2. GIS 技术在风景名胜区规划中的应用包括哪些方面？

3. 查阅相关资料，了解其他现代技术在风景名胜区规划中的应用。

附录 风景名胜区总体规划标准

（GB/T 50298—2018）

风景名胜区
总体规划标准

参考文献

［1］中华人民共和国住房和城乡建设部. 风景名胜区总体规划标准［S］. GB/T 50298—2018. 北京：中国建筑工业出版社,2019.

［2］中华人民共和国住房和城乡建设部. 风景名胜区详细规划标准［S］. GB/T 51294—2018. 北京：中国建筑工业出版社,2019.

［3］中华人民共和国住房和城乡建设部. 风景名胜区游览解说系统标准［S］. CJJ/T 173—2012. 北京：中国建筑工业出版社,2012.

［4］中华人民共和国住房和城乡建设部. 风景名胜区监督管理信息系统技术规范［S］. CJJ/T 195—2013. 北京：中国建筑工业出版社,2013.

［5］中华人民共和国住房和城乡建设部. 风景名胜区分类标准［S］. CJJ/T 121—2008. 北京：中国建筑工业出版社,2008.

［6］住房和城乡建设部风景名胜区管理办公室. 风景名胜区工作手册［M］. 北京：中国建筑工业出版社, 2011.

［7］丁文魁. 风景科学导论［M］. 上海：上海科技教育出版社,1993.

［8］魏民,陈战是. 风景名胜区规划原理［M］. 北京：中国建筑工业出版社,2008.

［9］李文,吴妍. 风景区规划［M］. 北京：中国林业出版社,2018.

［10］唐晓岚. 风景名胜区规划［M］. 南京：东南大学出版社,2012.

［11］贾建中,邓武功. 城市风景区研究（一）——发展历程与特点［J］. 中国园林,2007（12）：9-14.

［12］邓武功,贾建中. 城市风景区研究（二）——与城市协调发展的途径［J］. 中国园林. 2008（1）:75-80.

［13］张国强. 城市风景的构成、特征与发展［J］. 中国园林,2008,24(1):73-74.

［14］张国强,贾建中. 风景规划——《风景名胜区规划规范》实施手册［M］. 北京：中国建筑工业出版社,2002.

［15］翟付顺. 省域风景名胜区体系规划若干问题研究［D］. 北京林业大学,2007.

［16］贾建中. 我国风景名胜区发展和规划特性［J］. 中国园林,2012,28(11):11-15.

［17］许耕红,马聪. 风景区规划［M］. 北京：化学工业出版社, 2012.

［18］丹霞山风景管理局. 丹霞山风景名胜区总体规划（2020—2025）［EB/OL］.

［19］张鸿睿. 风景名胜区中的露营地规划设计研究［D］. 南京林业大学,2017.

［20］中国城市规划设计研究院. 峨眉山风景名胜区总体规划（2018—2035）［EB/OL］.

［21］荣钰,庄优波,杨锐. 中国国家公园社区移民中的问题与对策研究［J］. 中国园林,2020,36(8):36-40.

［22］张引,庄优波,杨锐. 世界自然保护地社区共管典型模式研究［J］. 风景园林,2020,27

（3）:18-23.

[23] 李云,孙鸿雁,蔡芳,等.自然保护地原住居民分类调控探讨[J].林业建设,2019（4）:
39-43.

[24] 江苏省城市规划设计研究院.云龙湖风景名胜区总体规划（2017—2030）,2017.

[25] 保继刚,楚义芳.旅游地理学[M].3版.北京:高等教育出版社,2012.

[26] 杨锐.风景区环境容量初探——建立风景区环境容量概念体系[J].城市规划汇刊,1996
（6）:12-15.

[27] 张骁鸣.旅游环境容量研究——从理论框架到管理工具[J].资源科学,2004,26（4）:
78-88.

[28] 李如生.美国国家公园管理体制[M].北京:中国建筑工业出版社,2005.

[29] 吴承照.旅游区游憩活动地域组合研究[J].地理研究,1999（5）:437-441.

[30] 杨锐.国家公园与自然保护地研究[M].北京:中国建筑工业出版社,2016.

[31] 李金路.风景名胜区是最具中国特色的自然保护地[J].中国园林,2019,35（03）:21-24.

[32] 杨川,袁子瑶.开采基地的整理,修复与利用——仙都景区西入口修建性详细规划,浙江建
筑,2005,22（3）:3-5.

[33] 段兆广,相西如,吴新纪.转型背景下的太湖风景名胜区经济发展引导研究[J].中国园林,
2010（1）:72-74.

[34] 任宇杰,马坤,唐晓岚.大数据时代风景名胜区规划思路与方法探讨[J].北京园林,2018,
34（02）:16-22.

[35] 肖华斌,袁奇峰,宋凤.城市风景区土地利用冲突演变过程及形成机制研究——以西樵山
风景名胜区为例[J].中国园林,2013,29（10）:117-120.

[36] 赵烨,高翅.英国国家公园风景特质评价体系及其启示[J].中国园林,2018,34（07）:
29-35.

[37] 邓武功,贾建中,束晨阳,等.从历史中走来的风景名胜区——自然保护地体系构建下的
风景名胜区定位研究[J].中国园林,2019,35（3）:9-15.

[38] 肖笃宁.景观生态学[M].2版.北京:科学出版社,2010.

[39] 陈战是.农村与风景名胜区协调发展研究——风景名胜区内农村发展的思路与对策[J].
中国园林.2013（7）:51-53.

[40] 潘尧,华乐,疏良仁.国土空间规划指导约束下的风景名胜区规划编制探讨[J].规划师,
2019,35（22）:44-49.

[41] 庄优波,徐荣林,杨锐,等.九寨沟世界遗产地旅游可持续发展实践和讨论[J].中国园林,
2012,28（1）:78-81.

[42] 吴承照.风景游赏规划研究[J].规划师,2005（5）:15-18.

[43] 严国泰,宋霖.国家公园体制下风景名胜区的价值与发展路径.中国园林,2021,37（3）:
112-117.

[44] 严国泰,宋霖.风景名胜区发展40年再认识[J].中国园林,2019,35（3）:31-35.

[45] 中共中央办公厅,国务院办公厅.关于建立以国家公园为主体的自然保护地体系的指导意
见[EB/OL].（2019-06-26）[2020-09-09].

[46] 吴承照,欧阳燕菁,潘维琪,等.国家公园人与自然和谐共生的内涵与途径[J].园林,
2022,39（2）:57-62.

[47] FERREIRA S L. Balancing People and Park：Towards a Symbiotic Relationship Between Cape Town and Table Mountain National Park［J］. Current Issues in Tourism，2011，14（3）：275-293.

[48] Clewell AF. Restoring for Natural Authenticity［J］. Ecological Restoration，2000（18）：216-217.

[49] DJENONTIN I N S, MEADOW A M. The Art of Co-production of Knowledge in Environmental Sciences and Management：Lessons from International Practice［J］. Environmental Management，2018,61（6）:885-903.

[50] 刘滨谊. 遥感辅助的景观工程[J].建筑学报,1989(7):41-46.

[51] 金丽芳,刘雪萍.3S 技术在风景区规划中的应用研究[J].中国园林,1997(6):23-25.

[52] 江辉,刘瑶,周光文.RS、GIS 技术支持下庐山风景区山洪灾害监测信息管理系统的构建[J].江西测绘,2008(3):9-10＋13.

[53] 谭人华,王艳慧,关鸿亮.基于 GIS 与模糊层次分析法的景观视觉资源综合评价[J].地球信息科学学报,2019,21(5):663-674.

[54] 李文静,杨柳.GIS 在风景区用地适宜性评价的应用——以威海市圣水观风景区为例[J].现代园艺,2017(19):130-131.

[55] 董威,罗枫.RS 和 GIS 在风景区旅游开发项目生态环评中的应用[J].环境科学与技术,2011,34(S1):371-374.

[56] 王耀建,王轶浩,路遥.基于 GIS 的生态敏感性分析研究——以深圳梧桐山风景区为例[J].亚热带水土保持,2013,25(4):36-40.

[57] 黄诗曼,胡庆武,李海东,等.基于 RS 和 GIS 的峨眉山风景区生态风险评价[J].环境科学研究,2020,33(12):2745-2751.

[58] 严军,王雪童,戴康龙.基于 GIS 的紫金山风景区绿道选线适宜性研究[J].林业科技开发,2015,29(5):152-156.

[59] 王晓辉,黄勇.基于 GIS 的风景区索道建设项目空间视域分析方法研究[J].安徽农业科学,2013,41(25):10386-10388＋105.

[60] 陈昕,徐光彩,刘军强,等.基于 GIS 的茅山风景区总体规划[J].西北林学院学报,2009,24(3):181-184.

[61] 何超,岳彩荣,包忠聪.应用 RS 与 GIS 的石林风景区植被图制作[J].林业调查规划,2006(5):21-23.

[62] 李晶,贾滨洋,王琴.基于 RS 和 GIS 的西岭雪山风景区土地利用变化研究及其生态学意义[C]//2014 中国环境科学学会学术年会(第四章),2014:1356-1361.

[63] 李明诗,彭世揆,钟宏宇.基于 GIS 的紫金山风景区景观格局及其动态分析[J].南京林业大学学报(自然科学版),2004(5):67-70.